21世纪高等教育计算机规划教材

C语言程序设计实用实践教程

The Practice of C Programming

周虹 葛茂松 苏晓光 主编
李华 主审

人民邮电出版社
北京

图书在版编目（CIP）数据

C语言程序设计实用实践教程 / 周虹，葛茂松，苏晓光主编. -- 北京 : 人民邮电出版社，2013.11（2015.7 重印）
21世纪高等教育计算机规划教材
ISBN 978-7-115-32774-1

Ⅰ. ①C… Ⅱ. ①周… ②葛… ③苏… Ⅲ. ①C语言－程序设计－高等学校－教材 Ⅳ. ①TP312

中国版本图书馆CIP数据核字(2013)第203423号

内 容 提 要

本书以突出“应用”、强调“技能”为目标，以实践性、实用性为编著原则，按照《C 语言程序设计实用教程》的结构，每一章分为知识体系、复习纲要、本章常见错误小结、实验环节、测试练习五部分内容。具体内容包括对理论教材的各章节知识点、技术和方法的提炼、概括和总结，上机实验和各种类型练习题等，以指导学生学习和理解掌握理论教材的内容，培养学生的动手能力和应用能力。

本书知识点按照由浅入深安排，循序渐进，案例丰富，具有很强的实践性。本书既可以用做《C 语言程序设计实用教程》的实践教材，也可作为各类高等学校非计算机专业 C 语言程序设计课程教材的配套教材或自学参考书。

◆ 主　　编　周　虹　葛茂松　苏晓光
　主　　审　李　华
　责任编辑　许金霞
　责任印制　彭志环　杨林杰

◆ 人民邮电出版社出版发行　　北京市丰台区成寿寺路 11 号
　邮编　100164　　电子邮件　315@ptpress.com.cn
　网址　http://www.ptpress.com.cn
　大厂聚鑫印刷有限责任公司印刷

◆ 开本：787×1092　1/16
　印张：17.75　　2013 年 11 月第 1 版
　字数：464 千字　　2015 年 7 月河北第 3 次印刷

定价：39.00 元

读者服务热线：(010)81055256　印装质量热线：(010)81055316
反盗版热线：(010)81055315

前 言

本书根据教育部高等学校非计算机专业计算机基础课程教学指导分委员会提出的《关于进一步加强高等学校计算机基础教学的几点意见》编写，与《C语言程序设计实用教程》理论教材配套，是融学习指导、实验和测试练习为一体的实践教材。

本书以突出“应用”、强调“技能”为目标，以实践性、实用性为编写原则，内容结构为知识体系、复习纲要、实验环节、测试练习等。知识体系是对理论教材的各章节知识点进行概括；复习纲要是对理论教材各章节知识点、技术和方法的提炼、概括和总结；实验环节与理论教学同步，有效地配合理论教材内容，使理论教学通过实验融会贯通；测试练习供学生进行学习评价，题目有选择、填空、分析程序、问答、改错等类型，参考了全国计算机等级考试等考试命题的特点，具有一定的代表性，测试练习配有参考答案，是学生进行总结复习的实用资料。

本书源于 C 语言程序设计基础教育的教学实践，凝聚了一线任课教师的教学经验与科研成果，经过多次的研讨、总结、编写而成，具有以下特点：

- 对教材的知识点、技术和方法进行提炼、概括和总结，以便于学生巩固复习。
- 配备相应的实验，理论与实践紧密结合，增强学生的动手能力、应用能力，突出技能的培养。
- 配有大量不同难易程度的测试练习题，供教师和学生进行测试和练习。

本书不仅可以用作《C语言程序设计实用教程》的实践教材，也可以与其他C语言程序设计教材配合或单独使用。

本书共分为 13 章，其中第 1 章由葛茂松编写，第 2 章由陈春雷编写，第 3 章和第 9 章由苏晓光编写，第 4 章和第 10 章由秦彦编写，第 5 章和第 11 章由明艳春编写，第 6 章由王宝林编写，第 7 章由周虹编写，第 8 章由王斌编写，第 12 章由闫瑞华编写，第 13 章由闫丽蕾编写，最后由周虹统稿，由李华主审。

本书在编写过程中得到了人民邮电出版社和编者所在学校的大力支持和帮助，并提出了许多宝贵意见，在此对他们表示衷心的感谢。同时，对在编写过程中参考的大量文献资料的作者一并表示感谢。由于时间仓促和编者水平有限，书中难免有欠妥之处，敬请专家、读者批评指正。

编　者

2013 年 6 月

目 录

第1章 程序设计基础

本章主要介绍算法的概念及算法的表示方法，程序、程序设计及结构化程序设计方法，C程序的构成及程序的书写格式和程序的书写风格。通过本章的学习读者应了解程序设计的一些初步知识；了解算法的概念和特性；掌握一种流程图的画法；掌握C程序的构成及书写风格，对C程序有一个初步了解。

一、知识体系

本章的体系结构：

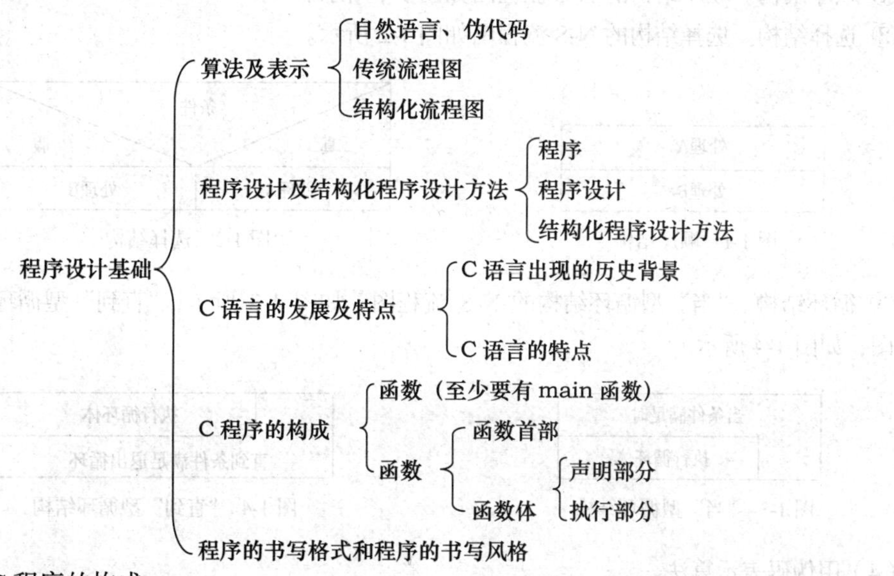

重点：C程序的构成。

二、复习纲要

1.1 算法及表示

本节介绍算法的概念以及算法的特性，重点介绍算法的表示。

为了解决一个问题而采取的方法和步骤称为算法。

一个程序应包括以下两方面的内容：

（1）数据的描述。

（2）对数据操作的描述，即算法。

1.1.1 算法的特性

- 有穷性。
- 确定性。
- 输入。
- 输出。
- 可行性。

1.1.2 算法的表示

算法可以用各种不同的方法来描述。

（1）用自然语言表示算法。

（2）用传统流程图表示算法。

（3）用 N-S 流程图表示算法。

N-S 流程图表示的三种基本结构如下：

① 顺序结构。顺序结构的 N-S 流程图如图 1-1 所示。

② 选择结构。选择结构的 N-S 流程图如图 1-2 所示。

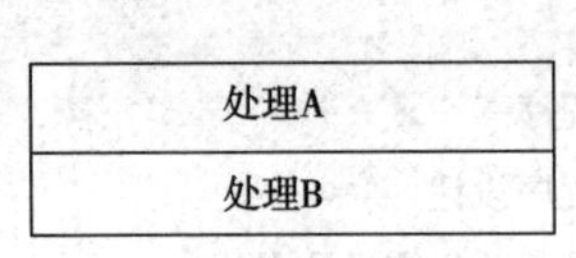

图 1-1 顺序结构

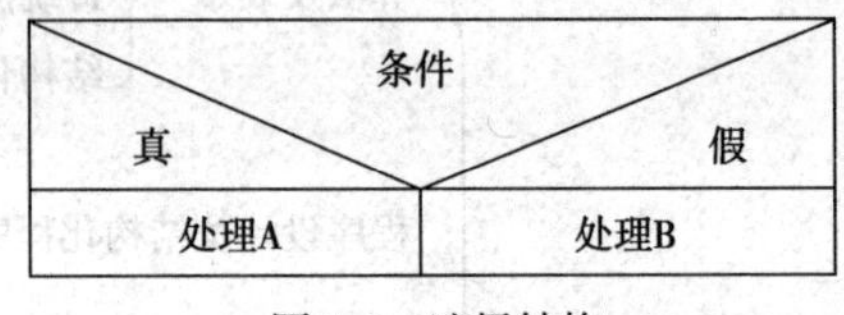

图 1-2 选择结构

③ 循环结构。“当”型循环结构的 N-S 流程图，如图 1-3 所示；“直到”型循环结构的 N-S 流程图，如图 1-4 所示。

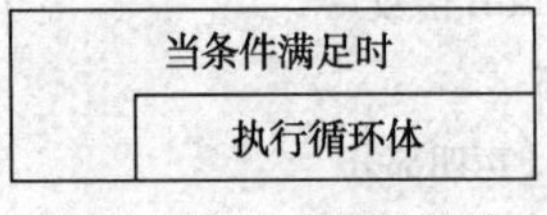

图 1-3 “当”型循环结构

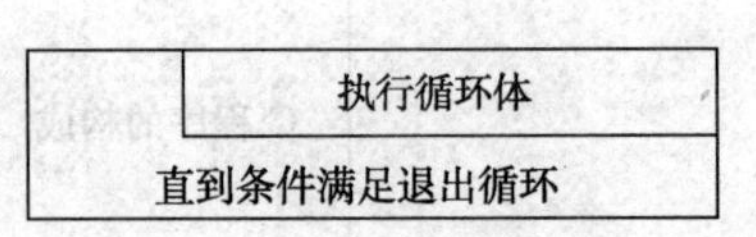

图 1-4 “直到”型循环结构

（4）用伪码表示算法。

1.2 程序设计及结构化程序设计方法

本节介绍程序、程序设计的概念、程序设计的过程以及结构化程序设计的方法。

1.2.1 程序

程序是为解决某一个特定问题而用某一种计算机语言编写的指令序列。

用高级语言编写的程序称为高级语言源程序，它不能在计算机上直接运行。高级语言程序必须经过编译、连接，形成一个完整的机器语言程序，然后再执行。

计算机执行高级语言程序的过程如图 1-5 所示。

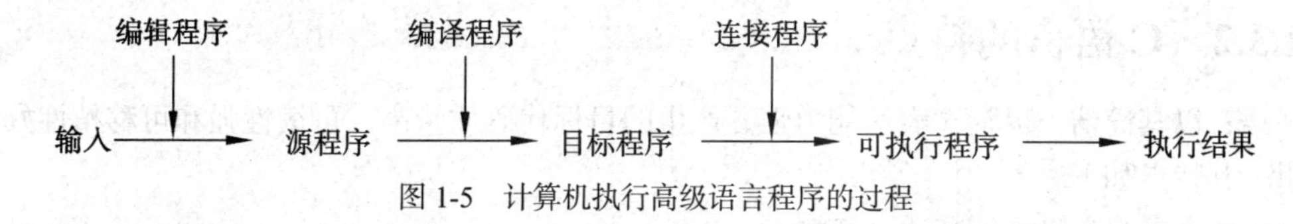

图 1-5 计算机执行高级语言程序的过程

1.2.2 程序设计

程序设计是指借助计算机，使用计算机语言准确地描述问题的算法，并正确进行计算的过程。程序设计的核心是“清晰”，即程序的结构要清晰，算法的思路要清晰。

程序设计的过程可以分为：

（1）分析问题，确定问题的需求。

（2）分析问题，建立数学模型。

（3）选择计算方法。

（4）设计算法，绘制框图。

（5）编写程序。

（6）调试程序。

（7）整理资料和交付使用。

1.2.3 结构化程序设计

模块化设计方法、自顶向下设计方法和逐步求精设计方法是结构化程序设计方法中最典型、最具有代表性的方法。

1.3 C 语言的发展及特点

本节介绍C语言的发展及特点。

1.3.1 C 语言出现的历史背景

C语言于20世纪70年代初诞生于美国的贝尔实验室。高级语言的可读性和可移植性虽然较汇编语言好，但其不具备低级语言能够直观地对硬件实现控制和操作及程序执行速度相对较快的优点。在这种情况下，人们迫切需要一种既具有一般高级语言特性，又具有低级语言特性的语言。于是C语言就应运而生了。

由于C语言既具有高级语言的特点又具有低级语言的特点，因此迅速普及，成为当今最有发展前途的计算机高级语言之一。C语言既可以用来编写系统软件，也可以用来编写应用软件。现在，C语言广泛地应用在机械、建筑和电子等行业中，用于编写各类应用软件。

IBM 微机 DOS、Windows 平台上常见的 C 语言版本有：

（1）Borland 公司

Turbo C、Turbo C++、Borland C++及 C++Builder（Windows 版本）。

（2）Microsoft 公司

Microsoft C及Visual C++（Windows版本）。

1.3.2 C 语言的特点

C 语言以其简洁、灵活、表达能力强、产生的目标代码质量高、可读性强和可移植性好而著称于世。其特点如下。

（1）C 语言程序紧凑、简洁、规整。

（2）C 语言的表达式简练、灵活、实用。C 语言有多种运算符、多种描述问题的途径和多种表达式求值的方法，这使程序设计者有较大的主动性，并能提高程序的可读性、编译效率以及目标代码的质量。

（3）C 语言具有与汇编语言很相近的功能和描述问题的方法。

（4）C 语言具有丰富的数据类型。C 语言具有五种基本的数据类型：char（字符型）、int（整型）、float（浮点单精度型）、double（浮点双精度型）、void（无值型）和多种构造数据类型（数组、指针、结构体、共用体、枚举）。如指针类型使用十分灵活，用它可以构成链表、树、栈等。指针可以指向各种类型的简单变量、数组、结构体、共用体以及函数等。

（5）C 语言具有丰富的运算符。C 语言有多达 40 余种运算符。丰富的数据类型与众多的运算符相结合，使 C 语言具有表达灵活和效率高的优点。

（6）C 语言是一种结构化程序设计语言，特别适合大型程序的模块化设计。

（7）C 语言为字符、字符串、集合和表的处理提供了良好的基础，它能够表示和识别各种可显示的以及起控制作用的字符，也能区分和处理单个字符和字符串。

（8）C 语言具有预处理程序和预处理语句，给大型程序的编写和调试提供了方便。

（9）C 语言程序具有较高的可移植性。

（10）C 语言是处于汇编语言和高级语言之间的一种中间型的记述性程序设计语言。C 语言既具有面向硬件和系统，像汇编语言那样可以直接访问硬件的功能，又具有高级语言面向用户，容易记忆、便于阅读和书写的优点。

1.4 C 程序的构成

本节主要介绍 C 程序和函数的构成。

（1）C 程序是由函数构成的。一个 C 语言源程序至少包含一个 main()函数，也可以包含一个 main()函数和若干个其他函数。在 C 语言中，函数是程序的基本单位。被调用的函数可以是系统提供的库函数（如 scanf()函数和 printf()函数），也可以是用户自定义的函数。

（2）一个函数由两部分组成：

① 函数首部，即函数的第一行。包括函数类型、函数名、函数的形参、形参类型以及函数属性等。

② 函数体，即函数首部下面的大括号内的部分。如果一个函数内有多个大括号，则最外层的一对{ }为函数体。

函数体一般包括：

- 声明部分。在这部分定义变量、对于调用函数的声明等。
- 执行部分。由若干语句组成。

函数的一般格式是：

```
数据类型  函数名(函数参数表)
{  声明部分
   执行部分
}
```

（3）一个C程序总是从main（）函数开始执行，而不论main（）函数在程序中处于任何位置。

（4）C程序的书写格式自由，一行内可以写多个语句；一个语句也可以写在多行上，C程序没有行号。

（5）每一个语句和数据定义的最后都必须有一个分号，分号是语句的必要组成部分，允许有空语句，空语句只有分号没有其他内容。

（6）C语言本身没有输入/输出语句，输入/输出由库函数来完成。

（7）可以用/*…*/对C程序注释。/和*之间不允许有空格，注释部分可以出现在程序的任何位置上，注释可以为若干行。

（8）一个C程序可以由一个文件组成，也可以由若干个文件组成。一个文件可以包含一个函数，也可以包含多个函数。

1.5 程序的书写格式和程序的书写风格

本节介绍程序的书写风格可以提高程序设计的质量和程序设计的效率。

程序的书写风格直接影响到程序的可读性，对于程序设计具有关键作用。好的设计风格不但可以提高程序设计的质量，而且可以提高程序设计的效率。

（1）程序所采用的算法要尽量简单，符合一般人的思维习惯。

（2）标识符的使用尽量采取"见名知义，常用从简"的原则。

（3）为了清晰地表现出程序的结构，最好采用锯齿形的程序格式。

（4）可以用/*…*/注释，以增加程序的可读性。

（5）最好在输入语句之前加一个输出语句对输入数据加以提示。

（6）函数首部的后面和编译预处理的后面不能加分号。

（7）C程序的书写格式虽然自由，但为了清晰，一般在一行内写一个语句。

三、实验环节

（一）Turbo C的基本操作

1. Turbo C的启动

进入Turbo C环境需要运行可执行程序tc.exe。可以分别从DOS、Windows操作系统下进入，操作途径和步骤如下。

（1）在DOS操作系统下：

```
C:\>CD\TC<CR>
```

```
C:\>TC>TC<CR>
```

这时就进入了 Turbo C 集成环境，屏幕上显示出如图 1-6 所示的 Turbo C 界面。

（2）在 Windows 操作系统下，可以采用以下几种方法：

- 双击桌面上的快捷方式图标（如果有的话），即可进入 Turbo C 系统。
- 在任务栏中选择“开始”→“程序”→“运行”菜单命令，在弹出的对话框的“运行”文本框中输入 cmd 命令，按【Enter】键进入 DOS 界面。在该窗口中使用（1）中的命令，进入 Turbo C 环境。
- 打开资源管理器，找到文件夹 TC 下的 tc.exe 文件，双击该文件名，即可进入 Turbo C 环境。

2. Turbo C 主界面介绍

Turbo C 2.0 集成开发环境操作界面如图 1-6 所示。

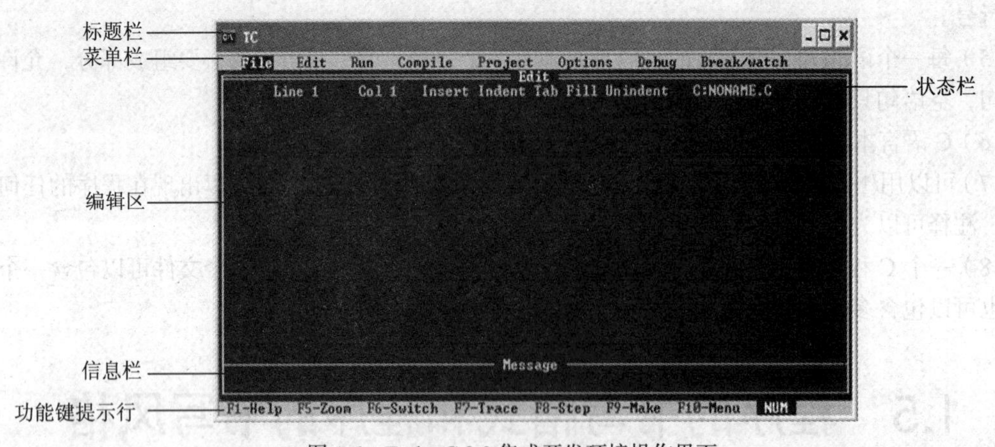

图 1-6 Turbo C 2.0 集成开发环境操作界面

其中顶上一行为 Turbo C 主菜单，中间窗口为编辑区，再往下是当前状态信息栏，最底下一行为功能键提示行。这四个部分构成了 Turbo C 的主界面。编程、编译、调试以及运行都在这个界面中进行。下面分别介绍各部分的内容。

（1）主菜单。主菜单如图 1-7 所示。

File Edit Run Compile Project Options Debug Break/watch

图 1-7 主菜单

这些菜单的功能如下。

- File：对文件和目录的操作。
- Edit：进入编辑状态，此时可以编辑当前编辑窗口中显示的程序。
- Run：控制程序的运行方式。
- Compile：对程序进行编译和连接。
- Project：对项目(由多个 C 文件组成的程序)进行管理。
- Options：设置选项。
- Debug：调试程序。显示变量的值，查找函数，查看调用堆栈的变化。
- Break/watch：调试程序。断点的设置和清除，监测变量值的变化。

除 Edit 外，其他各项均有子菜单。需要选择菜单时，按【F10】键配合方向键或按住【Alt】键加该项第一个字母(即大写字母)，即可进入该项的子菜单。

（2）编辑窗口占据了屏幕大部分的面积，它是用来输入源程序的窗口。在编辑窗口上方有 Edit 作为标志。进入 Edit 菜单，若再按【Enter】键，则光标出现在编辑区域，此时可以进行文本编辑。编辑源程序时的状态栏也在其中，状态栏如图 1-8 所示。

Line 1　　Col 1　　Insert Indent Tab Fill Unindent　　C:NONAME.C

图 1-8　状态栏

各项含义分别如下。

- Line/Col：当前光标所在位置的行/列。
- Insert：当前编辑状态处于插入状态。此项为开关按钮，再按一次键盘上的【Insert】键，编辑状态将切换为 Delete（改写）状态。
- Indent：齿形自动缩进。用以提高程序的清晰度，否则为 Unindent 状态，用【Ctrl+O+I】组合键切换。
- Tab：可插入制表符。用【Ctrl+O+T】组合键切换。
- Fill：可用任意一组空格或制表符填充。如果 Fill 打开，则表示用空格填充；用【Ctrl+O+F】组合键切换后，可用制表符填充。
- C:NONAME.C：表示当前正在编辑的 C 程序文件名，不含路径。Turbo C 对新文件自动命名为 NONAME.C。

（3）信息窗口。显示编译和连接时出现的有关警告和错误信息的窗口。在信息窗口上方有 Message 作为标志，样式如图 1-9 所示。

Message

图 1-9　信息窗口

（4）功能键提示行。功能键提示行如图 1-10 所示。

F1-Help　F5-Zoom　F6-Switch　F7-Trace　F8-Step　F9-Make　F10-Menu　NUM

图 1-10　功能键提示行

各项含义分别如下。

- F1-Help：帮助信息。
- F5-Zoom：分区控制。将当前的编辑窗口或信息窗口扩大至整个屏幕。【F5】键是一个交替切换键，再按一下就会使编辑窗口或信息窗口恢复到原来的大小，而放大哪一个窗口由【F6】键决定。
- F6-Switch：转换。交替激活信息窗口或编辑窗口。
- F7-Trace：跟踪。用于跟踪程序的运行情况。
- F8-Step：单步执行。按一次【F8】键执行一条语句。
- F9-Make：生成目标文件。进行编译和连接生成.obj 文件和.exe 文件，但不运行。
- F10-Menu：菜单。返回主菜单。

3. Turbo C 子菜单

（1）File（文件）菜单。如图 1-11 所示，该子菜单包括的内容和含义分别如下。

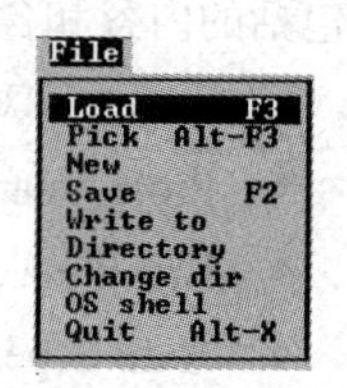

图 1-11　File 菜单

File（文件）:

- Lood：按照指定的文件名装入一个文件。
- Pick：列出最后装入的八个文件名，请用户从中选取要装入的文件。
- New：将编辑窗口的内容清空，开始编辑一个新文件。
- Save：保存。
- Write to：将正在编辑的文件存入一个新文件中。
- Directory：显示当前工作目录的文件列表。
- Change dir：改变当前工作目录。
- OS shell：暂时退出 Turbo C 环境，进入 DOS。在 DOS 环境下，可用 exit 命令退出。
- Quit：退出 Turbo C。

（2）Run（运行）菜单。如图 1-12 所示，该子菜单包括的内容和含义分别如下。

Run（运行）:

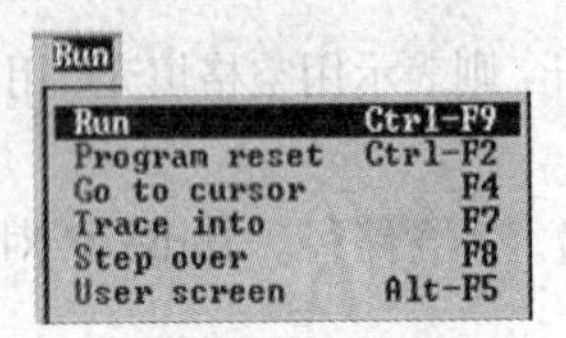

图 1-12 Run 菜单

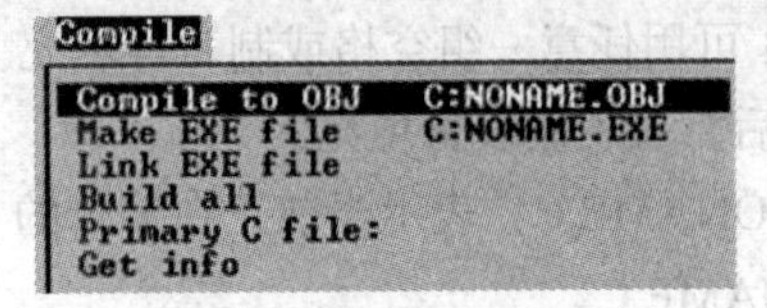

图 1-13 Complie 菜单

- Run：运行当前程序。
- Program reset：程序重启。终止当前调试过程，释放程序空间，关闭文件。
- Go to cursor：使程序运行到编辑窗口中光标所在的行。
- Trace into：跟踪进入。执行一行程序，遇到函数可进入函数内部跟踪。
- Step over：单步执行。执行一行程序，但不能进入函数内部跟踪。
- User screen：显示用户屏幕，观看用户输出结果。

（3）Compile（程序的编译和连接）菜单。如图 1-13 所示，该子菜单包括的内容和含义分别如下：

Compile（程序的编译和连接）:

- Compile to OBJ：对源程序进行编译生成目标文件.OBJ。
- Make EXE file：对源程序进行编译和连接，生成.EXE 可执行文件。
- Link EXE file：将当前的.OBJ 文件和库进行连接，生成.EXE 可执行文件。
- Build all：重新编译连接 Project 中的全部程序，生成.EXE 文件。
- Primaryc file：指定文件作为编译对象，以替代编辑窗口中的文件。
- Get info：在弹出的窗口中显示有关当前文件的信息。

（4）Project（对工程（由多个 C 文件组成的程序）进行管理）菜单。如图 1-14 所示，该子菜单包括的内容和含义分别如下。

Project（对工程（由多个 C 文件组成的程序）进行管理）:

- Project name：指定工程文件名。工程文件的扩展名为.PRJ。
- Break make on：指定终止编译的条件前重新编译连接。
- Auto dependencies：自动依赖。若程序已修改，则在运行。
- Clear project：清除当前的工程文件名。

- Remove messages：删除信息。将错误信息从信息窗口清除。

（5）Options（设置选项）菜单。如图 1-15 所示，该子菜单包括的内容和含义分别如下。

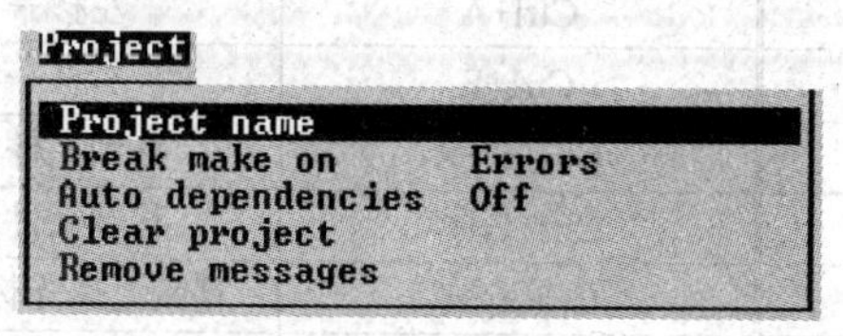

图 1-14　Project 菜单

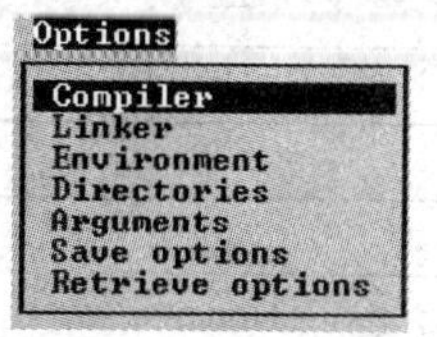

图 1-15　Options 菜单

Options（设置选项）：

- Compiler：指定编译选项。
- Linker：指定连接选项。
- Environment：指定工作环境。
- Directories：指定目录。
- Arguments：指定参数。
- Save options：向环境文件中保存当前的工作环境。
- Retrieve options：从环境文件中恢复当前的工作环境。

（6）Debug（调试程序菜单）。如图 1-16 所示，该子菜单包括的内容和含义分别如下。

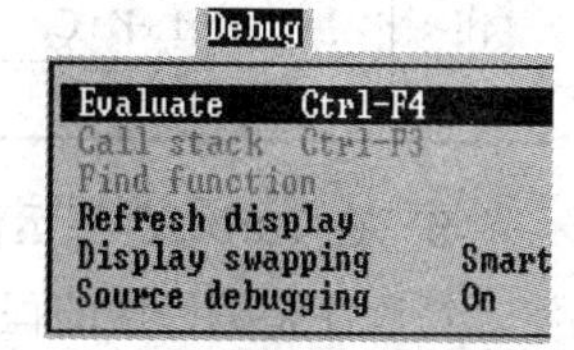

图 1-16　Debug 菜单

Debug（调试程序）：

- Evaluate：计算变量或表达式的值，显示结果。
- Call stack：当调试程序调用多级函数时，显示调用栈。
- Find function：查找函数。在编辑窗口显示被查找函数的源程序。
- Refresh display：刷新屏幕，恢复当前屏幕内容。
- Display swapping：指定在调试程序时，若程序产生输出，是否切换到用户屏幕。
- Source debugging：指定进行源程序级调试时的选项。

（7）Break/watch（调试程序）菜单。如图 1-17 所示，断点的设置和清除，检测变量值的变化。该子菜单包括的内容和含义分别如下。

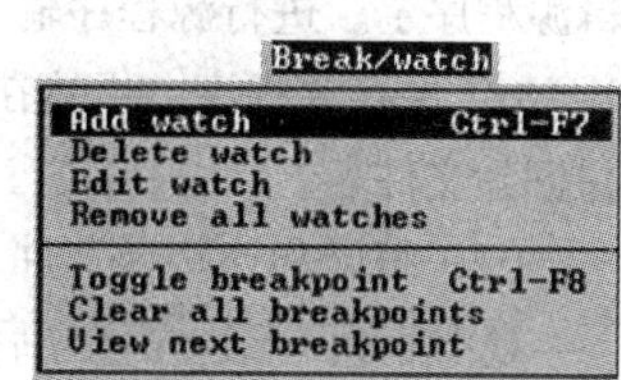

图 1-17　Break/watch 菜单

Break/watch（调试程序）：

- Add watch：增加监视表达式。
- Delete watch：删除指定的监视表达式。
- Edit watch：编辑监视表达式。
- Remove all watches：删除全部监视表达式。
- Toggle breakpoint：设置/取消程序调试中的中断点。
- Clear all breakpoints：清除全部中断点。
- View next breakpoint：将光标定位在下一个中断点。

4. 编辑状态

进入程序编辑状态后，编辑区顶部的编辑状态行变亮，提示有关编辑程序和正在编辑文件的各种状态。在编辑状态可以输入源程序，或用箭头键上、下、左、右移动光标，在光标处进行删除、插入、修改等操作。Turbo C 的 Edit 编辑命令如表 1-1 所示。

表 1-1　　　　　　　　Turbo C 的 Edit 编辑命令

分类	命　令	作　用	命　令	作　用
光标移动	←	左移一格	Ctrl+A	左移一词
	→	右移一格	Ctrl+F	右移一词
	↑	上移一行	Ctrl+O+R	移到文件开始
	↓	下移一行	Ctrl+O+C	移到文件结尾
	Home	移到行首	Ctrl+Q+P	移到上次光标位置处
	End	移到行尾	Ctrl+Q+B	移到块开始处
	PageUp	上移一页	Ctrl+Q+K	移到块结尾处
	PageDn	下移一页		
插入操作	Insert	切换插入／改写	Ctrl+Y	删除光标所在的一行
	Del	删除光标后的一个字符	Ctrl+T	删除光标左边一个词
	Backspace	删除光标前的一个字符	Ctrl+Q+Y	从光标处删除到行尾
	Ctrl +N	插入一行		
块操作	Ctrl +K+B	定义块首	Ctrl+K+R	从磁盘读入块
	Ctrl +K+K	定义块尾	Ctrl+K+W	把块写入磁盘
	Ctrl +K+Y	删除块	Ctrl+K+H	取消块标记
	Ctrl +K+C	复制块		
	Ctrl +K+V	移动块		

5. 在 Turbo C 下运行和调试程序

C 程序是编译性的程序设计语言，一个 C 语言源程序要经过编辑、编译、连接和运行四步，才能得到运行结果。其中任何一步出现错误，都要重新进入编辑状态修改源程序，流程见图 1-5 中的内容。

（1）编辑源程序。

① 建立新文件：假设首次进入 Turbo C 环境，系统自动激活主菜单中的 File 菜单，选择 New 选项，用以建立一个新的 C 程序的源文件，按【Enter】键。

② 录入源程序：当光标定位在编辑窗口左上角（第 1 行，第 1 列）时，就可以开始输入和编辑源程序了。进行源程序输入。

③ 保存源程序：仍然在 File 菜单中，选择 Save 选项，或按【F2】键将文件存于当前路径中并创建文件名。

（2）编译和连接源文件。

① 编译：源程序建立后，选择 Compile→Compile to OBJ 命令，或按【F9】键对源程序进行编译。通过编译，生成二进制代码目标文件（.obj）文件，编译结束后，如有语法上的错误，将列出且显示在信息窗口内，可根据提示重复编辑、修改、编译源程序，直至通过为止。之后，系统将创建扩展名为.obj 的目标文件。

② 连接：其目的是生成可执行文件（.exe）。执行文件生成之后，可脱离 Turbo C 环境直接在操作系统中运行。

或用【Alt+C】组合键或按【F10】键选择 Compile→Make EXE file 命令，按【Enter】键后即可一次完成编译和连接操作。

还可以使用【Ctrl+F9】组合键一次完成编译、连接、运行三个操作。

（3）运行程序：编译和连接通过以后，就可以运行程序了。选择Run→Run 命令并按【Enter】

键（或按【Ctrl+F9】组合键），即可运行程序。

Turbo C 虽是集成化的工具环境，但这四步也没有被取消，只是减少了所有中间转换环节。如果源程序正确无误，先按【Ctrl+F9】组合键，再按【Alt+F5】组合键可直接看到运行结果。

常用的快捷键如下。

- 【F10】键：激活主菜单。
- 【F3】键：按照指定的文件名装入一个文件。
- 【F2】键：存盘。
- 【F9】键：编译。
- 【Ctrl+F9】组合键：运行程序。
- 【Alt+F5】组合键：查看结果。
- 【Alt+X】组合键：退出 TC 系统。

（二）Visual C++ 6.0 上机环境简介

1. 启动 Visual C++ 6.0

当在计算机中安装了 Visual C++ 6.0 后，可以在 Windows 的“开始”菜单中，选择“程序”→Microsoft Visual Studio 6.0 命令，Microsoft Visual C++ 6.0 即可启动。启动后，会自动弹出 Tip of the Day 对话框，显示出联机知识中的一条内容，每次启动都会给出一条帮助信息，如图 1-18 所示。单击该对话框中的 Next Tip 按钮可以获得更多的提示信息，或者单击 Close 按钮关闭对话框。如果不希望每次启动后都弹出这个对话框，可以在关闭之前，取消选中 Show tips at startup 复选框。关闭此对话框后，进入 Visual C++ 6.0 的开发环境。启动系统后，即可进入 Visual C++ 6.0 的主窗口，如图 1-19 所示。

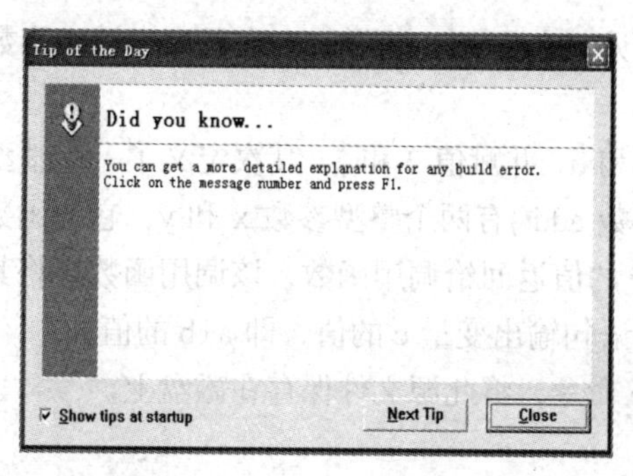

图 1-18　Tip of the Day 对话框

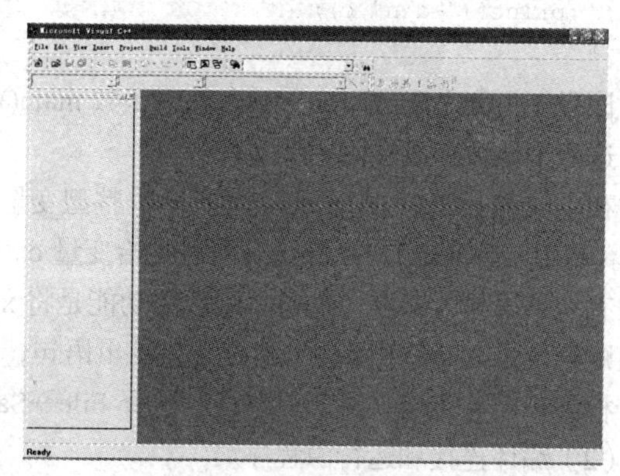

图 1-19　Visual C++ 6.0 主窗口

下面简单介绍 C 程序在该编译系统下如何编辑、编译、连接和运行程序。关于更多的功能请参阅 Visual C++ 6.0 的操作说明书。如果读者没有使用该版本的编译系统，这部分内容可以不阅读。但需要阅读所选用的 C++编译程序的使用说明书中的基本操作部分，学会对 C 源程序的编辑、编译和运行的方法。

（1）编写 C 源程序。

启动 Visual C++ 6.0 后，选择 File→New 命令，弹出 New 对话框，如图 1-20 所示。

对话框上面有四个选项卡，单击 Files 选项卡，在对话框中列出可以新建文件的类型，单击 C++ Source File 选项，该选项用于建立 C 源文件，默认扩展名为.cpp，可以用.c；在右侧的 File 文本框中输入将要编写的文件名称，在 Location 文本框中输入准备存放源文件的位置或单击…按钮来选择存放文件的目录，如图 1-21 所示。

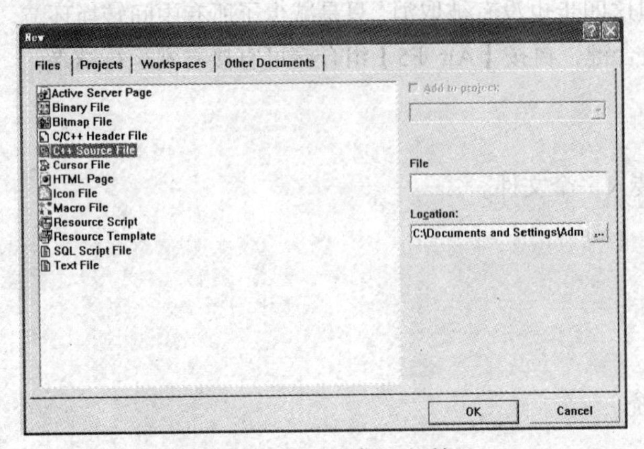

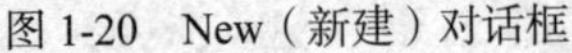

图 1-20 New（新建）对话框

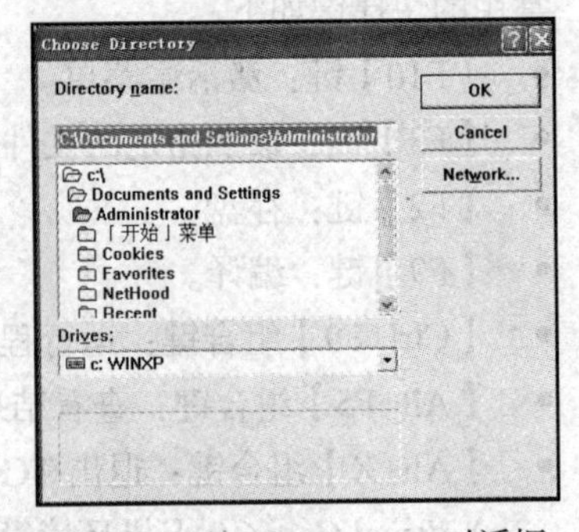

图 1-21 Choose Directory 对话框

单击 OK 按钮后即进入编辑主窗口，在主窗口的文档窗口中输入如下程序：

```
#include<stdio.h>
 int add(int x,int y)
 {  return x+y;
 }
 void main ( )
 {  int a,b,c;
    a=2,b=5;
    c=add(a,b);
    printf("%d\n",c);
 }
```

该程序由两个函数组成，一个是主函数 main()，另一个是 add()函数，它在程序中被主函数调用。这两个函数存放在同一个文件中。

在主函数 main()中，首先定义了两个整型变量 a 和 b，并赋值 2 和 5。其次定义了一个整型变量 c。调用函数 add()，并将其返回值赋给变量 c。函数 add()有两个整型参数 x 和 y，它的函数体内只有一条语句，即返回语句，函数的功能是将 x+y 的值返回给调用函数，该调用函数再将其返回值赋给变量 c。在主函数中还有一条输出语句，该语句输出变量 c 的值，即 a+b 的值。

检查程序有无错误，若无错误则选择 File→Save 命令，将此源文件保存在磁盘上。

（2）编译连接和运行源程序。

① 单文件程序：单文件程序是指程序只有一个文件，如前面输入的程序。

选择 Build→Build XXX.cpp 命令，弹出如图 1-22 所示的对话框，询问是否创建工程。

图 1-22 是否创建工程的询问对话框

单击“是”按钮，则在主窗口左侧的项目工作区中添加与源文件名同名的工程，如图 1-23 所示，之后系统开始进行编译。在编译过程中，系统将发现的错误显示在屏幕下面的输出窗口中。显示的错误信息指出该错误所在的行号和错误性质，用户可根据这些信息进行修改。双击错误信息，光标将停在与该错误信息对应的行上，并在该行前面用箭头加以提示。在没有错误时，“输出”窗口中将显示如下的信息：

```
XXX.obj-0 error(S),0 warning(S)
```

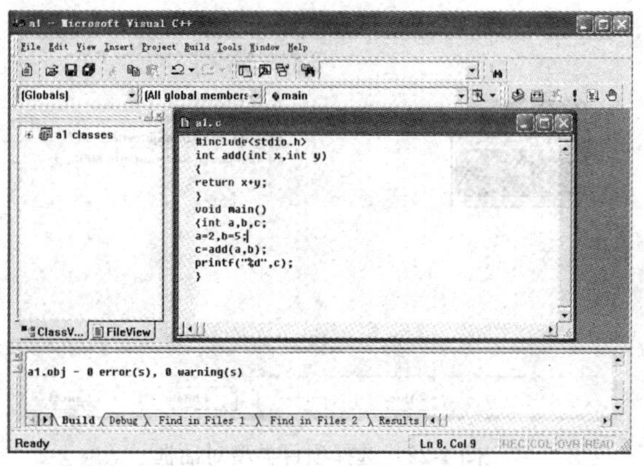

图 1-23　生成项目工程的主窗口

编译无错误后，再进行连接。此时选择 Build→Build XXX.exe 命令，根据输出窗口中的错误信息提示，对出现的错误进行修改，直到没有连接错误为止。这时，在输出窗口中将显示如下信息：

```
XXX.exe-0 error(S),0 warning(S)
```

这说明编译连接成功，并生成了以源文件名为名称的可执行文件。

执行可执行文件的方法之一是选择 Build→Execute XXX.exe 命令。这时运行可执行程序，并将结果显示在另一个窗口中，显示结果如下：

```
a+b=7
Press any key to continue
```

按任意键后，屏幕恢复显示源程序窗口。

② 多文件程序：多文件程序是指该程序包含两个或两个以上的文件，其编辑、编译、连接和运行的方法如下：

a）创建项目文件。选择 File→New 命令，弹出 New 对话框，在 Project 选项卡中选择 Win32 Console Application 选项，并在对话框右侧的 Project name 文本框中输入项目名称，在 Location 文本框中输入程序存放的路径，单击 OK 按钮，如图 1-24 所示。

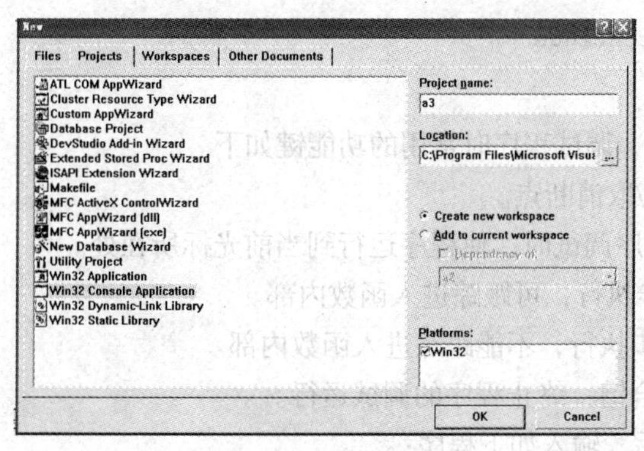

图 1-24　创建项目对话框

系统弹出一个选择项目类型的对话框，如图 1-25 所示。单击 An empty project 单选按钮，并单击 Finish 按钮，则建立一个新项目，并在存放程序的目录下建立一个以工程名为名字的目录，即此工程中的所有文件都可以存放在此目录下。

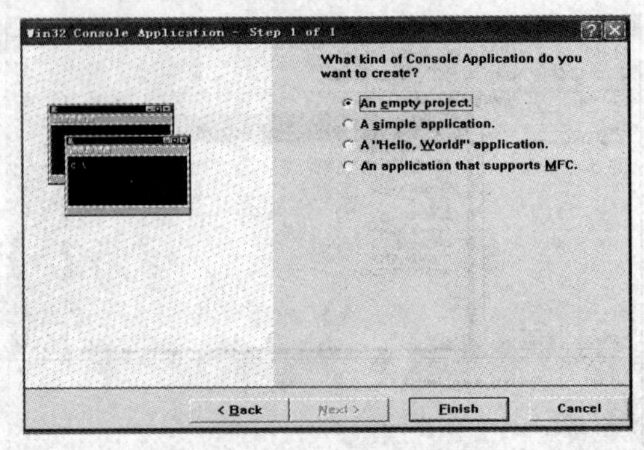

图 1-25　选择项目类型对话框

b）向项目中添加文件。选择 Project→Add To Project→New 命令，弹出 New 对话框。选择 Files 选项卡，在左侧列表框中选择 C++ Source File 选项，然后在对话框右侧的 File 文本框中输入文件名 filel，单击 OK 按钮。

文件 filel 的内容如下：

```
#include<stdio.h>
void main()
{  int a=2,b=5,c;
   c=add(a,b);
   printf("%d\n",c);
}
```

采用同样的方法建立文件 file2，其内容如下：

```
int add(int x,int y)
{  return x+y;
}
```

这样，就将两个.cpp 或.c 文件加入到前面所建立的空白工程中。

c）编译连接项目文件。选择 Build→Rebuild All 命令，编译、连接并生成可执行文件。

d）运行项目文件。选择 Build→Execute XXX.exe 命令，结果如下：

```
a+b=7
Press any key to continue
```

2. 调试程序

在 Visual C++ 6.0 中，调试程序时常用的功能键如下。

- 【F9】键：设置/取消断点。
- 【F5】键：在程序调试时，使程序运行到当前光标所在处。
- 【F11】键：单步执行，可跟踪进入函数内部。
- 【F10】键：单步执行，不能跟踪进入函数内部。
- 【Shift+F5】组合键：终止程序的调试运行。

（1）建立工程文件后，输入如下程序：

```
#include<stdio.h>
int add(int x,int y)
{  return x+y;
}
void main ( )
{  int a=2,b=5,c;
   c=add(a,b);
   printf("%d\n",c);
}
```

在主函数的第 2 行按【F9】键设置断点，程序中此行的前面被加上圆点作为标记。按【F5】键开始进行调试，如图 1-26 所示。

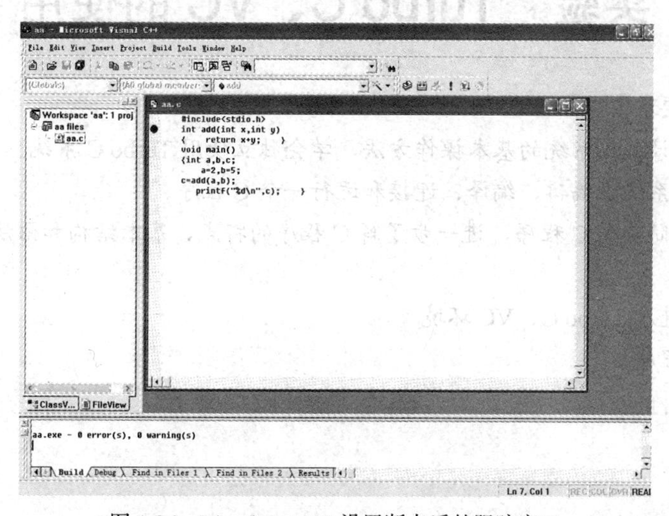

图 1-26　Visual C++ 6.0 设置断点后的跟踪窗口

此时，系统在编辑窗口的下部又增加了两个窗口，左侧为 Variables 窗口，用于显示当前可见变量的值，如可看到变量 a 的值为 2，变量 b 的值为 5；右侧为 Watch 窗口，单击后可以输入要查看值的变量名，在 Value 列显示此变量的值，按【Delete】键可删除此变量。

（2）按【F11】键进入函数的内部，此时可看到传入函数 add()的形参 x、y 的值，如图 1-27 所示。

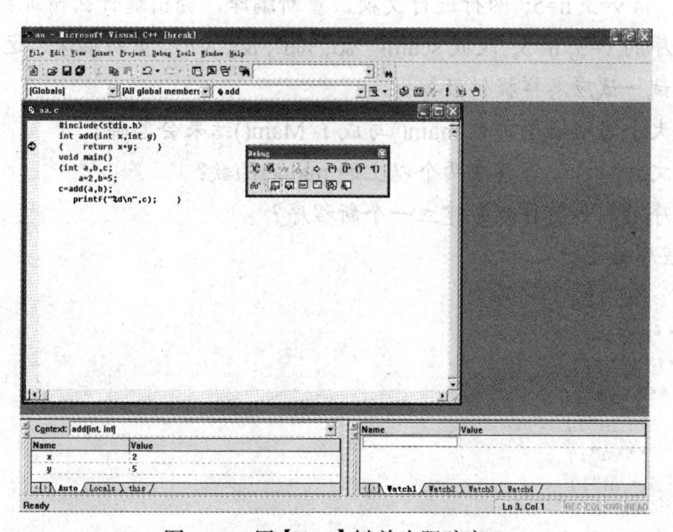

图 1-27　用【F11】键单步跟踪窗口

（3）按【F11】键进入 add（ ）函数的内部，此时可检查各变量的值是否正确。

（4）按【F11】键跟踪点返回主函数，并将返回值赋给变量 c。

（5）按【F11】键输出：a+b=7，结果正确。

在跟踪到程序的任何一步时，若发现程序有错误，可单击【Shift+F5】组合键终止程序的执行，改正错误后，再重新运行。

实验　Turbo C、VC 的使用

【实验目的和要求】

（1）了解所用计算机系统的基本操作方法，学会独立使用 Turbo C 系统。

（2）学会在该系统上编辑、编译、连接和运行一个 C 程序。

（3）通过运行简单的 C 程序，进一步了解 C 程序的特点、基本结构和语法规则。

【实验内容】

1. 学习如何进入 Turbo C、VC 环境

2. 编辑调试程序

```
#define PI 3.14
main()
{  int r,h;
   float v3;
   v=3;h=5;
   scanf("%d,%d",&r,&h);
   v=PI*r*r*h;
   printf("v=%f\n",v);
}
```

（1）输入上述程序后，保存该文件；编译、运行并查看结果；退出 Turbo C 环境，然后重新进入，调出刚存入的程序。

（2）把 float v; 和 v=3; h=5; 两行进行交换。重新编译，会出现什么情况？

（3）把上述程序的 v=3; h=5; 改成 scanf("%d, %d", &r, &h); 重新编译、运行，了解如何在运行时输入数据，并试一试应怎样提供数据。

（4）程序中的大小写用错了，如 main()写成了 Main()结果会怎样？

（5）一个程序文件中，能否存在两个以上的 main()函数？

（6）完成此程序后，如何再重新建立一个新程序？

3. 输入下面程序并运行

```
main()
{  printf("******\n");
   printf(" *****\n");
   printf("  ****\n");
   printf("   ***\n");
   printf("    **\n");
   printf("     *\n");
}
```

修改程序输出平行四边形、等边三角形、菱形等。

4. 分析题

首先分析下面程序的输出结果，再按原题编辑、编译并运行，验证是否正确。

```
main ( )
{   char c;
    printf("c=");
    scanf("%c",&c);  /*输入一个大写字母*/
    printf("c=%c\n",c+32);
}
```

四、测试练习

习　题　1

一、选择题

1. 以下不正确的概念是（　　）。
   A. 一个 C 程序由一个或多个函数组成
   B. 一个 C 程序必须包含一个 main()函数
   C. 在 C 程序中，可以只包括一条语句
   D. C 程序的每一行上可以写多条语句
2. 下面源程序的书写格式不正确的是（　　）。
   A. 一条语句可以写在几行上　　B. 一行上可以写几条语句
   C. 分号是语句的一部分　　D. 函数的首部必须加分号
3. 在 C 语言程序中，（　　）。
   A. main ( ) 函数必须放在程序的开始位置
   B. main ( ) 函数可以放在程序的任何位置
   C. main ( ) 函数必须放在程序的最后
   D. main ( ) 函数只能出现在库函数之后
4. 以下能正确构成 C 语言程序的是（　　）。
   A. 一个或若干个函数，其中 main()函数是可选的
   B. 一个或若干个函数，其中至少应包含一个 main()函数
   C. 一个或若干个子程序，其中包含一个主程序
   D. 由若干个过程组成
5. C 语言程序的开始执行点是（　　）。
   A. 程序中第一条可以执行的语句　　B. 程序中的第一个函数
   C. 程序中的 main()函数　　D. 包含文件中的第一个函数
6. C 语言程序一行写不下时，可以（　　）。
   A. 用逗号换行　　B. 在任意一空格处换行
   C. 用回车符换行　　D. 用分号换行

7. 下列程序有错误的是（　　）。

```
main()
{  int a,b,c;
   a=1:b=2;
   c=a+b;
}
```

A. main()　　B. {int a,b,c;　　C. a=1:b=2;　　D. c=a+b;}

二、填空题

1. 一个 C 程序由若干个函数构成，其中必须有一个________。
2. 一个函数由两个部分组成：________和________。
3. 一个函数体的范围是以________开始，以________结束。
4. 一个语句最少包含________。
5. 空语句只包含________。
6. 注释部分以________开始，以________结束。
7. 任何 C 语言程序都是从________函数开始执行。
8. 在 C 语言中，构成程序的基本单位是________。
9. 一个 C 语言程序的开发过程包括编辑、________、连接和运行四个步骤。

三、判断题

1. C 程序的书写格式虽然自由，但为了清晰，一般在一行内写一个语句。
2. 分号是语句的必要组成部分，所以函数首部的后面和编译预处理的后面都得加分号。
3. 注释在程序执行时不产生任何操作，因此在程序中不需要注释。
4. C 程序的书写格式自由，一行内可以写多个语句，一个语句也可以写在多行上，C 程序也可以有行号。
5. C 程序中的#include 和#define 均不是 C 语句。

四、分别用传统流程图和结构化流程图表示以下问题的算法

1. 依次输入 10 个数，要求输出最大的。
2. 输入 10 个数，求它们的和。
3. 判断一个数是否能被 3 和 5 同时整除。
4. 输入一个数，判断是否是素数（素数就是质数）。

第2章 数据类型、运算符和表达式

本章主要介绍C语言中的数据类型、运算符、表达式。要求读者能够熟练掌握C的数据类型（基本类型、构造类型、指针类型、空类型）及基本类型数据的使用，熟练掌握C运算符、运算优先级和结合性、不同类型数据间的转换与运算，掌握C表达式类型（赋值表达式、算术表达式、关系表达式、逻辑表达式、条件表达式和逗号表达式）的使用和求值规则。

一、知识体系

本章的体系结构：

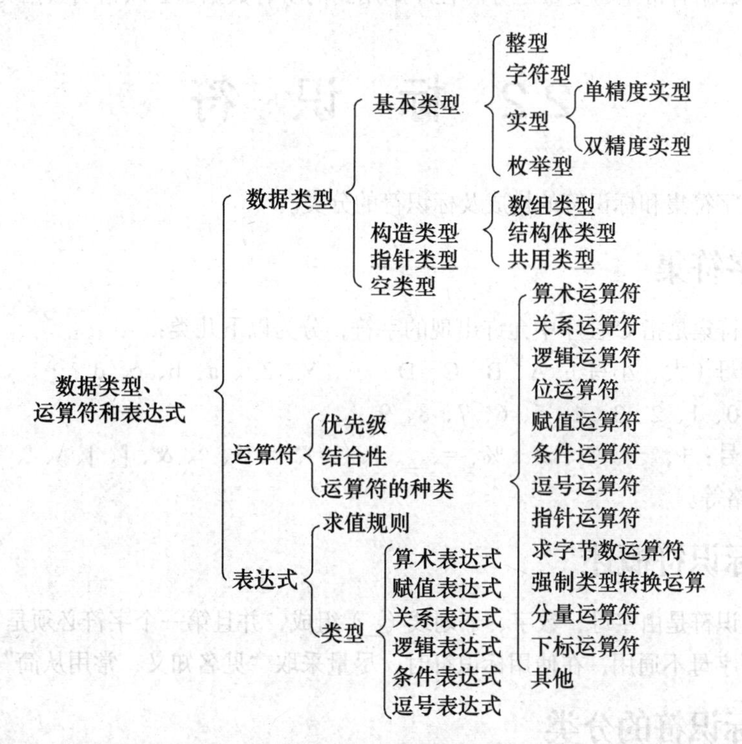

重点：基本类型数据的使用，C运算符、运算优先级和结合性，不同类型数据间的转换与运算，C表达式类型（赋值表达式、算术表达式、关系表达式、逻辑表达式、条件表达式和逗号表达式）的使用和求值规则。

难点：运算优先级和结合性、不同类型数据间的转换与运算。

二、复习纲要

2.1 C 语言数据类型简介

本节简单介绍了 C 语言数据类型，C 语言的数据类型如下：

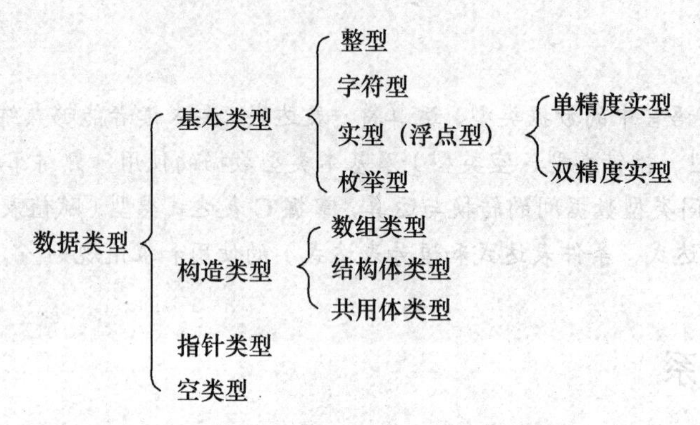

C 语言中的数据有常量与变量之分。程序中用到的所有数据都必须指明数据类型。

2.2 标 识 符

本节介绍了字符集和标识符的构成及标识符的分类。

2.2.1 字符集

C 语言的字符集是指 C 程序中允许出现的字符，分为以下几类：

（1）英文字母（大、小写）：A、B、C、D、…、Y、Z 、a、b、c、d、…、y、z。

（2）数字：0、1、2、3、4、5、6、7、8、9。

（3）特殊符号：+、-、*、/、%、=、_、!、(、)、#、$、^、&、[、]、\、'、"、{ 、}、|、.、>、<、?以及空格等。

2.2.2 标识符概述

C 语言的标识符是由字母、数字、下划线（_）组成，并且第一个字符必须是字母或下划线。大写字母和小写字母不通用，在使用标识符时，尽量采取“见名知义，常用从简”的原则。

2.2.3 标识符的分类

（1）关键字：关键字也称系统保留字，是一类特殊的标识符，在 C 语言中有特殊的含义，不允许作为用户标识符使用，不能用作常量名、变量名、函数名、类型名、文件名等。C 语言中的保留字共 32 个，保留字用小写字母表示。

（2）预定义标识符：预定义标识符也有特定的含义。

（3）用户标识符：用户标识符是用户根据自己的需要而定义的标识符，如对变量、常量、函数等的命名。

2.3　常量与变量

本节介绍了 C 语言的常量、变量、符号常量的概念及使用。

2.3.1　常量

常量是指在程序运行过程中其值不能被改变的量。在 C 语言中常用的常量有整型常量、实型常量、字符型常量和字符串常量，这些常量在程序中不需要预先说明就能直接使用。

2.3.2　符号常量

用一个指定的名字代表的常量称为符号常量。

定义符号常量的一般形式：#define 符号常量名字符串。

符号常量和变量不同，符号常量定义以后其值是不能变的，即不能对符号常量赋值或用 scanf 函数重新输入值。变量的值却是可以改变的。

定义符号常量的好处是：如果需要改变程序中的某一常量时，不需要一一改变这个常量，只需要修改定义中的字符串即可。

#define 不是 C 的语句，后面没有分号。

一般情况下，符号常量名用大写字符，其他标识符用小写字符。

2.3.3　变量

变量是指在程序运行过程中其值可以改变的量。程序中的变量由用户取名。实际上变量是内存中的一个存储区，在存储区中存放着该变量的值，每个变量有一个名字，如 x、sum 和 max 等。

变量在使用前必须进行声明，其目的是为变量在内存中申请存放数据的内存空间。

在程序中，一个变量实质上代表某个存储单元。要注意变量的“名”和变量的“值”的区别，变量的“名”是指该变量所代表的存储单元的标志，而变量的“值”是指存储单元中的内容。

大写字母和小写字母被认为是两个不同的字符，因此 sum 和 SUM 是两个不同的变量名。习惯上，为增加可读性变量名用小写字母表示。

2.3.4　变量赋初值

C 语言允许在定义变量的同时使变量初始化。也可以使被定义的变量的一部分赋初值。

初始化不是在编译阶段完成的，而是在程序运行时执行本函数时赋予初值的，相当于有一个赋值语句。

2.4 整 型 数 据

2.4.1 整型数据在内存中的存储形式

整型数据在内存中是以二进制补码形式存放的。正数的补码就是它的二进制形式，负数的补码是将该数的绝对值的二进制按位取反再加 1。

2.4.2 整型常量

整型常量简称整数，C 语言中有三种形式的整型常量：十进制整型常量、八进制整型常量和十六进制整型常量。

（1）十进制整数。以我们通常习惯的十进制整数形式给出。

（2）八进制整数。以数字 0 开始的数是八进制数。

（3）十六进制整数。以数字 0x 开始的数是十六进制数，后面只能是有效的十六进制数字 0 ~ 9，a ~ f（A ~ F）表示十进制值 10 ~ 15。

整型常量后面紧跟大写字母 L（或小写字母 l）则表示此常量为长整型常量。例如，12L、43l、0L 等，这往往用于函数调用中。如果函数的形参为长整型，则要求实参也为长整型。

2.4.3 整型变量

整型变量分为基本型、短整型、长整型和无符号型。

C 标准没有具体规定以上各类数据所占内存字节数，各种机器处理上有所不同，一般以一个机器字存放一个 int 型数据，而 long 型数据的字节数应不小于 int 型，short 型不长于 int 型。常用的 Turbo C 对各类型数据的设定见表 2-1。

表 2-1 Turbo C 对各类型数据的设定

类 型	类型标识符	所占字节数	数 值 范 围
基本类型	int	2	-32768 ~ 32767 即-2^{15}~ $-(2^{15}-1)$
短整型	short [int]	2	-32768 ~ 32767 即-2^{15}~ $-(2^{15}-1)$
长整型	long[int]	4	-2147483648 ~ 2147483647 即-2^{31}~ $-(2^{31}-1)$
无符号整型	unsigned [int]	2	0 ~ 65535 即 $0\sim2^{16}-1$
无符号短整型	unsigned short	2	0 ~ 65535 即 $0\sim2^{16}-1$
无符号长整型	unsigned long	4	0 ~ 4294967295 即 $0\sim2^{32}-1$

2.5 实型数据

2.5.1 实型常量

实型常量有两种表示形式：十进制小数形式和指数形式。注意：在用指数形式表示实型数时，使用字母 *E* 和 *e* 都可以，指数部分必须是整数（若为正整数时，可以省略“+”号）。实型常量又称浮点常量，也称实数。在 C 语言中实型常量只用十进制表示。

（1）十进制小数形式，由数字、小数点和正负号组成。

（2）指数形式，也称科学计数法，用 e 或 E 表示指数，一般形式为：$ae \pm b$，表示 $a \times 10^{\pm b}$，其中 a 是十进制数，可以是整数或是小数，b 必须是整数。

2.5.2　实型变量

实型变量分为单精度和双精度两类，例如：

```
float a,b;      /*指定 A.b 为单精度实型变量*/
double c;       /*指定 c 为双精度实型变量*/
```

在 Turbo C 中对实型数据的设定如表 2-2 所示。

表 2-2　　Turbo C 对实型数据的设定

类　型	类型标识符	所占字节数	有效数字	数值范围
单精度实型	float	4	6~7 位	10^{-37}~10^{38}
双精度实型	double	8	15~16 位	10^{-307}~10^{308}

应当避免将一个很大的数和一个很小的数直接相加或相减，否则会丢失小的数。

数据按整型存放是没有误差的，但取值范围一般较小，而按实型存放取值范围较大，但往往存在误差。编写程序时，应根据以上特点，选择所需变量的类型。

2.6　字符型数据

2.6.1　字符常量

C 语言的字符常量是用单引号（'）括起来的一个字符。如'a'、'1'、'D'、'?'、'$'等都是字符常量。字符常量中的字母区分大小写，'a'和'A'是不同的字符常量。

C 语言还允许使用一种特殊形式的字符常量，就是以一个"\"开头的字符序列。表 2-3 中列出的字符称为“转义字符”，意思是将反斜杠（\）后面的字符转换成另外的意义。如前面遇到过的 printf 函数中的'\n'，不代表字母 n 而代表“换行符”。这是一种“控制字符”，在屏幕上不显示。

表 2-3　　转义字符及其含义

字符形式	含　　义	ASCII 代码
\n	换行，将当前位置移到下一行开头	10
\t	水平制表（跳到下一个 tab 位置）	9
\f	换页，将当前位置移到下页开头	12
\b	退格，将当前位置移到前一列	8
\r	回车，将当前位置移到本行开头	13
\\	反斜杠字符“\”	92
\'	单引号（撇号）字符	39

续表

字符形式	含 义	ASCII 代码
\"	双引号字符	34
\ddd	1~3 位八进制数所代表的字符	
\xhh	1~2 位十六进制数所代表的字符	

2.6.2 字符串常量

字符串常量是一对双引号括起来的字符序列。可以输出一个字符串。

不要将字符常量与字符串常量混淆。'a'是字符常量，"a"是字符串常量，两者不同。C 规定：在每一个字符串的结尾加一个“字符串结束标志”，以便系统据此判断字符串是否结束。C 规定以字符'\0'作为字符串结束标志。

2.6.3 字符变量

字符变量用来存放一个字符常量，字符变量用 char 来定义。

可以把一个字符型常量或字符型变量的值赋给一个字符变量，不能将一个字符串常量赋给一个字符变量。

给字符变量赋值可以采用如下 3 种方法：

（1）直接赋予字符常量。

（2）赋予“转义字符”。

（3）赋予一个字符的 ASCII 代码。

应记住，字符数据与整型数据两者间是通用的，可以互相赋值和运算。在 C 语言中，可以利用加或减 32 进行大小写的转换。

2.7 运算符和表达式

用来表示各种运算的符号称为运算符。表达式是由运算符、常量、变量、函数按照一定的规则构成的式子。C 语言中的任何一个表达式都有一个确定的值，该值称为表达式的值。

2.7.1 C 运算符简介

C 语言的运算符非常丰富。主要分为以下几类：

（1）算术运算符（+ - * / %）。

（2）关系运算符（> < == >= <= !=）。

（3）逻辑运算符（! && ||）。

（4）位运算符（<< >> ~ | ^ &）。

（5）赋值运算符（=及其扩展赋值运算符）。

（6）条件运算符（? :）。

（7）逗号运算符（,）。

（8）指针运算符（*和&）。

（9）求字节数运算符（sizeof）。

（10）强制类型转换运算符（类型）。

（11）分量运算符（.　->）。

（12）下标运算符（[]）。

（13）其他（如函数调用运算符（））。

2.7.2　表达式的求值规则

在一个表达式中可以包含不同类型的运算符，C 语言规定了运算符的优先级和结合性。在表达式求值时，先按运算符的优先级别高低次序执行。如果在一个运算对象两侧的运算符的优先级别相同，则按规定的结合方向处理。C 语言规定了各种运算符的结合方向（结合性）。算术运算符的结合方向为自左至右，即先左后右。自左至右的结合方向又称左结合性，即运算对象先与左面的运算符结合。有些运算符的结合方向为自右至左，即右结合性。

2.7.3　混合运算中的类型转换

1. 自动类型转换

字符型数据可以与整型数据通用。因此，整型、字符型、实型（包括单、双精度）数据可以出现在一个表达式中进行混合运算。在进行运算时，不同类型的数据要先转换成同一类型的数据，然后再进行运算，转换的规则如图 2-1 所示。

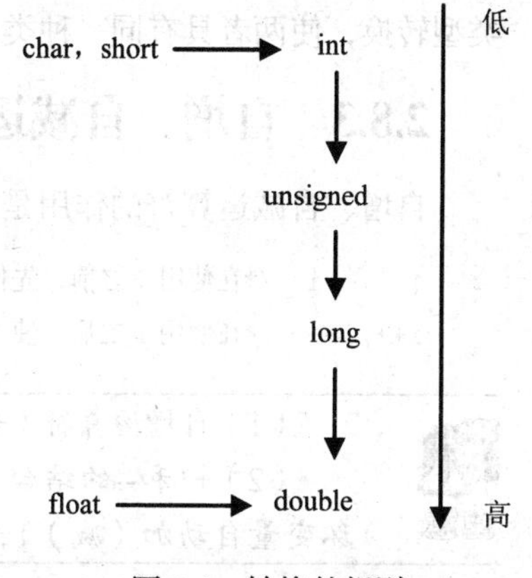

图 2-1　转换的规则

图中横向箭头表示必定的转换，如字符数据必定先转换为整数，short 型转换为 int 型，float 型数据在运算时一律先转换成双精度型，以提高运算精度（即使是两个 float 型数据相加，也都要化成 double 型，然后再相加）。

纵向的箭头表示当运算对象为不同类型时转换的方向。例如 int 型与 double 型数据进行运算，先将 int 型的数据转换成 double 型。然后再进行两个同类型（double 型）数据间运算，结果为 double 型。注意，箭头方向只表示数据类型级别的高低，由低向高转换，不要理解为 int 型先转成 unsigned 型，再转成 long 型，再转成 double 型。如果一个 int 型数据与一个 double 型数据运算是直接将 int 型转成 double 型。同理，一个 int 型与一个 long 型数据运算，是先将上述的类型转换是由系统自动进行的。

2. 强制类型转换运算符

可以利用强制类型转换运算符将一个表达式转换成所需类型。

其一般形式为：

（类型名）（表达式）

表达式应该用括号括起来。

（1）C 语言在强制类型转换时，括起来的是类型而不是需要转换变量。

（2）在强制类型转换时，得到一个所需类型的中间变量，原来变量的类型未发生变化。

2.8 算术运算符和算术表达式

2.8.1 基本算术运算符

+（加法运算符，或正值运算符）

-（减法运算符，或负值运算符）

*（乘法运算符）

/（除法运算符）

%（模运算符，或称求余运算符，%两侧均应为整型数据）

两个整数相除的结果为整数。

2.8.2 算术表达式和运算符的优先级与结合性

用算术运算符和括号将运算对象（也称操作数）连接起来的、符合 C 语法规则的式子，称 C 算术表达式。运算对象包括常量、变量、函数等。

算术运算符的结合方向为“自左至右”，即先左后右。“自左至右的结合方向”又称“左结合性”，即运算对象先与左面的运算符结合。如果一个运算符的两侧的数据类型不同，则先自动进行类型转换，使两者具有同一种类型，然后再进行运算。

2.8.3 自增、自减运算符

自增、自减运算符的作用是使变量的值增 1 或减 1。

```
++i,--i  /*在使用 i 之前，先使 i 的值加（减）1*/
i++,i--  /*在使用 i 之后，使 i 的值加（减）1*/
```

（1）自增运算符（++）和自减运算符（--），只能用于变量，而不能用于常量或表达式。

（2）++和--的结合方向是“自右至左”。自增（减）运算符常用于循环语句中，使循环变量自动加（减）1，也用于指针变量，使指针指向下一个地址。

2.9 赋值运算与赋值表达式

2.9.1 赋值运算符

赋值符号“=”就是赋值运算符，它的作用是将一个数据赋给一个变量。

2.9.2 类型转换

如果赋值运算符两侧的类型不一致，但都是数值型或字符型时，在赋值时要进行类型转换。

（1）将实型数据（包括单、双精度）赋给整型变量时，舍弃实数的小数部分。

（2）将整型数据赋给单、双精度变量时，数值不变，但以浮点数形式存储到变量中。

（3）将一个 double 型数据赋给 float 变量时，只保留前面七位有效数字，存放到 float 变量的存储单元（32 位）中。但应注意数值范围不能溢出。

将一个 float 型数据赋给 double 变量时，数值不变，有效位数扩展到 16 位，在内存中以 64 位（bit）存储。

（4）字符型数据赋给整型变量时，由于字符只占 1 个字节，而整型变量为 2 个字节，因此将字符数据（8 位）放到整型变量低 8 位中。有两种情况：

① 如果所用系统将字符处理为无符号的量或对 unsigned char 型变量赋值，则将字符的 8 位放到整型变量低 8 位，高 8 位补零。

② 如果所用系统（如 Turbo C）将字符处理为带符号的（即 signed char），若字符最高位为 0，则整型变量高 8 位补 0；若字符最高位为 1，则高 8 位全补 1。

（5）将一个 int、short、long 型数据赋给一个 char 型变量时，只将其低 8 位原封不动地送到 char 型变量（即截断）。

（6）将带符号的整型数据（int 型）赋给 long 型变量时，要进行符号扩展，将整型数的 16 位送到 long 型低 16 位中，如果 int 型数据为正值（符号位为 0），则 long 型变量的高 16 位补 0；如果 int 型变量为负值（符号位为 1），则 long 型变量的高 16 位补 1，以保持数值不改变。反之，若将一个 long 型数据赋给一个 int 型变量，只将 long 型数据中低 16 位原封不动地送到整型变量（即截断）。

以上的赋值规则看起来比较复杂，其实，不同类型的整型数据间的赋值归根到底就是一条：按存储单元中的存储形式直接传送。

2.9.3　复合的赋值运算符

C 语言规定可使用十种复合赋值运算符。即：

```
+=、-=、*=、/=、%=、<<=、>>=、&=、^=、|=
```

后五种是有关位运算的，将在第 11 章介绍。

C 采用这种复合运算符，一是为了简化程序，使程序精炼；二是为了提高编译效率，从而产生质量较高的目标代码。

2.9.4　赋值表达式

由赋值运算符将一个变量和一个表达式连接起来的式子称为“赋值表达式”。

它的一般形式为：

<变量>=<表达式>

赋值表达式求解的过程是：将赋值运算符右侧“表达式”的值赋给左侧的变量。

上述一般形式的赋值表达式中的“表达式”，又可以是一个赋值表达式。

赋值表达式也可以包含复合的赋值运算符。

2.10　逗号运算符和逗号表达式

在 C 语言中逗号“,”也是一种运算符，称为逗号运算符。其功能是把两个表达式连接起来组成一个表达式，称为逗号表达式。逗号运算符是所有运算符中级别最低的。

其一般形式为：

表达式 1，表达式 2，表达式 3...... 表达式 *n*

其求值过程是先求解表达式 1 的值，再求解表达式 2 的值，……一直到求解表达式 *n* 的值，而整个逗号表达式的值是表达式 *n* 的值。

2.11 关系运算符和关系表达式

2.11.1 关系运算符及其优先次序

C 语言提供六种关系运算符：

（1）<（小于）。

（2）<=（小于或等于）。

（3）>（大于）。

（4）>=（大于或等于）。

（5）==（等于）。

（6）!=（不等于）。

关于优先次序：

（1）前四种关系运算符（<，<=，>，>=）的优先级别相同，后两种也相同。前四种高于后两种。例如，“>”优先于“==”。而“>”与“<”优先级相同。

（2）关系运算符的优先级低于算术运算符。

（3）关系运算符的优先级高于赋值运算符。

2.11.2 关系表达式

用关系运算符将两个表达式连接起来的式子，称为关系表达式。关系表达式的值是一个逻辑值，即“真”或“假”。C 语言中以 1 代表“真”，以 0 代表“假”。

2.12 逻辑运算符及逻辑表达式

2.12.1 逻辑运算符及其优先次序

C 语言提供 3 种逻辑运算符：

（1）&& 逻辑与。

（2）|| 逻辑或。

（3）! 逻辑非。

“&&”和“||”是“双目（元）运算符”，它要求有两个运算量（操作数）；“!”是“一目（元）运算符”，只要求有一个运算量。

逻辑运算符的优先次序：

（1）!（非）、&&（与）、||（或），即“!”最高的，其次是&&，最后是||。

（2）逻辑运算符中的“&&”和“||”低于关系运算符，“!”高于算术运算符。

求值规则：

（1）与（&&）：参与运算的两个量都为真时，结果才为真，否则为假。

（2）或（||）：参与运算的两个量只要一个为真，结果就为真；两个量都为假时结果才为假。

（3）非（!）：参与运算的量为真时，结果为假；参与运算的量为假时，结果才为真。

2.12.2　逻辑表达式

C语言编译系统在给出逻辑运算结果时，以数值1代表“真”，以0代表“假”，但在判断一个量是否为“真”时，0代表“假”，以非0代表“真”。即将一个非零的数值认作为“真”。

实际上，逻辑运算符两侧的运算对象不但可以是0和1，或者是0和非0的整数，也可以是任何类型的数据。系统最终以0和非0来判定它们属于“真”或“假”。

在逻辑表达式的求解过程中，并不是所有的逻辑运算符都被执行。只是在必须执行下一逻辑运算符才能求出表达式的解时，才执行该运算符。

对于运算符“&&”来说，只有左边表达式的值为真时，才计算右边表达式的值。而对于运算符“||”来说，只有左边表达式的值为假时，才计算右边表达式的值。

在使用运算符&&的表达式中，把最可能为假的条件放在最左边；在使用运算符||的表达式中，把最可能为真的条件放在最左边。这样能减少程序的运行时间。

2.13　条件运算符与条件表达式

2.13.1　条件运算符与条件表达式

条件运算符是C语言中唯一的三目运算符，条件运算符为“? :”，它有3个运算对象。由条件运算符连接3个运算对象组成的表达式称为“条件表达式”。

条件表达式的一般形式为：

```
表达式1?表达式2:表达式3
```

条件表达式的运算规则为：先求解表达式1的值，若其为真（非0），则求解表达式2的值，且整个条件表达式的值等于表达式2的值；若表达式1为假（0），则求解表达式3的值，且整个条件表达式的值等于表达式3的值。

条件运算的对象可以是任意合法的常量、变量或表达式，而且表达式1、表达式2、表达式3的类型可以不同。对表达式1，无论是什么类型，对于条件表达式的执行而言，只区分它的值为0或非0。但一般情况下，表达式1表示某种条件，常常是关系表达式或逻辑表达式。

2.13.2　条件运算符的优先级与结合性

条件运算符的优先级高于赋值运算符，但低于算术运算符、自增自减运算符、逻辑运算符和关系运算符。条件运算符具有右结合性。

三、本章常见错误小结

（1）忽视变量区分大小写，使得定义的变量和实用的变量不同名，编译时会出现变量未定义的错误。

（2）在执行语句之后定义变量，编译时会出错。

（3）在定义变量时，对多个变量进行连续赋初值，如 int a=b=c=1。

四、实验环节

实验　数据类型、运算符和表达式

【实验目的和要求】

（1）掌握 C 语言的数据类型，熟悉如何定义一个整型、字符型、单精度实型、双精度实型变量，以及对它们赋值的方法，了解以上类型数据输出时所用的格式符。

（2）学会使用 C 的算术运算符、赋值运算符及扩展的赋值运算符，以及包含这些运算符的表达式，特别是自加（++）和自减（--）运算符的使用。

（3）掌握 C 语言中使用最多的语句——赋值语句的使用。

（4）进一步熟悉 C 程序的编辑、编译、连接和运行的过程。

【实验内容】

1. 分析题

（1）分析下面程序的输出结果，并验证分析的结果是否正确。

```
main()
{  char cl,c2;
   c1=97;
   c2=98;
   printf("%c,%c\n",cl,c2);
}
```

在此基础上，分别做以下改动并运行：

① 加一个 printf 句，即：

```
printf("%d,%d\n",cl,c2);
```

② 将第 2 行改为：

```
int cl,c2;
```

③ 再将第 3、4 行改为：

```
c1=300;c2=400;
```

（2）输入并运行下述程序：

```
main()
{ int i,j,m,n;
   i=8;
   j=10;
   m=++i;
   n=j++;
   printf("%d,%d, %d,%d\n",i,j,m,n);
}
```

分别做以下改动并运行:

① 第5~6行改为:

```
m=i++;
n=++j;
```

② 程序改为:

```
main()
{ int i,j;
  i=8;
  j=10;
  printf("%d,%d\n",i++,j++);
}
```

③ 程序改为:

```
main()
{  int i,j;
   i=8;
   j=10;
   printf("%d,%d\n",++i,++j);
}
```

④ 再将printf语句改为:

```
printf("%d,%d,%d,%d\n",i,j,i++,j++);
```

⑤ 程序改为:

```
main()
{  int i,j,m=0,n=0;
   i=8;
   j=10;
   m+=i++;
   n+=++j;
   printf("%d,%d,%d,%d\n",i,j,m,n);
}
```

⑥ 将第⑤步程序中的第3行、第4行改为:

```
i=8;
j=010;
```

运行结果与第⑤步有什么不同?为什么?

2. 改错题

(1)分析下面程序存在的错误并改正。

```
main()
{  a=10;m=2;
   printf("%d",a+m);
}
```

(2)分析下面程序存在的错误并改正。

```
main()
{  int  2-x=1,y=3;
   printf("%d",2-x+y);
}
```

3. 编程题

（1）求二次方程 $x^2+4x-6=0$ 的两个实根。

（2）输入三角形的两边及其夹角，求三角形的面积。

五、测试练习

习 题 2

一、选择题

1. 在x值处于-2到2，4到8时值为“真”，否则为“假”的表达式是（　　）。

   A. (2>x>-2)||(4>x>8)　　B. !((x<=-2)||(x>=2))||((x<=4)||(x>=8))

   C. (x<2)&&(x>=-2)||(x>4)&&(x<8)　　D. (x>-2)&&(x>4)||(x<8)&&(x<2)

2. 下述表达式中，可以正确表示x<=0或x>=1的关系的表达式是（　　）。

   A. (x>=1)||(x<=0)　　B. x>1 || x<=0

   C. x>=1ORx<=0　　D. x>=1 || x<=0

3. 在C语言中，要求参加运算的数必须是整数的运算符是（　　）。

   A. /　　B. !　　C. %　　D. ==

4. 下列选项中，是C语言提供的合法数据类型关键字的是（　　）。

   A. Float　　B. unsigned　　C. integer　　D. Char

5. 属于合法的C语言长整型常量的是（　　）。

   A. 5876　　B. 1L　　C. 2E10　　D. (long)587627

6. 以下变量名全部合法的是（　　）。

   A. ABC、L10、a_B、_a1　　B. ?123、print、p、a+b

   C. -12、Zhang、0p、11F　　D. Li_Li、P、for、101

7. 在C语言中规定只能由字母、数字和下划线组成标识符，且（　　）。

   A. 第一个字符必须为下划线　　B. 第一个字符必须为字母

   C. 第一个字符必须为字母或数字　　D. 第一个字符不能为数字

8. 在C语言中，运算符的优先级高低的排列顺序是（　　）。

   A. 关系运算符　算术运算符　赋值运算符

   B. 算术运算符　赋值运算符　关系运算符

   C. 赋值运算符　关系运算符　算术运算符

   D. 算术运算符　关系运算符　赋值运算符

9. 在C语言中，int、short和char在内存中所占位数（　　）。

   A. 均为16位（2个字节）　　B. 由用户使用的机器的字长确定

   C. 由用户在程序中定义　　D. 是任意的

10. 在逻辑运算中，逻辑运算符按以下优先次序排列（　　）。

   A. ||（或）　&&（与）　!（非）　　B. !（非）　||（或）　&&（与）

   C. !（非）　&&（与）　||（或）　　D. &&（与）　!（非）　||（或）

11. 以下正确的选项是（　　）。

A. 5++　　B. (x-y)--　　C. ++(a-b)　　D. (a++)+(a++)+(a++)

12. 以下均是C的合法常量的选项是（　　）。

A. 099、-026、0xl 23、e5　　B. 034、0xl02、13e-3、-0.78

C. -0x22D、06f、8e2、3.e　　D. .e7、0xffff、12%、2、5e1.2

13. 以下转义字符全部合法的选项是（　　）。

A. '\n'、'\\'、'\x35'、'\"　　B. '\t'、'\1010'、'\v'、'\123'

C. '\xll0'、'\b'、'\v'、'\xxx'　　D. '\rr'、'\r'、'\55'、'\xff'

14. 以下选项中字符串和字符常量都正确的是（　　）。

A. 'chr'和"a"　　B. '123'和'\'

C. "string"和'S'　　D. "678"和"\0"

15. 正确的赋值表达式是（　　）。

A. a=3+b--=7+k　　B. (a=16*9,b+5),b=2

C. a=b--=c--　　D. a=b+1=a-b

16. 设C语言中，int类型数据占2字节，则long类型数据占（　　）字节。

A. 1　　B. 2　　C. 8　　D. 4

17. 以下程序的输出结果是（　　）。

```
main()
{ int x=10,y=10;
  printf("%d%d\n",x--,--y);
}
```

A. 10 10　　B. 9 9　　C. 9 10　　D. 10 9

二、填空题

1. 经过下述赋值后，变量x的数据类型是________。

```
int x=2;
double y;
y=(int)(float)x;
```

2. C语言的基本数据类型分为________、________、________和________。

3. 若a, b和c均是int型变量，则执行表达式a=(b=4)+(c=2)后，a值为______，b值为______，c值为________。

4. 若a是int型变量，且a的初值为6，则执行表达式a+=a-=a*a后a的值为________。

5. 若a是int型变量，则执行表达式a=25/3%3后a的值为________。

6. 若x和n均是int型变量，且x和n的初值均为5，则执行表达式x+=n++后x的值为_____，n的值为________。

7. 若有定义int b=7, float a=2.5, c=4.7; , 则表达式a+(int)(b/3*(int)(a+c)/2)%4的值为________。

8. 若有定义double x，y; 且x=3.0，y=2.0，则表达式pow(y，fabs(x))的值为________。

9. 若有定义int e=1，f=4，g=2; float m=10.5，n=4.0，k; , 则执行赋值表达式k=(e+f)/g+m+sqrt((double) n)*1.2/g后k的值是________。

10. 表达式8/4*(int)2.5 / (int)(1.25*(3.7+2.3))值的数据类型为________。

11. 表达式pow(2.8，sqrt(double(x)))值的数据类型为________。

12. 若 s 是 int 型变量，且 s=6，则下面表达式 s%2+(s+1)%2 的值为________。

13. 若 a 是 int 型变量，则表达式(a=4*5，a*2)，a+6 的值为________。

14. 若 x 和 a 均是 int 型变量，则执行表达式 x=(a=4，6*2)后的 x 值为________，执行表达式 x=a=4，6*2 后的 x 值为________。

15. 若有定义 int m=5，y=2; 则执行表达式 y+=y-=m*=y 后 y 的值是________。

16. 表达式 32+'B'-2/7*3 的值是________，a=b=c=4+3/7 的值是________，逗号表达式 b=7，11+(b+=5)*2 的值是________。

17. 设 a=3，b=-4，c=5，表达式!(b>c)+(b!=a)||(a+b)&&(b-c)的值是________。

18. 设 a=3，b=-4，c=5，表达式 a++-c+b++的值是________，++a-c+(++b)的值是________。

19. 设 a=3，b=-4，c=5，表达式 a+b，b*5，a=b+4 的值是________，b%=c+a-c/5 的值是________。

20. 若 int a=2，b=3; float x=3.5， y=2.5; 则表达式(float)(a+b)/2+(int)x%(int)y 的值为________。

21. 若 char c='\010'; 则变量 c 中包含的字符个数为________。

22. 若有定义 int x=3，y=2; float a=2.5，b=3.5; 则表达式(x+y)%2+(int)a/(int)b 的值为________。

23. 若有定义 int x，n; 且 x=12，n=5，则执行表达式 x%=(n%=2)后 x 的值为________。

24. 假设所有变量均为整型，则表达式(a=2，b=5，a++，b++，a+b)的值为________。

25. 已知字母 a 的 ASCII 码为 97，若有定义 char ch; 则表达式 ch='a'+'8'-'3'的值为________。

三、分析程序题

1. 下列程序的运行结果是________。

```
#include<stdio.h>
main()
{ int a=011,b=101;
  printf("\n%x,%o",++a,b++);
}
```

2. 下列程序的运行结果是________。

```
#include<stdio.h>
#define M 3
#define N M+1
#define NN N*N/2
main()
{ printf("%d\n",NN);
  printf("%d\n",5*NN);
}
```

3. 下列程序的运行结果是________。

```
#include<stdio.h>
main()
{ int x=02,y=3;
  printf("x=%d,y=%d",x,y);
}
```

4. 下列程序的运行结果是________。

```
main()
{ int  k,j;
  float a,b;
  char c;
  long m,n;
```

```
    k=8;j=-3;
    a=25.0;b=3.0;
    m=a/b;
    n=m+k/j;
    printf("%ld\n",n);
}
```

5. 下列程序的运行结果是________。

```
main()
{   char ch;
    ch='B';
    printf("%c,%d\n",ch,ch);
}
```

6. 下列程序的运行结果是________。

```
main()
{  int a=12,b=12;
   printf("%d%d\n",--a,++b);
}
```

7. 下列程序的运行结果是________。

```
main()
{  int m=5;
   if(++m>5)
       printf("%d\n",m);
   else
       printf("%d\n",m--);
}
```

四、改错题

1. 分析下面程序存在的错误，并改正。

```
main()
{  x=1;y=2;
   printf("%d",x-y);
}
```

2. 分析下面程序存在的错误，并改正。

```
main()
{   int x=1;y=2;
    printf("%d",x-y);
}
```

3. 分析下面程序存在的错误，并改正。

```
main()
{  int x=1 y=2;
   printf("%d",x-y);
}
```

4. 分析下面程序存在的错误，并改正。

```
main()
{  int  2x=1,y=2;
   printf("%d",2x-y);
}
```

5. 分析下面程序存在的错误，并改正。

```
main()
{  char  x=a;
   printf("%c",x);
}
```

6. 分析下面程序存在的错误，并改正。

```
#define  n  10
main()
{  float  a=10,b=5,c;
   c=int(a)%int(b)/n;
   printf("%d",c);
}
```

五、编程题

1. 输入一个十进制数，按八进制、十六进制输出。
2. 输入5个数，求平均值。
3. 输入三角形的两边及其夹角，求三角形的面积。

第3章 顺序结构程序设计

本章主要介绍顺序程序的设计方法。了解控制语句、函数调用语句、表达式语句、空语句、复合语句的概念，掌握赋值语句的使用。重点掌握有格式的数据输入（scanf）与输出（printf）语句，正确使用输入/输出函数。通过上机实验，对复杂的格式控制字符串有更深入的了解和运用，能够进行简单的顺序程序设计。

一、知识体系

本章的体系结构：

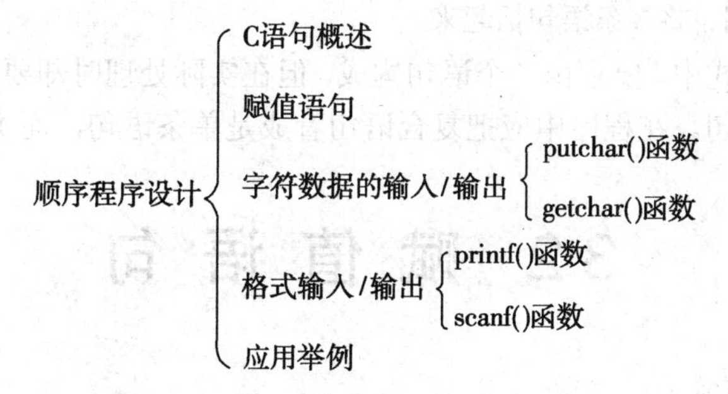

重点：printf 语句和 scanf 语句的使用及顺序结构程序设计的常用算法。

难点：printf 语句和 scanf 语句的应用及其格式控制字符串的使用。

二、复习纲要

3.1 C 语句概述

C 语言的语句可以分为如下五类。

（1）控制语句：完成一定的控制功能。C 语言只有九种控制语句，它们是：

① if ( ) …else…：分支语句。

② switch：多分支语句。

③ while ( ) …：当型循环语句。

④ do…while ( )：do 循环语句。

⑤ for ( ) …：for 循环语句。

⑥ break：跳出语句，终止执行 switch 或循环。

⑦ continue：结束本次循环语句。

⑧ goto：转向语句。

⑨ return：返回语句。

上面九个语句中的（ ）表示其中是条件，...表示一个内嵌语句。

（2）函数调用语句：由函数调用加一个分号构成一个语句。

其一般形式为：

```
函数名(实际参数表)；
```

执行函数语句就是调用函数体并把实际参数赋予函数定义中的形式参数，然后执行被调函数体中的语句，求取函数值。

（3）表达式语句：由一个表达式加一个分号构成。

其一般形式为：

```
表达式；
```

执行表达式语句就是计算表达式的值。

（4）空语句：即为只有一个分号的语句，即，空语句是什么也不执行的语句。在有的循环中，循环体什么也不做，就用空语句来表示。

（5）复合语句：用{}将多条语句括起来。

在一些语句的格式中，要求由一个语句构成，但在实际处理时却要由多个语句才能完成，这时就可以用复合语句。在程序中应把复合语句看成是单条语句，而不是多条语句。

3.2 赋 值 语 句

赋值语句的一般形式为：

```
变量=表达式；
```

赋值语句的功能：有计算的功能和保存计算值的功能，赋值号的左边必须是变量，右边可以是常量、变量、表达式。赋值语句是先把右边表达式的值计算出来，赋给左边的变量保存起来。

赋值运算具有右结合性，程序执行时从右向左执行。

其展开之后的一般形式为：

```
变量=变量=…=表达式；
```

3.3 字符数据的输入/输出

C 语言本身并不提供输入/输出操作的语句，C 程序中的输入/输出用一组库函数来实现。

3.3.1 字符输出函数 putchar()

putchar()函数的作用是把一个字符输出到标准输出设备（通常指显示器或打印机）。putchar()函数的一般调用形式为：

```
putchar(ch);
```

功能：向终端输出一个字符。

3.3.2　字符输入函数 getchar()

getchar()函数的作用是从标准输入设备（通常指键盘）上读入一个字符，getchar()函数的一般调用形式为：

```
getchar();
```

功能：从标准输入设备（如键盘）接收一个字符。

3.4　格式输入/输出

3.4.1　格式输出函数 printf()

一般调用形式为：

```
printf("格式控制字符串",输出表列);
```

其中，格式控制部分是一个用双引号括起来的字符串，用来确定输出项的格式和需要输出的字符串，输出项可以是合法的常量、变量和表达式，输出表列中的各项之间要用逗号分开。格式字符表与 printf()的附加格式说明字符如表 3-1 和表 3-2 所示。

表 3-1　格式字符表

格式字符	说　明
d	以有符号十进制的形式输出整数（正数不输出符号）
o	以八进制无符号形式输出整数（不输出前导符 0）
x，X	以十六进制无符号形式输出整数（不输出前导符 0x），用 x 则输出十六进制数中的字母时用小写字母 a ~ f，用 X 则输出十六进制数中的字母时用大写字母 A ~ F
u	以无符号十进制形式输出整数
c	以字符形式输出，只输出一个字符
s	输出字符串
f	以小数形式输出单、双精度数，隐含输出 6 位小数
e，E	以标准指数形式输出单、双精度数，数字部分小数位数为 6 位。用 e 时指数用 e 表示，用 E 时指数用 E 表示
g，G	选用%f 或%e 格式中输出宽度较短的一种格式，不输出无意义的 0，用 G 时指数用 E 表示

表 3-2　printf()的附加格式说明字符

字　符	说　明
l	表示输出的是长整形整数，可加在 d、o、x、u 前面
m	表示输出数据的最小宽度
.n	对实数，表示输出 *n* 位小数；对字符串，表示截取 *n* 个字符；对整数表示至少占 *n* 位，不足用前置 0 占位
0	表示左边补 0

续表

字　符	说　明
–	输出结果左对齐，右边填空格；缺省则输出结果右对齐，左边填空格
+	输出符号（正号或负号）
空格	输出值为正时冠以空格；为负时冠以负号
#	对 c，s，d，u 类无影响；对 o 类，在输出时加前缀 0；对 x 类，在输出时加前缀 0x

功能：在格式控制字符串的控制下，将各参数按指定格式在标准输出设备上显示或打印。

格式控制字符串可包含两类内容：普通字符和格式说明。普通字符只被简单地输出在屏幕上，所有字符（包括空格）一律按照从左至右的顺序原样输出，在显示中起提示作用。

3.4.2　格式输入函数 scanf()

一般调用形式为：

```
scanf("格式控制字符串", 地址表列);
```

其中：格式控制的含义同 printf 函数；输入项地址表列由若干个地址组成，代表每一个变量在内存中的地址。

功能：接收从输入设备按输入格式输入的数据并存入指定的变量地址中。

scanf()中的格式字符与 scanf()的附加格式说明字符如表 3-3 和表 3-4 所示。

表 3-3　　scanf()中的格式字符

格式字符	说　明
d	输入有符号的十进制整数
o	输入无符号的八进制整数
x	输入无符号的十六进制整数
c	输入单个字符
s	输入字符串。以非空字符开始，以第一个空格结束
u	输入无符号的十进制整数
f，e，g，E，G	以小数形式或指数形式输入单、双精度数

表 3-4　　scanf()的附加格式说明字符

字　符	说　明
l	表示输入的是长整数或双精度数据，可加在 d、o、x、f、e 前面
h	表示输入短整型数据（可用于 d、o、x）
m	表示输入数据的最小宽度（列数）
*	表示本输入项在读入后不赋给相应的变量

3.5　应 用 举 例

顺序结构是 C 语言程序设计的基本结构，程序运行时按照语句编写的顺序依次执行，语句的执行次序和它们的语句顺序一致。在顺序结构中，每个语句都被执行一次，而且只被执行一次。

三、本章常见错误小结

（1）将 printf()写成 print()在连接时出错。

（2）没有给 printf()或 scanf()中的格式控制字符串加双引号。

（3）将分隔格式控制字符串和输入或输出项的逗号写在了格式控制字符串内。

（4）在 scanf()中的变量前没有使用地址运算符&。

（5）在 printf()中输出的项多于或少于格式控制符。

（6）在 printf()或 scanf()中输出/输入项与格式控制符类型不一致。

（7）用户从键盘输入的数据格式和 scanf()中格式控制字符串的格式不一致。

（8）在 scanf()输入实型数时在格式控制字符串中规定了精度，如 scanf(“%8.2f”,&a)。

四、实验环节

实验（一） 输入/输出函数及格式

【实验目的和要求】

（1）掌握 C 语言中使用最多的一种语句——赋值语句的使用。

（2）掌握字符数据的输入/输出方法。

（3）掌握格式输出函数 printf()的用法。

【实验内容】

1．分析题

（1）输入并运行以下程序：

```
main()
{  int a,b;
   float d,e;
   char c1,c2;
   double f,g;
   long m,n;
   unsigned int p,q;
   a=61;
   b=62;
   c1='a';
   c2='b';
   d=3.56;
   e=-6.87;
   f=3157.890121;
   g=0.123456789;
   m=50000;
   n=-60000;
   p=32768;
   q=40000;
   printf("a=%d,b=%d\nc1=%c,c2=%c\nd=%6.2f,e=%6.2f\n",a,b,c1,c2,d,e);
   printf("f=%15.6f,g=%15.2f\nm=%ld,n=%ld\np=%u,q=%u\n",f,g,m,n,p,q);
}
```

对上题做以下改动。

① 将程序第 8 ~ 19 行改为:

```
a=61;
b=62;
c1=a;
c2=b;
f=3157.890121;
g=0.123456789;
d=f;
e=g;
p=a=m=50000;
q=b=n=-60000;
```

运行程序，分析结果。

② 在①的基础上将 printf 语句改为:

```
printf("a=%d,b=%d\nc1=%c,c2=%c\n d=%15.6f,e=%15.6f\n",a,b,c1,c2,d,e);
printf("f=%f,g=%f\n m=%d,n=%d\n p=%d,q=%d\n",f,g,m,n,p,q);
```

③ 将 p，q 改用%o 格式符输出。

④ 改用 scanf 函数输入数据而不用赋值语句，scanf 函数如下:

```
scanf("%d,%d,%c,%c,%f,%f,%lf,%lf,%ld,%ld,%u,%u",&a,&b,&c1,&c2,&d,&e,&f,&g,&m,&n,&p,&q);
```

输入的数据如下:

```
61,62,a,b,3.56,-6.87,3,157.890121,0.123456789,50000,-60000,37678,40000
```

说明: lf 和 ld 格式符分别用于 double 型和 long 型数据。

分析运行结果。

(2) 有如下程序:

```
main()
{  int a=10;
   long int b=10;
   float x=10.0;
   double y=10.0;
   printf("a = %d, b = %ld, x = %f, y = %lf\n",a,b,x,y);
   printf("a = %ld, b = %d, x = %lf, y = %f\n",a,b,x,y);
   printf("x = %f, x = %e, x = %g\n",x,x,x);
}
```

从此题的输出结果了解各种数据类型在内存的存储方式。

2. 填空题

(1) 输入一球体的半径，求球体的体积。

____

```
main()
{  double r,v;
   printf("input  r:");
   scanf("______",&r);
   v=________*PI*________;
   printf("=%.2lf\n",v);
}
```

问题：第 3 个空白处填写 4/3 是否合理，为什么？

（2）任意输入一个整数 x，求它的平方根。

提示：平方根函数在库函数 math.h 文件中定义，它的格式为：(double) sqrt ((double) x)。

____

```
main()
{  int x;
   printf("Input  x:");
   scanf("%d",_______);
   printf("sqrt(x)=%.2lf\n",_______);
}
```

3. 编程题

（1）用 getchar()函数读入两个字符给 c1、c2，然后分别用 putchar()函数和 printf()函数输出这两个字符。

（2）设圆半径 r=1.5，圆柱高 h=3，求圆柱底面周长、底面面积、圆柱表面积、圆柱体积。

实验（二） 顺序结构程序设计

【实验目的和要求】

（1）熟练掌握 scanf()函数和 printf()函数的用法。

（2）熟悉编写顺序结构程序并运行。

（3）进一步熟悉 TC 环境的使用方法。

【实验内容】

1. 分析题

运行下列程序，注意观察运行结果。

（1）
```
#include<stdio.h>
main()
{
   char ch;
   ch=getchar();
   putchar(ch);
   printf("---ASCII Code: %d",ch);
}
```
（2）
```
#include<stdio.h>
main()
{
   char c1,c2;
   clrscr();
   c1=getchar();
   c2=getchar();
   printf("c1=\%c\'\n",c1);     /*\'的作用是输出符号'*/
   (c2=='\n')?printf("c2=回车符"):printf("c2=\'%c\'",c2);
}
```

运行这个程序时分别输入下面三组数据，注意观察各自的运行结果，并思考为什么会产生这样的运行结果。

第一组数据：

a↙

第二组数据：

ab↙

第三组数据：

abc↙

（3）
```
#include<stdio.h>
main()
{  char ch,c1,c2;
   printf("please input a letter:");
   ch=getchar();
   c1=ch-1;
   c2=ch+1;
   printf("\n%c front letter is %c,back letter is %c",ch,c1,c2);
}
```

将程序中的语句：

```
ch=getchar();
```

改为：

```
ch=getch();
```

观察运行结果有什么变化？

2. 填空题

（1）下面程序的功能是，输入一个小写字母，输出其对应的大写字母；若输入的不是小写字母，则提示输入出错。请在程序中的横线处填写正确的语句或表达式，使程序完整。上机调试程序，使运行结果与要求的结果一致。

提示：

① 大写字母与小写字母的 ASCII 码具有如下关系：

大写字母的 ASCII 码=小写字母的 ASCII 码-32

② 可以使用条件表达式来判断输入的字母是否为小写字母。如果 ch 为小写字母，则逻辑表达式 ch>='a'&&ch<='z'为真。

```
#include<stdio.h>
main()
{  char ch1,ch2;
   printf("Please input a lowercase:");
   ch1=________________;
   ch2=________________;
    (_________)?putchar(_______):printf("Error!");
}
```

运行结果 1：

```
Please input a lowercase:
b↙
B
```

运行结果 2:

```
Please input a lowercase:
#↙
Error!
```

(2)下面程序的功能是，根据商品的原价和折扣率，计算商品的实际售价。请在程序中的横线处填写正确的语句或表达式，使程序完整。上机调试程序，使程序的运行结果与要求的结果一致。

```
main()
{ float cost,percent,c;
  printf("请输入商品的原价(单位:元):");
  scanf("_______",&cost);
  printf("\n请输入折扣率: ");
  scanf("_______",&percent);
  c=cost*percent;
  printf("______________",c);
}
```

运行结果:

请输入商品的原价(单位:　元): 120↙

请输入折扣率: 0.85↙

实际售价为: 102.00 元↙

3. 编程题

输入一个华氏温度 F，要求输出摄氏温度 C。公式为:

$$C=\frac{5}{9}(F-32)$$

输出要有文字说明，取两位小数。

五、测试练习

习 题 3

一、选择题

1. 执行下列程序时:

```
#include"stdio.h"
main()
{ char c1,c2,c3,c4,c5,c6;
  scanf("%c%c%c%c",&c1,&c2,&c3,&c4);
  c5=getchar();
  c6=getchar();
  putchar(c1);
  putchar(c2);
  printf("%c%c\n",c5,c6);
}
```

若从键盘上输入数据:

```
123↙
678↙
```

则输出是（　　）。

A. 1267　　B. 1256　　C. 1278　　D. 1245

2. 若 k1，k2，k3，k4 均为 int 型变量。为了将整数 10 赋给 k1 和 k3，将整数 20 赋给 k2 和 k4，则对应下列 scanf 函数调用语句的正确输入方式是（　　）。（<CR>代表换行符，□代表空格）

```
scanf("%d%d",&k1,&k2);
scanf("%d,%d",&k3,&k4);
```

A. 1020<CR>　1020<CR>　　B. 10□20　10□20<CR>

C. 10,20<CR>　10,20<CR>　　D. 10□20<CR>　10, 20<CR>

3. 以下程序不用第三个变量，实现将两个数进行交换的操作。

```
main()
{  int a,b;
   scanf("%d%d",&a,&b);
   printf("a=%d b=%d\n",a,b);
   a=____(1)____ ;
   b=____(2)____ ;
   a=____(3)____ ;
   printf("a=%d b=%d\n",a,b);
}
```

（1）A. a+b　　B. a-b　　C. a*b　　D. a/b

（2）A. a+b　　B. a-b　　C. b-a　　D. a*b

（3）A. a+b　　B. a-b　　C. b-a　　D. a/b

4. 若 k 为 int 变量，则以下语句（　　）。

```
k=1234;
printf("%-06d\n",k);
```

A. 输出格式描述符不合法　　B. 输出 008567

C. 输出为 1234　　D. 输出为-01234

5. 若 x 为 float 型变量，则以下语句（　　）。

```
x=123.52631;
printf("%-4.2f\n",x);
```

A. 输出格式描述符的域宽不够，不能输出

B. 输出为 123.53

C. 输出为 123.52

D. 输出为-123.52

6. 若 x 为 double 变量，则以下语句（　　）。

```
x=123.52631;
printf("%-6.3e\n",x);
```

A. 输出格式描述符的域宽不够，不能输出

B. 输出为 12.35e+01

C. 输出为 1.24e+02

D．输出为-1.24e2

7．若 k 为 int 型变量，则以下语句（　　）。

```
k=-1234;
printf("%06d\n",k);
```

A．输出为%06d　　B．输出为-001234

C．格式描述符不合法，输出无定值　　D．输出为-1234

8．若 ch 为 char 型变量，k 为 int 型变量（已知字符 a 的 ASCII 十进制代码为 97），则执行下列语句后的输出为（　　）。

```
ch='a';
k=12;
printf("%x, %o,",ch,ch,k);
printf("k=%%d\n",k);
```

A．因变量类型与格式描述符的类型不匹配，输出无定值

B．输出项与格式描述符个数不符，输出为零值或不定值

C．61, 141, k=%d

D．61, 141, k=%12

9．若 a 是 float 型变量，b 是 unsigned 型变量，以下输入语句中合法的是（　　）。

A．scanf("%6.2f%d",&a,&b);　　B．scanf("%f%u",&a,&b);

C．scanf("%f%3o",&a,&b);　　D．scanf("%f%f",&a,&b);

10．下面程序段的结果是（　　）。（注：□表示空格）

```
#include<stdio.h>
main()
{  float y=1234.4321;
   printf("%-8.4f\n",y);
   printf("%10.4f\n",y);
}
```

A．1234.4321
1234.4321　　B．1234.4321
001234.4321　　C．-1234.4321
001234.4321　　D．1234.4321
□1234.4321

11．以下程序，要输出 13 a 14 b，正确的输入数据是（　　）。（注：□表示空格）

```
#include<stdio.h>
main()
{  int a,b;
   char c,d;
   scanf("%d%c%d%c",&a,&c,&b,&d);
   printf("%d  %c  %d  %c\n",a,c,b,d);
}
```

A．13□a□14□b　　B．13a□14b　　C．13a14□b　　D．13□a14b

12．执行以下程序的结果是（　　）。

```
#include<stdio.h>
main()
{  unsigned int a;
   a=65535;
   printf("%d\n",a);
}
```

A. -1　　B. 65535　　C. 1　　D. 无确定值

13. 有输入语句：scanf("a=%d,b=%d,c=%d",&a, &b,&c); 为使变量 a 的值为 3，b 的值为 7，c 的值为 5，从键盘输入数据的正确形式是（　　）。

A. 375<回车>　　B. 3 ,7,5<回车>

C. a=3,b=7,c=5<回车>　　D. a=3 b=7 c=5<回车>

14. 设 x、y 均为 float 型变量，则以下不合法的赋值语句是（　　）。

A. ++x;　　B. y=(x%2)/10;　　C. x*=y+8;　　D. x=y=0

15. 执行以下程序的结果是（　　）。

```
main()
{  long x=12345;
   printf("x=%-8ld\n",x);
   printf("x=%-08ld\n",x);
   printf("x=%08ld\n",x);
}
```

A. x=-12345　　B. x=-12345　　C. x=-12345　　D. x=　-12345

x=-12345　　x=12345　　x=-12345　　x=-0012345

x=-00012345　　x=-00012345　　x=-00012345　　x=00012345

16. putchar()函数可以向终端输出一个（　　）。

A. 整型变量表达式值　　B. 实型变量值

C. 字符串　　D. 字符或字符型变量值

17. 以下程序的输出结果是（　　）。（注：□表示空格）

```
main()
{  printf("\n*s1=%15s*","chinabeijing");
   printf("\n*s2=%-5s*","chi");
}
```

A. *s1=chinabeijing□□□*　　B. *s1=chinabeijing□□□*

s2= *chi*　　*s2=chi□□*

C. *s1=*□□chinabeijing*　　D. *s1=□□□chinabeijing*

s2=□□chi　　*s2=chi□□*

18. printf()函数中用到格式符%5s，其中数字 5 表示输出的字符串占用 5 列。如果字符串长度大于 5，则输出按方式 (1)；如果字符串长度小于 5，则输出按方式 (2)。

A. 从左起输出该字串，右补空格　　B. 按原字符从左向右全部输出

C. 右对齐输出该字串，左补空格　　D. 输出错误信息

19. 已有定义 int a=-2;和输出语句:printf("%8lx",a); 以下正确的叙述是（　　）。

A. 整型变量的输出格式符只有%d 一种

B. %x 是格式符的一种，它适用于任何一种类型的数据

C. %x 是格式符的一种，其变量的值按十六进制输出，但%8lx 是错误的

D. %8lx 不是错误的格式符，其中数字 8 规定了输出字段的宽度

20. 以下 C 程序正确的运行结果是（　　）。（注：□表示空格）

```
main()
{  long y=23456;
   printf("y=%3x\n",y);
```

```
    printf("y=%8x\n",y);
    printf("y=%#8x\n",y);
}
```

A. y=5ba0
y=□□□□5ba0
y=□□0x5ba0

B. y=□□□5ba0
y=□□□□□□□ 5ba0
y=□□0x5ba0

C. y=5ba0
y=5ba0
y=0xba0

D. y=5ba0
y=□□□□5ba0
y=####5ba0

21. 已有如下定义和输入语句，若要求a1，a2，c1，c2的值分别为10，20，A和B，当从第一列开始输入数据时，正确的数据输入方式是（　　）。（注：□ 表示空格，<CR>表示回车，此题为多项选择题。）

```
int a1,a2;
char c1,c2;
scanf("%d%c%d%c",&a1,&c1,&a2,&c2);
```

A. 10A□20B<CR>　　B. 10□A□20□B<CR>

C. 10A20B<CR>　　D. 10A20□B<CR>

22. 已有定义 int x; floaty;且执行 scanf("%3d%f",&x,&y);语句时，从第一列开始输入数据12345□678 <回车>，则x的值为___（1）___，y的值为___（2）___。（注：□表示空格）

（1）A. 12345　　B. 123　　C. 45　　D. 345

（2）A. 无定值　　B. 45.000000　　C. 678.000000　　D. 123.000000

23. 已有如下定义和输入语句，若要求a1，a2，c1，c2的值分别为10，20，A和B，当从第一列开始输入数据时，正确的数据输入方式是（　　）。（注：<CR>表示回车）

```
int a1,a2;
char c1,c2;
scanf("%d%d",&a1,&a2);
scanf("%c%c",&c1,&c2);
```

A. 1020AB<CR>　　B. 10□20<CR>　AB<CR>

C. 10□□20□□AB<CR>　　D. 10□20AB<CR>

24. 根据数据和定义的输入方式，输入语句的正确形式为（　　）。

已有定义：float f1,f2;

数据的输入方式：4.52
3.5

A. scanf("%f,%f",&f1,&f2);　　B. scanf("%f%f",&f1,&f2);

C. scanf("%3.2f　%2.1f",&f1,&f2);　　D. scanf("%3.2f%2.1f",&f1,&f2);

25. 阅读以下程序，当输入数据的形式为：25,13,10<CR>,正确的输出结果为（　　）。

```
main()
{  int x,y,z;
   scanf("%d%d%d",&x,&y,&z);
   printf("x+y+z=%d\n",x+y+z);
}
```

A. x+y+z=48　　B. x+y+z=35　　C. x+z=35　　D. 不确定值

26. 根据题目中已给出的数据输入和输出形式，程序中输入输出语句的正确内容是（　　）。

```
main()
{ int x; float y;
  printf("enter x,y");
```

输入语句

输出语句

}

输入形式　enter x,y:2 3.4

输出形式　x+y=5.40

A. `scanf("%d,%f",&x,&y);`
`printf("\nx+y=%4.2f";x+y);`

B. `scanf("%d%f",&x,&y);`
`printf("\nx+y=%4.2f",x+y);`

C. `scanf("%d%f",&x,&y);`
`printf("\nx+y=%6.1f",x+y);`

D. `scanf("%d%3.1f",&x,&y);`
`printf("\nx+y=%4.2f",x+y);`

27. 根据题目中已给出的数据的输入和输出形式，程序中输入语句的正确内容是（　　）。

```
main()
{ char ch1,ch2,ch3;
  输入语句
  printf("%c%c%c",ch1,ch2,ch3);
}
```

输入形式：ABC<回车>

输出形式：ABC<回车>

A. `scanf("%c%c%c",&ch1,&ch2,&ch3);`

B. `scanf("%c,%c,%c",&ch1,&ch2,&ch3);`

C. `scanf("%c  %c  %c",&ch1,&ch2,&ch3);`

D. `scanf("%c%c",&ch1,&ch2,&ch3);`

28. 有输入语句：scanf("a=%d,b=%d,c=%d",&a,&b,&c);为使变量a的值为1，b为3，c为2，从键盘输入数据的正确形式应当是（　　）。（注：□表示空格）

A. 132<回车>　　B. 1,3,2<回车>

C. a=1□b=3□c=2<回车>　　D. a=1,b=3,c=2<回车>

29. 以下能正确地定义整型变量a，b和c，并为其赋初值5的语句是（　　）。

A. int a=b=c=5;　　B. int a,b,c=5;

C. int a=5,b=5,c=5;　　D. a=b=c=5;

30. 已知ch是字符型变量，下面不正确的赋值语句是（　　）。

A. ch = 'a+b'　　B. ch='\0';　　C. ch = '7'+'9';　　D. ch = 5+9;

31. 已知ch是字符型变量，下面正确的赋值语句是（　　）。

A. ch ='123';　　B. ch = '\xff';　　C. ch = '\08';　　D. ch = "\";

32. 有以下定义，则正确的赋值语句是（　　）。

```
int a,b;
float x;
```

A. a=1,b=2;　　B. b++;　　C. a=b=5;　　D. b= int (x);

33. 设x，y均为float型变量，则以下不合法的赋值语句是（　　）。

A. ++x;　　B. y=(x%2)/10;　　C. x * = y+8;　　D x=y=0;

34. 设x，y和z均为int型变量，则执行语句x=(y=(z=10)+5)-5; 后，x，y和z的值是（　　）。

A. x=10
y=15

B. x=10
y=10

C. x=10
y=10

D. x=10
y=5

z=10　　　　　　z=10　　　　　　z=15　　　　　　z=10

35. 设有说明：double y=0.5, z=1.5; int x=10; 则能够正确使用 C 语言库函数的赋值语句是（　　）。

A. z=exp(y)+fabs(x);　　　　B. y=log10(y)+pow(y);

C. z=sqrt(y-z);　　　　D. x=(int) (atan2((double)x,y) + exp(y-0.2));

二、填空题

1. 有如下程序，要求输入 a 的值为 1，c 的值为 12.34，从键盘输入数据的具体格式是________，程序运行后的结果是________。

```
main()
{  int a;
   float b;
   scanf("a=%d,b=%f",&a,&b);
   printf("a=%d,b=%f\n",a,b);
}
```

2. 有以下程序，假如运行时从键盘输入大写字母 A，程序运行后输出________。

```
#include<stdio.h>
main)()
{  char c;
   putchar(getchar()+32);
}
```

3. 已有定义 int a;float b,c;char c1,c2;为使 a=1,b=1.5,c=12.3,cl='A',c2 ='a'，正确的 scanf（ ）函数调用语句是________，输入数据的方式为________。

4. 若定义 int a,b;以下语句可以不借助任何变量把 a，b 中的值进行交换。请填空。

a+=____; b=a–____; a–=____;

5. 若 x 为 int 型变量，则执行以下语句后 x 的值是________。

```
x=7;
x+=x-=x+x;
```

6. 若 a 和 b 均为 int 型变量，则以下语句的功能是________。

```
a+=b;
b=a-b;
a-=b;
```

7. 若定义 float k;执行 scanf("%d",k);后 k 得不到正确数值的原因是________和________。

8. 执行以下程序时，若从第一列开始输入数据，为使变量 a=3, b=7, x=8．5, y=71.82, c1='A', c2='a', 正确的数据输入形式是________。

```
main ()
{  int a,b;
   float x,y;
   char c1,c2;
   scanf("a=%d b=%d",&a,&b);
   scanf("x=%f y=%f",&x,&y);
   scanf("c1=%c c2=%c",&c1,&c2);
   printf("a=%d,b=%d,x=%f,y=%f,c1=%c,c2=%c",a,b,x,y,c1,c2);
}
```

三、分析题

1. 以下程序的输出结果是________。

```
main()
{   int a=4,b=5;
    float c=1.5,d=123.789,e=456.12;
    printf("a=%5d,b=%-10d,c=%6.2f,d=%6.2f,e=%10.2f\n",a,b,c,d,e);
}
```

2. 以下程序的输出结果是________。

```
main()
{   int m,n;
    unsigned int u1,u2;
    u1=65535;u2=10000;
    m=u1;
    n=u2;
    printf("u1=%u,u2=%u\nm=%d,n=%d\n",u1,u2,m,n);
}
```

3. 以下程序中第二个%的作用是________，程序运行的结果是________。

```
main()
{  float a;
   a=50/30;
   printf("%f%%",a);
}
```

4. 以下程序的输出结果是________。

```
main()
{  int  n;
   n=-31;
   printf("\ndecimal=%d,hex=%x,octal=%o,unsigned=%u\n",n,n,n);
}
```

5. 阅读以下程序，当输入数据的形式为 12 13 14 <回车>时，正确的输出结果为________。

```
main()
{  int x,y,z;
   scanf("%d%d%d",&x,&y,&z);
   printf("x+y+z=%d\n",x+y+z);
}
```

6. 以下程序的输出结果是________。

```
main()
{   short i;
    i=-4;
    printf("\ni:dec=%d,oct=%o,hex=%x,unsigned=%u\n",i,i,i,i);
}
```

7. 以下程序的输出结果是________。

```
main()
{  printf("*%f,%4.3f*\n",3.14,3.1415);
}
```

8. 以下程序的输出结果是________。

```
main()
{ char c='x';
  printf("c:dec=%d,oct=%o,hex=%x,ASCII=%c\n",c,c,c,c);
}
```

9. 已有定义 int d=-2;执行以下语句后的输出结果是________。

```
printf("*d(1)=%d*d(2)=%3d*d(3)=%-3d*\n",d,d,d);
printf("*d(4)=%o*d(5)=%7o*d(6)=%-7o*\n",d,d,d);
```

10. 以下 printf 语句中的"-"的作用是＿（1）＿，该程序的输出结果是＿（2）＿。

```
#include<stdio.h>
main()
{ int x=12;
  double a=3.1415926;
  printf("%6d##\n",x);
  printf("%-6d## \n",x);
  printf("%14.10lf## \n",a);
  printf("%-14.10lf## \n",a);
}
```

11. 以下程序的输出结果是________。

```
#include <stdio.h>
main ()
{   int a=352;
    double x=3.1415926;
    printf("a=%+06d   x=%+e\n",a,x);
}
```

12. 以下程序的输出结果是________。

```
#include<stdio.h>
main ()
{   int a=252;
    printf("a=%o  a=%#o\n",a,a);
    printf("a=%x  a=%#x\n",a,a);
}
```

四、编程题

1. 字符数据'b'、'o'、'y'的输出。

2. 单个字符的输入和输出。

3. 多个字符的输入和输出。

4. 输入一个小写字母，按大写输出。

5. 若 a=3，b=4，c=5，x=1.2，y=2.4，z=-3.6，u=51274，n=128765，c1=\'a\'，c2=\'b\'。想得到以下输出格式和结果，请写出程序（包括定义变量类型和设计输出）。

```
a=□3□ □b=□4□ □c=□5
x=1.200000,y=2.400000,z=-3.600000
x+y=□3.600□ □y+z=-1.20□ □z+x=-2.40
c1='a'□or□97(ASCII)
c2='b'□or□98(ASCII)
```

6. 输入三角形的三条边长，求三角形的面积。假设输入的三边能构成三角形。

三角形面积的计算公式如下:

$s=(a+b+c)/2$

$\text{area}=\sqrt{s(s-a)(s-b)(s-c)}$

7. 输入任意三个整数，求它们的和及平均值。
8. 求方程 $ax^2+bx+c=0$ 的根，数据由键盘输入，设 $b^2-4ac>0$。

第 4 章 选择结构程序设计

本章主要介绍选择结构程序设计的方法及其在C语言中的实现。掌握if语句的执行和使用，能够用if语句实现选择结构。掌握switch语句的执行和使用，能够用switch语句实现多分支选择结构，并了解使用break语句的用法。掌握选择结构嵌套的执行。本章的重点和难点即if语句的嵌套使用及应用选择分支结构实现相应算法。

一、知识体系

本章的体系结构：

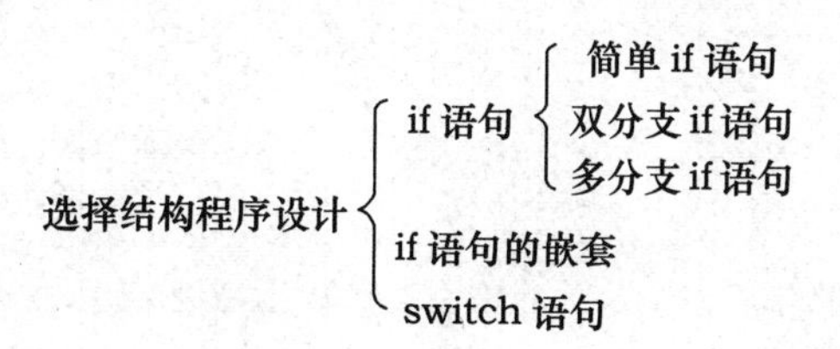

重点：if...else 语句、if 语句的嵌套使用、switch 多分支选择语句的使用及选择结构的常用算法。

难点：if语句的嵌套使用和应用选择结构的常用算法及实现。

二、复习纲要

4.1 if 语句

本节主要介绍if语句的三种构成形式及执行过程，通过例题说明如何使用if语句。

用 if 语句可以构成分支结构。它根据给定的条件进行判断，以决定执行某个分支程序段。C语言提供了三种形式的if语句。

4.1.1 简单 if 语句

if语句的简单形式有时也称单分支结构，它的形式是：

```
if(表达式)语句
```

if 语句用来判断给定的条件是否满足，根据结果（真或假）来选择执行相应的语句。它的执行过程是，如果表达式为真（非 0），则执行其后所跟的语句，否则不执行该语句，这里的语句可以是一条语句，也可以是复合语句。

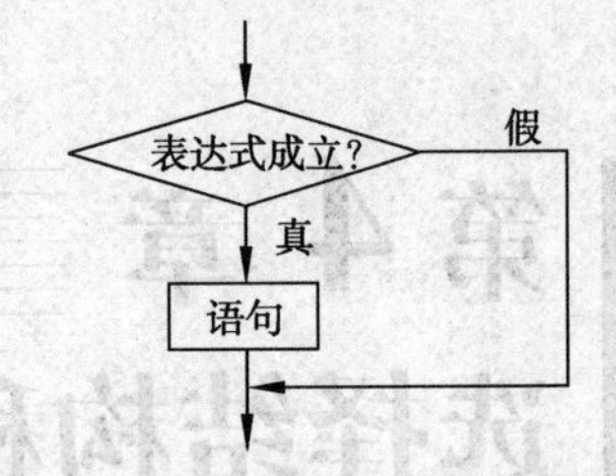

图 4-1　单分支 if 语句的执行过程

单分支 if 语句的执行过程如图 4-1 所示。

4.1.2　双分支 if 语句

if…else 型分支有时也称双分支结构，它的形式是：

```
if(表达式)
    语句 1
else
    语句 2
```

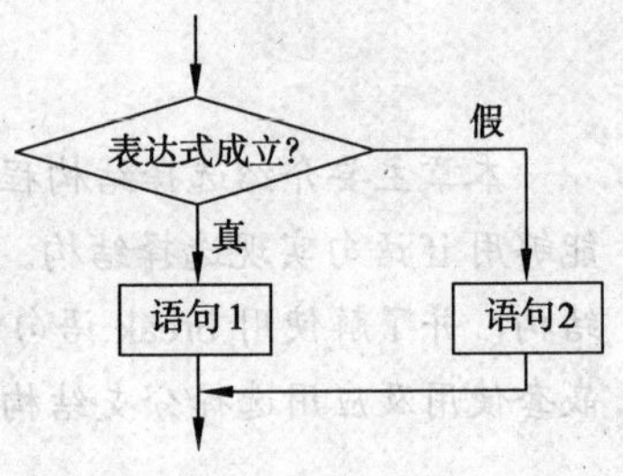

图 4-2　双分支 if 语句的执行过程

它的执行过程是，如果表达式的值为真（非 0），就执行语句 1；否则，执行语句 2。这里的语句 1 和语句 2 可以是一条语句，也可以是复合语句。双分支 if 语句的执行过程如图 4-2 所示。

4.1.3　多分支 if 语句

if…else…if 形式是条件分支嵌套的一种特殊形式，经常用于多分支处理。它的一般形式为：

```
if(表达式 1)
   语句 1
else if(表达式 2)
   语句 2
   …
else if(表达式 n)
        语句 n
else
        语句 n+1
```

它的执行过程是：若表达式 1 为真，则执行语句 1；若表达式 2 为真，则执行语句 2，……；若表达式 *n* 为真，则执行语句 *n*；若 *n* 个表达式都不为真，则执行语句 *n*+1。if…else…if 形式的处理过程如图 4-3 所示。

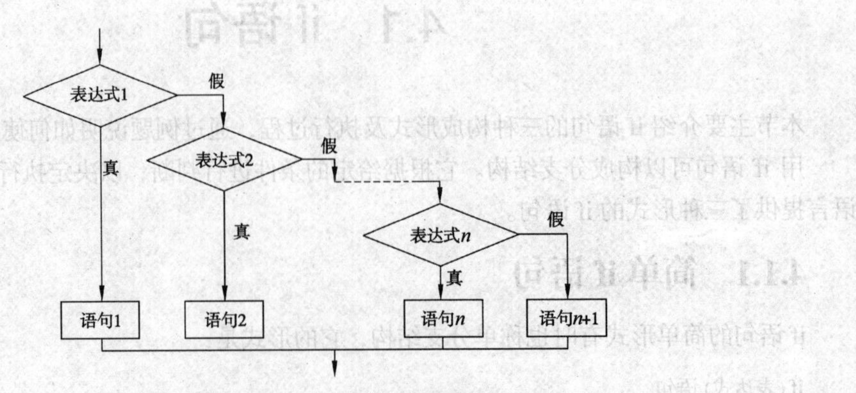

图 4-3　if…else…if 形式的处理过程

4.1.4 if 语句使用说明

关于 if 语句的使用说明详见主教材相应章节，在此不再赘述。

4.2 if 语句的嵌套

本节主要介绍 if 语句嵌套的构成形式及执行过程，通过例题说明如何使用 if 语句的嵌套。

在 if 语句中又包含一个或多个 if 语句，称为 if 语句的嵌套，其一般形式可表示如下：

```
if(表达式)
    if 语句
```

或者为：

```
if(表达式)
    if 语句
else
    if 语句
```

在嵌套内的 if 语句可能又是 if...else 型的，这将会出现多个 if 和多个 else 重叠的情况，这时要特别注意 if 和 else 的配对问题。为了避免这种二义性，C 语言规定，else 总是与它前面最近的 if 配对。

最好使内嵌 if 语句也包含 else 部分，这样 if 的数目和 else 的数目相同，从内层到外层一一对应，不致出错。如果 if 与 else 的数目不一样，应尽量把嵌套的部分放在否定的部分，或为实现程序设计者的企图，可以加大括号来确定配对关系。

4.3 多分支结构

本节主要介绍了 switch 语句的构成形式及执行过程，通过例题说明了如何使用 switch 语句。

switch 语句的一般形式如下：

```
switch(表达式)
{
   case 常量表达式 1:语句 1
   case 常量表达式 2:语句 2
   …
   case 常量表达式 n:语句 n
   default: 语句 n+1
}
```

switch 语句的执行过程是：根据 switch 后面的表达式的值，找到某个 case 后的常量表达式与之相等时，就以此作为一个入口，执行此 case 后的语句，及以下各个 case 或 default 后的语句，直到 switch 结束或遇到 break 语句为止。若所有的 case 中的常量表达式的值都不与 switch 后的表达式的值匹配，则执行 default 的语句。switch 选择结构如图 4-4 所示。

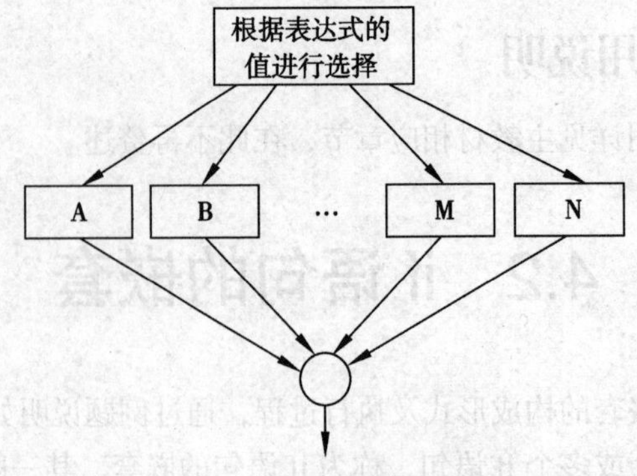

图 4-4 switch 选择结构

三、本章常见错误小结

（1）在紧跟 if 语句的表达式的圆括号之后加了一个分号，如 if(a>b);max=a;。

（2）复合语句没加大括号，如 if(a>b)max=a; printf(“%d”,max);else……。

（3）在 if 语句的表达式中表示相等时，将关系运算符==误写为=。

（4）将关系运算符==、>=、<=、!=中间加空格。

（5）用==或!=判断两个浮点数是否相等，或判断一个浮点数是否等于 0。

（6）误认为语法上合法的关系表达式在逻辑上一定正确，如 if(10>x>0)x=x+1;。

（7）switch 语句中，对每个 case 分支进行处理时，缺少 break 语句。

（8）switch 语句中，变量间缺少空格。

（9）switch 语句中，case 后的常量表达式出现运算符或表示了一个区间。

四、实验环节

实验（一） if 语句

【实验目的和要求】

（1）熟练掌握 if 语句的 3 种形式。

（2）进一步熟悉关系表达式和逻辑表达式。

【实验内容】

1. 分析题

（1）分析下列程序。

```
main()
{  int number;
   printf("number:");
   scanf("%d",&number);
   if(number%10==0)
      printf("%d is  multiples of 10",number);
}
```

运行这个程序时，分别输入下面两个测试数据，注意观察各自的运行结果。

数据一:

300↙

数据二:

27↙

（2）分析下列程序。

```
main()
{  int number;
   printf("number=");
   scanf("%d",&number);
   if(number>0)
      printf("%d is positive number",number);
   else if(number==0)
      printf("%d is zero",number);
   else printf(":%d is negative number",number);
}
```

2. 填空题

下面程序的功能是：输入月份，输出该月有多少天（假设不考虑闰年的情况）。请在横线处填写正确的表达式或语句，使程序完整。

```
main()
{   int y,m,days;
   clrscr();
   printf("Input year and month number:");
   scanf("%d %d",&y,&m);
   if (______________)
      days=31;
   else if(m==4||m==6||m==9||m==11)
      ______________;
   else if(y%4==0&&y%100!=0||y%400==0)
       days=29;
   else
       days=28;
   printf("______________",m,days);
}
```

运行结果一:

```
Input month number:1
1  31 days
```

运行结果二:

```
Input month number:9
9  30 days
```

3. 编程题

（1）输入一个整数，判断其是奇数还是偶数，并输出。

（2）有三个整数a、b、c，由键盘输入，输出其中最大的数。

实验（二） 多分支选择语句

【实验目的和要求】

（1）熟练掌握 switch 语句的功能、使用格式和执行过程。

（2）能用 switch 语句实现简单的菜单功能。

（3）熟练掌握 if 语句和 switch 语句。

【实验内容】

1. 分析题

运行下列程序，分析并观察运行结果。要求自行设计几组有代表性的输入数据，这些输入数据能分别覆盖程序中的各条分支。

```
main()
{  int n;
   scanf("%d",&n);
   switch(n)
   { case 1:printf("*"); break;
     case 2:printf("**"); break;
     case 3:printf("***"); break;
   }
}
```

2. 填空题

输入一个不大于 4 位的正整数，判断它是几位数，然后输出各位之积。

```
main________
{  int x,a,b,c,d,n;
   printf("请输入一个不大于 4 位的正整数 x:");
   scanf("%d",&x);
   if(x>______________)
      n=4;
   if(x>______________)
      n=3;
   if(x>______________)
      n=2;
   else
      n=1;
   a=x/1000;                                /* x 的个、十、百、千位分别用 d、c、b、a 表示*/
   b=______________;
   c=______________;
   d=______________;
   switch(______)
   {  case 4:printf("%d*%d*%d*%d=%d\n",a,b,c,d,a*b*d*c);________;
      case 3:______________;________;
      case 2:______________;________;
      case 1:______________;________;
   }
}
```

3. 编程题

（1）输入四个数，要求按由小到大的顺序输出。

（2）运输公司对用户计算运费。路程（s）越远，每千米（km）运费越低。标准如下：

s<500km 没有折扣

500km≤s<1500km 1%折扣

1500km≤s<2500km 3%折扣

2500km≤s<3500km 5%折扣

3500km≤s<4500km 8%折扣

4500km≤s 10%折扣

设每千米每吨货物的基本运费为 p，货物重为 W，距离为 s，折扣为 d，则总运费 f 的计算公式为：

$$f=p\times W\times s\times(1-d)。$$

分析：此题折扣的变化是有规律的，折扣的“变化点”都是 500 的倍数（500，1500，2500，3500，4500），可以通过 s/500 把距离映射成几个值，再利用 switch 语句实现。

五、测试练习

习 题 4

一、选择题

1. 在嵌套的 if 语句中，else 应与（　　）。

A. 第一个 if 语句配对　　B. 它上面的最近的且未曾配对的 if 语句配对

C. 它上面的最近的 if 语句配对　　D. 占有相同列位置的 if 语句配对

2. 以下正确的 if 语句是（　　）。

A.
```
if(a>b);
 printf("%d,%d",a ,b);
else
 printf("%d,%d",b,a);
```

B.
```
if(a>b)
temp=a;a=b;b=temp;
printf("%d,%d",a ,b);
else
printf("%d,%d",b,a);
```

C.
```
if(a>b)
{  temp=a;a=b;b=temp;
   printf("%d,%d",a,b);};
else
   printf("%d,%d",b,a);
```

D.
```
if(a>b)
{  temp=a;a=b;b=temp;
   printf("%d,%d",a ,b);}
else
   printf("%d,%d",b,a);
```

3. 以下程序的输出结果是（　　）。

```
main()
{  int  a=2,b=-1,c=2;
   if(a<b)
     if(b<1)c=0;
   else c+=1;
     printf("%d\n ",c);}
```

A. 3　　B. 2　　C. 1　　D. 0

4. 以下程序的运行结果是（　　）。

```
#include<stdio.h>
```

```
main()
{  int a,b,c=119;
   a=c/100%9;
   b=(-1)&&0;
   printf("%d,%d\n",a,b);
}
```

A. 9,1　　B. 1,1　　C. 9,0　　D. 1,0

5. 以下有关switch语句的描述不正确的是（　　）。

A. 每一个case的常量表达式的值必须互不相同

B. case的常量表达式只起语句标号作用

C. 无论如何default后面的语句都要执行一次

D. break语句的使用是根据程序的需要

6. 若定义char class='3';，则以下程序片段执行后的结果是（　　）。

```
switch(class)
{  case  '1':printf("First\n");
   case  '2':printf("Second\n");
   case  '3':prmtf("Third\n");break;
   case  '4':printf("Fourth\n");
   default:printf("Error\n");
}
```

A. Third　　B. Error　　C. Fourth　　D. Second

7. 阅读下列程序，程序的运行结果是（　　）。

```
#include<stdio.h>
main()
{  float x,y;
   scanf("%f",&x);
   if(x<0)
      y=1.0;
   else if(x>1.0)
      y=2.0;
   if(x>=2.0)
      y=3.0;
   else
      y=6.0;
   printf("%f\n",y);
}
```

当程序执行时输入0.8，则输出的y值为（　　）。

A. 1.000000　　B. 2.000000　　C. 6.000000　　D. 3.000000

8. 阅读下列程序，程序的运行结果是（　　）。

```
#include<stdio.h>
main()
{  int m=5;
   if(m++>5)
      printf("%d\n",m);
   else
      printf("%d\n",m++);
}
```

A. 7　　B. 6　　C. 5　　D. 4

9. 若 a，b，c，d，e，f 均是整型变量，正确的 switch 语句是（　　）。

A.
```
switch (a+b);
{  case 1:c=a+b;break;
   case 0: c=a-b;break;
}
```

B.
```
switch(a+b)
{  case 2:
   case 1:d=a+b;break;
   case 2:c=a-b;
}
```

C.
```
switch (a+b)
{  default:e=a*b;break;
   case 1:c=a+b;break;
   case 0: c=a-b;break;
}
```

D.
```
switch  a
{ case c: e=a*b;break;
  case d:f=a+b;break;
  default: e=a-b;
}
```

10. 对下述程序，正确的判断是（　　）。

```
#include<stdio.h>
main()
{  int x,y;
   x=3;y=4;
   if(x>y)
      x=y;
      y=x;
   else
      x++;
      y++;
   printf("%d,%d",x,y);
}
```

A. 有语法错误，不能通过编译　　B. 若输入数据 3 和 4，则输出 4 和 5

C. 若输入数据 4 和 3，则输出 3 和 4　D. 若输入数据 4 和 3，则输出 4 和 4

11. 下面程序的输出结果是（　　）。

```
#include<stdio.h>
main()
{  int x=100,a=20,b=10,v1=5,v2=0;
   if(a<b)
     if(b!=15)
       if(!v1)
          x=1;
       else
          if(v2)
            x=10;
       x=-1;
   printf("%d",x);
}
```

A. 100　　B. -1　　C. 1　　D. 10

12. 请阅读以下程序：

```
main()
{  int a=5,b=0,c=0;
   if(a=b+c)printf("* * *\n");
   else printf("$ $ $\n");
}
```

以上程序（　　）。

A. 有语法错误不能通过编译　　B. 可以通过编译但不能通过连接

C. 输出***　　D. 输出$$$

13. 以下程序的运行结果是（　　）。

```
main()
{  int m=5;
   if(m++>5)
      printf("%d\n",m);
   else printf("%d\n",m--);
}
```

A. 4　　B. 5　　C. 6　　D. 7

14. 当 a=1，b=3，c=5，d=4 时，执行完下面一段程序后 x 的值是（　　）。

```
if(a<b)
   if(c<d) x=1;
   else
     if(a<c)
       if(b<d) x=2;
       else x=3;
     else x=6;
else c=7;
```

A. 1　　B. 2　　C. 3　　D. 6

15. 以下程序的输出结果是（　　）。

```
main()
{  int a=100,x=10,y=20,ok1=5,ok2=0;
   if(x<y)
      if(y!=10)
        if(!ok1)
            a=1;
        else
            if(ok2)   a=10;
   a=-1;
   printf("%d\n",a);
}
```

A. 1　　B. 0　　C. -1　　D. 值不确定

16. 以下程序的输出结果是（　　）。

```
main()
{   int x=2,y=-1,z=2;
    if(x<y)
     if(y<0)  z=0;
     else    z+=1;
    printf("%d\n",z);
}
```

A. 3　　B. 2　　C. 1　　D. 0

17. 为了避免在嵌套的条件语句 if...else 中产生二义性，C 语言规定：else 子句总是与（　　）配对。

A. 缩排位置相同的 if　　B. 其之前最近的 if

C. 其之后最近的 if D. 同一行上的 if

18. 以下不正确的语句为（ ）。

A. if(x>y);

B. if(x=y) && (x!=0) x+=y;

C. if(x!=y) scanf("%d",&x); else scanf("%d",&y);

D. if(x<y) {x++; y++;}

二、填空题

1. C 语言中的逻辑值“真”是用________表示的，逻辑值“假”是用________表示的。逻辑表达式值为“真”是用________表示的，逻辑表达式值为“假”是用________表示的。

2. 写出下面各逻辑表达式的值。设 a=3,b=4,c=5。

a+b>c&&b==c 为（1）；

a||b+c&&b-c 为（2）；

!(a>b)&&!c||1 为（3）；

!(x=a)&&(y=b)&&0 为（4）；

!(a+b)+c-1&&b+c/2 为（5）。

3. 以下程序实现输出 x，y，z 三个数中的最大者。请在横线处填入正确内容。

```
main()
{  int x=4,y=6,z=7;
   int  (1)  ;
   if(  (2)  )
      u=x;
   else u=y;
   if(  (3)  )
      v=u;
   else v=z;
   printf("v=%d",v);
}
```

4. 以下程序实现：输入三个数，按从大到小的顺序进行输出。请在横线处填入正确内容。

```
main()
{  int x,y,z,c;
   scanf("%d %d %d",&x,&y,&z);
   if(  (1)  )
   {  c=y;
      y=z;
      z=c;
   }
   if(  (2)  )
   {  c=x;
      x=z;
      z=c;
   }
   if(  (3)  )
   {  c=x;
      x=y;
      y=c;
   }
   printf("%d,%d,%d",x,y,z);
}
```

5. 以下程序对输入的两个整数，按从大到小的顺序输出。请在横线处填入正确内容。

```
main()
{  int x,y,z;
   scanf("%d,%d",&x,&y);
   if(___(1)___)
   {  z=x;
     ___(2)___
   }
   printf("%d,%d",x,y);
}
```

6. 以下程序对输入的一个小写字母，将字母循环后移 5 个位置后输出。如'a'变成'f'，'w'变成'b'。请在横线处填入正确内容。

```
#include<stdio.h>
main()
{  char c;
   c=getchar();
   if(c>='a'&&c<='u')
       ___(1)___;
   else if (c>='v'&&c<='z')
       ___(2)___;
   putchar(c);
}
```

7. 以下程序的功能是判断输入的年份是否为闰年。请在横线处填入正确内容。

```
main()
{  int y,f;
   scanf("%d",&y);
   if(y%400==0)
       f=1;
   else if(___(1)___)
       f=1;
   else ___(2)___;
   if(f)
       printf("%d is",y);
   else printf("%d is not",y);
   printf("'a leap year\n");
}
```

8. 有四个数 a，b，c，d，要求按从大到小的顺序输出。请在横线处填入正确内容。

```
main()
{  int a,b,c,d,t;
   scanf("%d %d %d %d",&a,&b,&c,&d);
   if(a<b)
   {  t=a;
      a=b;
      b=t;
   }
   if(___(1)___)
   {  t=a;
      a=d;
      d=t;
   }
   if(a<c)
```

```
{   t=a;
    a=c;
    c=t;
}
if(  (2)  )
{   t=b;
    b=c;
    c=t;
}
if(b<d)
{   t=b;
    b=d;
    d=t;
}
if(c<d)
{  t=c;
   c=d;
   d=t;
}
printf("%d %d %d %d\n",a,b,c,d);
}
```

三、分析程序题

1. 下列程序的运行结果是________。

```
#include<stdio.h>
main()
{  int a=1,b=3,c=5;
   switch(a==1)
   {  case 1:switch(b<0)
            {  case 1:printf("A");break;
               case 2:printf("B");break;
            }
      case 0: switch(c==2*a+b)
            {  case 0:printf("C");break;
               case 1:printf("D");break;
               default:printf("E");break;
            }
   default: printf("F");
   }
}
```

2. 下列程序的运行结果是________。

```
main()
{  int  x=100,a=20,b=10,c=5,d=0;
   if(a<b)
     if(b!=15)
        x=15;
     else if(d)
        x=100;
   x=-10;
   printf("%d",x);
}
```

3. 下列程序的运行结果是________。

```
main()
```

```
{  int i,j;
   i=j=5;
   if(i==3)
     if(i==5)
        printf("%d",i+j);
     else  printf("%d",i=i-j);
   printf("%d",i);
}
```

4. 下列程序的运行结果是________。

```
main()
{  int x=1,y=10,a=10,b=10;
   switch(x)
   {  case 1:switch(y)
            { case 0:a++;break;
              case 1:b++;break;
            }
      case 2:{a++;b++;break;}
      case 3:{a++;b++;}
   }
   printf("a=%d,b=%d",a,b);
}
```

5. 阅读下面程序:

```
#include<stdio.h>
main()
{  float x,y;
   scanf("%f",&x);
   if(x<1.0)
       y=0.0;
   else if(x<10)
       y=3.0/(x+1.0);
   else if(x<20)
       y=1.0/x;
   else y=20.0;
   printf("%f\n",y);
}
```

当程序执行时输入10.0，则输出的y值为________。

6. 下列程序的运行结果是________。

```
main()
{  if(2*2==5<2*2==4)
     printf("T");
   else
     printf("F");
}
```

7. 下列程序的运行结果是________。

```
main()
{ int a,b,c,d,x;
   a=c=0;
   b=1;
   d=20;
   if(a)
```

```
      d=d-10;
   else if(!b)
      if(!c)
         x=15;
      else x=25;
   printf("%d\n",d);
}
```

8. 下列程序的运行结果是________。

```
#include<stdio.h>
void main(void)
{  int x,y=1,z;
   if(y!=0)
      x=5;
   printf("\t%d\n",x);
   if(y==0)
      x=4;
   else
      x=5;
   printf("\t%d\n",x);
   x=1;
   if(y<0)
      if(y>0)
         x=4;
      else  x=5;
   printf("\t%d\n",x);
}
```

9. 下列程序的运行结果是________。

```
main()
{  int a=2,b=3,c;
   c=a;
   if(a>b)
      c=1;
   else if(a==b)
       c=0;
   else c=-1;
   printf("%d\n",c);
}
```

10. 若运行时输入：3 5/<回车>，则以下程序的运行结果是________。

```
main()
{  float x,y;
   char o;
   double r;
   scanf("%f %f %c",&x,&y,&o);
   switch(o)
   {  case  '+': r=x+y; break;
      case  '-': r=x-y; break;
      case  '*': r=x*y; break;
      case  '/': r=x/y; break;
   }
   printf("%f",r);
}
```

11. 设有程序片段：若 grade 的值为'C'，则输出结果是________。

```
switch(grade)
{  case  'A':printf("85-100\n");
   case  'B':printf("70-84\n");
   case  'C':printf("60-69\n");
   case  'D':printf("<60\n");
   default:printf("error!\n");
}
```

12. 下列程序的运行结果是________。

```
main()
{  int x=1,y=0;
   switch(x)
   {  case 1:
      switch(y)
      {  case  0:printf("**1**\n"); break;
         case  1:printf("**2**\n"); break;
      }
      case 2:printf("**3**\n");
   }
}
```

13. 下列程序的运行结果是________。

```
main()
{  int a=2,b=7,c=5;
   switch(a>0)
   {  case 1: switch(b<0)
              {  case 1:printf("@"); break;
                 case 2:printf("!"); break;
              }
      case 0: switch(c==5)
              {  case 0:printf("*");break;
                 case 1:printf("#");break;
                 default:printf("#");break;
              }
      default: printf("&");
   } printf("\n");
}
```

14. 下列程序的运行结果是________。

```
#include<stdio.h>
main()
{  int x=1,y=0,a=0,b=0;
   switch(x)
   { case 1:
        switch(y)
        {  case 0:a++;break;
           case 1:b++;break;
        }
     case 2:
     { a++;b++;break;
     }
   }
   printf("a=%d,b=%d",a,b);
```

}

四、编程题

1. 有一函数：

$$y=\begin{cases}x-1 & (x<10)\\ x^2-9 & (10\leqslant x<25)\\ x^2+9 & (x\geqslant 25)\end{cases}$$

编写程序实现此函数的功能，输入 x，输出 y 值。

2. 企业发放的奖金根据利润提成。利润 k 低于或等于 10 万元的，奖金可提 10%；利润高于 10 万元，低于 20 万元（$100\,000<k\leqslant 200\,000$）时，低于 10 万元的部分按 10%提成，高于 10 万元的部分，可提成 7.5%；$200\,000<k\leqslant 400\,000$ 时，低于 20 万元的部分仍按上述办法提成（下同）。高于 20 万元的部分按 5%提成；$400\,000<k\leqslant 600\,000$ 时，高于 40 万元的部分按 3%提成；$600\,000<k\leqslant 1\,000\,000$ 时，高于 60 万的部分按 1.5%提成；$k>1\,000\,000$ 时，超过 100 万元的部分按 1%提成。从键盘输入当月利润 k，求应发奖金总数。

要求：（1）用 if 语句编程序；（2）用 switch 语句编程序。

3. 输入一个 4 位的整数，要求逆序输出（4582 变为 2854）。

4. 输入某年某月某日，判断这一天是这一年的第几天。

5. 打印成绩：成绩大于或等于 60 分为“Pass”，否则为“Fail”。

6. 输入一个字符，请判断是字母、数字还是特殊字符。

7. 有一函数：

$$y=\begin{cases}x & (x<1)\\ 2x-1 & (1\leqslant x<10)\\ 3x-11 & (x\geqslant 10)\end{cases}$$

编写程序，输入 x 值，输出 y 值。

第5章 循环结构程序设计

本章主要介绍循环程序的设计方法及其在C语言中的实现。通过本章的学习能够熟练掌握for语句、while语句、continue语句和break语句的使用，并分析循环结构的程序。掌握典型的循环结构算法，利用以上语句实现循环结构程序设计。

一、知识体系

本章的体系结构：

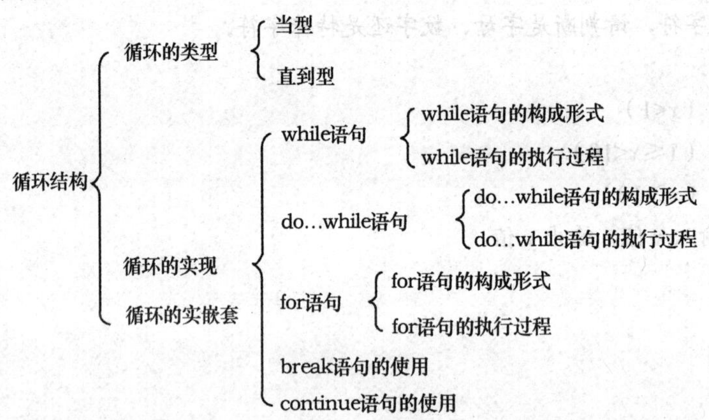

重点：for语句、while语句、do…while语句的使用及循环的常用算法。

难点：循环的常用算法及实现。

二、复习纲要

5.1 goto语句以及用goto语句构成循环

goto语句为无条件转向语句，它的一般形式为：

```
goto 语句标号;
```

语句标号用标识符表示，它的命名规则与变量名相同，即由字母、数字和下划线组成，其第一个字符必须为字母或下划线，不能用整数来做标号。结构化程序设计方法主张限制使用goto语句，因为滥用 goto 语句将使程序流程无规律、可读性差。但也不是绝对不能使用 goto 语句。一般来说，可以有两种用途：

（1）与 if 语句一起构成循环结构；

（2）从循环体中跳转到循环体外，但在 C 语言中可以用 break 语句和 continue 语句跳出本层循环和结束本次循环。goto 语句的使用机会已大大减少，只是需要从多层循环的内层循环跳到外层循环时才用到 goto 语句。但是这种用法不符合结构化原则，一般不宜采用，只有在不得已时(例如，能大大提高效率)才使用。

5.2 while 语句

本节介绍了利用 while 语句实现当型循环结构。主要介绍了 while 语句的构成及执行过程，并通过例题说明如何使用 while 语句。

while 语句用来实现“当型”循环结构。其一般形式如下：

```
while(表达式)
  语句
```

其流程图如图 5-1 所示。执行时先判断表达式，若表达式的值为非 0 时，执行循环体语句，然后再判断表达式，直到表达式为 0 时，结束循环。

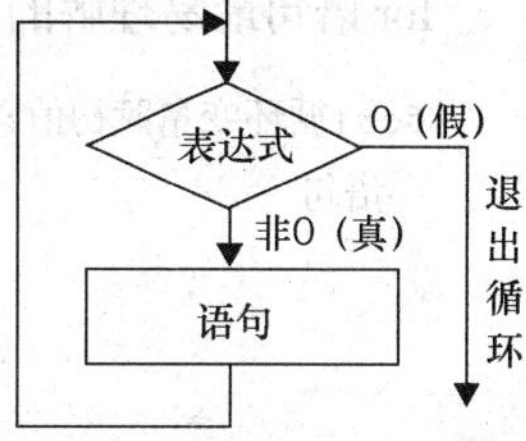

图 5-1 “当型”循环流程图

5.3 do…while 语句

本节主要介绍利用 do…while 语句实现直到型循环结构。主要介绍了 do…while 语句的构成及执行过程。并通过例题说明如何使用 do…while 语句。

do…while 语句的特点是先执行循环体，然后再判断循环条件是否成立。其一般形式为：

```
do
  语句
while(表达式);
```

其执行过程是：先执行一次指定的循环体语句，然后再判断表达式，当表达式的值为非 0 时，返回重新执行循环体语句。如此反复，直到表达式的值等于 0 为止，此时循环结束。可以用图 5-2 表示其流程。

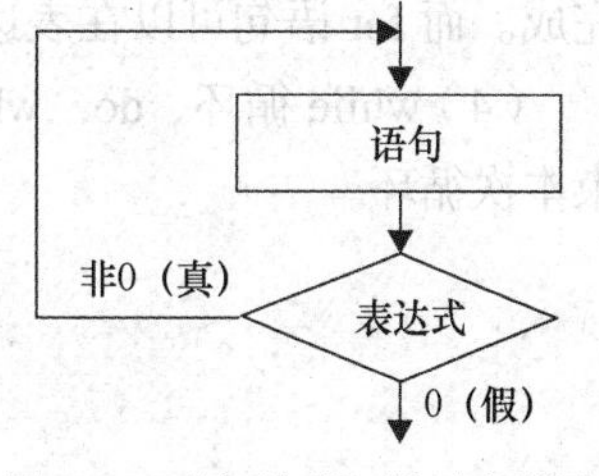

图 5-2 “直到型”循环流程图

5.4 for 语句

本节介绍了利用 for 语句实现循环结构。主要介绍了 for 语句的构成及执行过程，并通过例题说明如何使用 for 语句。

C 语言中的 for 语句使用最为灵活，不仅可以用于循环次数已经确定的情况，而且可以用于循环次数不确定而只给出循环结束条件的情况，它完全可以代替 while 语句。

for 语句的一般形式为：

```
for(表达式 1;表达式 2;表达式 3)
  语句
```

它的执行过程如下：

（1）先求解表达式 1。

（2）求解表达式 2，若其值为真（值为非 0），则执行 for 语句中指定的内嵌语句，然后执行下面第（3）步。若为假（值为 0），则结束循环，转到第（5）步。

（3）求解表达式 3。

（4）转回上面第（2）步骤，继续执行。

（5）循环结束，执行 for 语句下面的一个语句。

for 语句最易理解的如下形式：

```
for(循环变量赋初值;循环条件;循环变量增值)
  语句
```

5.5 几种循环的比较

本节对几种循环作了比较。

（1）三种循环都可以用来处理同一问题，一般情况下它们可以互相代替。

（2）while 和 do…while 循环，只在 while 后面指定循环条件，在循环体中应包含使循环趋于结束的语句。for 循环可以在表达式 3 中包含使循环趋于结束的操作，甚至可以将循环体中的操作全部放到表达式 3 中。因此 for 语句的功能更强，凡用 while 循环能完成的，用 for 循环都能实现。

（3）用 while 和 do…while 循环时，循环变量初始化的操作应在 while 和 do…while 语句之前完成。而 for 语句可以在表达式 1 中实现循环变量的初始化。

（4）while 循环、do…while 循环和 for 循环，可以用 break 语句跳出循环，用 continue 语句结束本次循环。

5.6 循 环 嵌 套

本节主要介绍循环嵌套的构成、双重循环的执行过程及使用循环嵌套的注意事项。

一个循环体内又包含另一个完整的循环结构，称为循环的嵌套。内嵌的循环中还可以嵌套循环，这就是多层循环。

双重循环的执行过程是：先执行外循环，当外循环控制变量取初值后，执行内循环。在内循环中，内层循环控制变量从初值变化到终值，而外层的循环控制变量始终不变，直到内循环执行完毕，到了外循环，外层的循环控制变量才变。而后再执行内循环，在内循环中内层循环控制变量又从初值变化到终值，……如此下去，直到外循环控制变量超过终值，整个双重循环才执行完毕。

5.7　continue 语句

本节介绍 continue 语句的构成及执行。

一般形式为：

```
continue;
```

其作用为结束本次循环，即跳过循环体中下面尚未执行的语句，接着进行下一次是否执行循环的判定。

continue 语句和 break 语句的区别是：continue 语句只结束本次循环，而不是终止整个循环的执行。而 break 语句则是结束整个循环过程，不再判断执行循环的条件是否成立。

5.8　break 语句

本节介绍 break 语句的构成及执行。

用 break 语句可以使流程跳出 switch 结构，继续执行 switch 语句下面的一个语句。实际上，break 语句还可以用来从循环体内跳出循环体，即提前结束循环，接着执行循环下面的语句。

三、本章常见错误小结

（1）在循环之前没将计数器变量、累加求和变量或累乘求积变量初始化，导致运行结果出错。

（2）while 或 for 语句后面的复合语句没加大括号。

（3）除循环体空时，在紧跟 for、while 语句的表达式语句后直接加分号，如 for( )；。

（4）在 while、for 循环中，没有使循环条件变为假的操作，导致死循环。

（5）do…while 语句的 while 后没加分号。

（6）用逗号分隔 for 语句中的三个表达式。

（7）在嵌套循环时左大括号“{”和右大括号“}”不配对，内外层循环控制变量同名。

四、实验环节

实验（一）　循环程序设计（一）

【实验目的和要求】

1. 熟练掌握 while 语句、do…while 语句。注意如何正确设置循环条件以及如何控制循环次数。
2. 熟练运用 while 语句、do…while 语句编程，解决求和、穷举、递推等问题。

【实验内容】

1. 分析题

（1）分析下面程序的输出结果，并验证分析的结果是否正确。

```
main()
{  int x=10,y=10,i=0;
   while(x>8)
   {   printf(" %d  %d ",x--,y);
       y=++i;
   }
}
```

（2）写出下面程序的功能和输出结果。

```
main()
{  int  t=1,s=0;
   while(t++<20)
   if(t%3==0)
     s+=t;
   printf("%d\n",s);
}
```

（3）分析下面程序的输出结果，并验证分析的结果是否正确。

```
main()
{  int y=0,x=1;
   do
   {  x=x+5;
      y+=x;
      printf("x=%d,y=%d\n",x,y);
      if(y>20)
         break;
   }while(y=10);
}
```

2. 填空题

根据公式求 a 和 b 的最大公约数。

$$gcd(a,b)=\begin{cases} a & \text{当 } b=0 \text{ 时} \\ gcd(a-b,b) & \text{当 } b\neq 0 \text{ 且 } a>=b \text{ 时} \\ gcd(b,a) & \text{当 } b\neq 0 \text{ 且 } a<b \text{ 时} \end{cases}$$

```
main()
{  int  a,b,t;
   scanf("%d,%d",&a,&b);
   while(____(1)____!=0)
   {  if(a>=b)
        _____(2)_____;
      else
      {  t=a;a=b;b=t;}
   }
   printf("%d\n",a);
}
```

3. 改错题

下面程序的功能是：计算 k 以内最大的 10 个能被 13 或 17 整除的自然数之和。k 的值由键盘输入，若输入 500，则输出 4622。请改正程序中的错误，使程序能输出正确的结果。

```
main()
{  int k,m=0,mc=0;
   scanf("%d",k);
   while(mc<10)
   {  if(k%13=0||k%17=0)
      {  m+=k;
         mc++;
      }
      k++;
   }
   printf("sum=%d\n",m);
}
```

4. 编程题

（1）从键盘上依次输入一批数据，输出最大值和最小值，并统计出其中的正数和负数的个数。

（2）输入 x 的值（$|x|<2$），按公式计算 s，直到最后一项的绝对值小于 10^{-5} 时为止。

$$s=x+\frac{x^2}{2}+\frac{x^3}{3}+\frac{x^4}{4}+\ldots$$

（3）输入一行字符，按字母、数字和其他字符分成三类，分别统计各类字符的数目。

实验（二） 循环程序设计（二）

【实验目的和要求】

1. 熟练掌握 for 语句的正确使用。注意如何正确设置循环条件以及如何控制循环次数。
2. 熟练运用 for 语句编程，解决求和、穷举、递推、求定积分等问题。

【实验内容】

1. 分析题

（1）分析下面程序的输出结果，并验证分析的结果是否正确。

```
main()
{ int x=10,y=10,i;
  for(i=0;x>8;y=++i)
    printf(" %d  %d ",x--,y);
}
```

（2）写出下面程序的功能。

```
main()
{   int  k,t=1,s=0;
    for(k=1;k<=10;k+=2)
    {  t=t*k;
       s=s+t;t=t>0?-1:1;
    }
    printf("%d\n",s);
}
```

2. 填空题

求 $1!+2!+3!+\ldots+n!$ 的值。

```
main()
{  int  i=1,n;
   long s=0,t=1
   scanf("%d,",&n);
   while(___(1)___)
   {
      ___(2)___;
     s=s+t;
   }
   printf("%d\n",s);
}
```

3. 改错题

计算 $y=1-1/2-1/3-\ldots-1/m$ 的值。

```
main()
{  int m,i;
   double y=1. 0;
   scanf("%d",&m);
   for(i=2;i<m;i++)
      y-=1/i;
   printf("%lf",y);
}
```

4. 编程题

（1）用梯形法求 $\int_0^1 \cos x dx$ 的值。

（2）输入一个正整数，输出每位数字之积。例如，输入 234，输出 24。

（3）输出 100～999 之间的水仙花数。

（4）从键盘上依次输入 20 个数据，输出最大值和最小值，并统计出其中的正数和负数的个数。

（5）输入 x 的值（$|x|<2$），按公式计算 s，求出前 20 项的和。

$$s=x+\frac{x^2}{2}+\frac{x^3}{3}+\frac{x^4}{4}+\ldots$$

实验（三） 多重循环

【实验目的和要求】

1. 熟练掌握多重循环的执行过程。
2. 掌握如何正确使用多重循环。
3. 熟练运用循环结构编程，解决打印图形、穷举、求素数、同构数等问题。

【实验内容】

1. 分析题

输出一张乘法口诀表。

```
main()
{  int a,b;
   for(a=1;a<=9;a++)
   {  for(b=1;b<=9;b++)
```

```
            printf("%d*%d=%2d",a,b,a*b);
        printf("\n");
    }
}
```

输入该程序并运行。将第 4 行改为：for(b=1;b<=a;b++)再运行结果有什么不同？为什么？

2. 填空题

下列程序计算 0 ~ 9 之间的任意三个不同的数字所组成的三位数共有多少种不同的组成方式。请完成下列程序。

```
#include<stdio.h>
main()
{  int j,i,k,count=0;
   for(i=9;i>=1;i--)
    for(j=9;j>=0;j--)
    if(_____(1)_____)
      continue;
    else
      for(k=0;k<=9;k++)
         if(_____(2)_____)
           count++;
    printf("%d\n",count);
}
```

3. 改错题

下面程序的功能是：输入一个自然数 n（n>29），计算 n 以内最大的 10 个素数之和。例如，输入 100，则输出 732。请改正程序中的错误，使程序能输出正确的结果。

```
main()
{  int n,sum,k=0,j,m,flag;
   scanf("%d",&n);
   while(k<10)
   {  flag=1;
        for(j=2;j<=n;j++)
           if(n%j==0)
           {   flag=0;
               break;
           }
      if(flag)
      {  sum+=n;
         k++;
      }
     n++;
   }
   printf("sum=%d\n",sum);
}
```

4. 编程题

（1）输出任意行的正三角形。

（2）古代经典算术题：百钱百鸡。用 100 元钱买 100 只鸡，已知公鸡每只 5 元、母鸡 3 元、小鸡 1 元 3 只，输出所有的买法。

（3）一个正整数如果恰好等于它的因子和，这个数就称为完数。例如，6 的因子是 1，2，3，而 6=1+2+3。找出 1 ~ 1 000 之间的完数。

实验（四） 综合实验

【实验目的】

熟练掌握循环语句、累加累乘等算法。

【实验内容】

小学生计算机辅助练习系统。

任务一：程序首先随机产生 1~10 之间的正整数做乘法运算，在屏幕上打印出题目。例如 2*5=?，然后学生回答问题。程序检查学生答案是否正确，正确输出“right”，否则输出“wrong!please try again.”，提示学生重做，直到答对为止。

任务二：在任务一的基础上，学生回答错误时只给三次重做的机会，三次仍没做对，则输出“wrong！ you have tried three times! test over!”。程序结束。

任务三：在任务一的基础上，连续做 10 道题，不给重做的机会，若学生回答正确则显示“right”，加 10 分。否则输出“wrong”，10 道全部做完后，输出总分，再输出显示回答的准确率。

任务四：在任务三的基础上，随机产生 1~10 之间的 10 道四则运算题，运算符随机产生加、减、乘、整除中的任意一种，不给重做的机会，若学生回答正确则显示“right”，加 10 分。否则输出“wrong”，10 道全部做完后，输出总分，再输出显示回答的准确率。

任务五：在任务四的基础上，学生可以反复练习，随时可以退出。

任务六：在任务五的基础上，开发一个低年级小学生计算机辅助练习系统。

可以练习一位数的四则运算，也可以练习两位数的四则运算，供不同年级的学生选择。(可以使用 switch 语句和 printf（ ）设计一个菜单，用 scanf（ ）接受选项)

五、测试练习

习 题 5

一、选择题

1. 关于下面程序段的叙述正确的是（　　）。

```
x=3;
do
{  y=x--;
   if(!y)
   {  printf("*");
      continue;
   }
      printf("#");
}while(1<=x<=2);
```

A. 将输出##　　　　B. 将输出##*

C. 是死循环　　　　D. 含有不合法的控制表达式

2. 下面程序中与 while(!a)中的!a 等价的是（　　）。

```
main()
{  int a;
   scanf("%d",&a);
   while(!a)
   {  printf("%d\n",a);
      a=!a;
   }
}
```

A. a==0　　B. a!=1　　C. a!=0　　D. a==1

3. 输出结果与下面程序一样的是（　　）。

```
for(n=100;n<=200;n++)
{  if(n%3==0)
     continue;
  printf("%4d",n);
}
```

A. `for(n=100;(n%3)&&n<=200;n++)printf("%4d",n);`

B. `for(n=100;(n%3)||{n<=200;n++}printf("%4d",n);`

C. `for(n=100;n<=200;n++)if(n%3!=0)printf("%4d",n);`

D.
```
for(n=100;n<=200;n++)
   {  if(n%3)
          printf("%4d",n);
      else continue;
      break;
   }
```

4. 设已定义 i 和 k 为 int 类型变量，则关于以下 for 循环语句的叙述正确的是（　　）。

```
for(i=0,k=-1;k=1;i++,k++)
  printf("****\n");
```

A. 判断循环结束的条件不合法　　B. 是无限循环

C. 循环一次也不执行　　D. 循环只执行一次

5. 以下程序段的输出结果是（　　）。

```
int x=3;
do
{  printf("%3d",x-=2);
}
while(!--x);
```

A. 1　　B. 30　　C. 12　　D. 死循环

6. 下面程序的输出结果为（　　）。

```
#include<stdio.h>
main()
{  int y=10;
   while(y--);
   printf("y=%d\n",y);
}
```

A. y=0　　B. while 构成无限循环

C. y=1　　D. y=-1

7. 关于下述for语句的叙述正确的是（　　）。

```
int i,x;
for(i=0,x=1;i<=9&&x!=876;i++)
  scanf("%d",&x);
```

A. 最多循环10次　　B. 最多循环9次

C. 无限循环　　D. 一次也不循环

8. 下述程序段中，与其他程序段的作用不同的是（　　）。

A.
```
k=1;
while(1)
{  s+=k;
   k=k+1;
   if(k>100)
       break;
}
```

B.
```
k=1;
Repeat:
s+=k;
if(++k<=100)
    goto Repeat;
    printf("\n%d",s);
printf("\n%d",s);
```

C.
```
int k,s=0;
for(k=1;k<=100;s+=++k);
  printf("\n%d",s);
```

D.
```
k=1;
do
 s+=k;
while(++k<=100);
printf("\n%d",s);
```

9. 有以下程序段:

```
int k=o;
while(k=1)k++;
```

while循环执行的次数是（　　）。

A. 无限次　　B. 有语法错　　C. 一次也不执行　　D. 执行1次

10. 执行下面的程序后，a的值为（　　）。

```
main()
{  int a,b;
   for(a=1,b=1;a<=100;a++)
   {  if(b>=20)
        break;
     if(b%3==1)
     {  b+=3;
        continue;
     }
      b-=5;
   }
   printf("%d",a);
}
```

A. 7　　B. 8　　C. 9　　D. 10

二、填空题

1. 此程序用来输出最大值和最小值，输入0时结束。

```
main()
{  float x,max,min;
   scanf("%f",&x);
   max=x;
   min=x;
   while(__(1)__)
```

```
  {  if(x>max)
        max=x;
     if(__(2)__)
        min=x;
     scanf("%f",&x);
  }
  printf("\nmax=%f\nmix=%f\n",max,min);
}
```

2. 下面程序的功能是求 Fibonacci 数列：1，1，2，3，5，8，…的前 40 个数，即：$F1=F(1)=1(n=1)$，$F2=F(2)=1(n=2)$，$Fn=F(n)=F(n-1)+F(n-2)$ $(n\geqslant3)$ 要求每一行输出 4 个数。

```
main()
{  long int f1=1,f2=1;
   int i;
   for(i=1;__(1)__;i++)
   {  printf("%12ld%12ld",f1,f2);
      f1=f1+f2;
      __(2)__;
      if(__(3)__)
        printf("\n");
   }
}
```

3. 根据以下公式求 a 和 b 的最大公约数。

$$gcd(a,b)=\begin{cases} a & \text{当 } b=0 \text{ 时} \\ gcd(a-b,b) & \text{当 } b\neq0 \text{ 且 } a\geqslant b \text{ 时} \\ gcd(b,a) & \text{当 } b\neq0 \text{ 且 } a<b \text{ 时} \end{cases}$$

```
main()
{  int  a,b,t;
   scanf("%d,%d",&a,&b);
   while(__(1)__ !=0)
   {  if(a>=b)
        __(2)__;
      else
      {  t=a;
         a=b;
         b=t;
      }
   }
   printf("%d\n",a);
}
```

4. 下列程序计算 0～9 之间的任意三个不同数字组成的三位数共有多少种不同的组成方式。请完成下列程序。

```
#include<stdio.h>
main()
{  int j,i,k,count=0;
   for(i=9;i>=1;i--)
    for(j=9;j>=0;j--)
      if(__(1)__)
        continue;
```

```
      else
        for(k=0;k<=9;k++)
      if(    (2)    )
        count++;
   printf("%d\n",count);
}
```

5. 计算100以内能被3整除的自然数之和。

```
#include<stdio.h>
main()
{  int  x=1,sum;
     (1)     ;
   while(1)
   {  if(    (2)    )
        break;
      if(    (3)    )
        sum+=x;
      x++;
   }
   printf("%d\n",sum);
}
```

6. 下面程序的功能是：输出100以内能被3整除且个位数为6的所有整数，请填空。

```
main()
{  int i,j;
   for(i=0;  (1)  ; i++)
   {  j=i*10+6;
      if( (2) )
         continue;
      printf("%d",j);
   }
}
```

7. 计算下式的值：1+(1+2)+(1+2+3)+(1+2+3+4)+…+(1+2+3+4+5+…+n)。

```
main()
{  int j,s,p,n;
   scanf("%d",&n);
   for(s=p=0,j=1;j<=n;j++)
   {   p=  (1)  ;
       s=  (2)  ;
   }
   printf("%d",s);
}
```

8. 下面程序是按下列公式求 e 的值。要求精确到1e-6。

e=1+1/1!+1/2!+1/3!+⋯+1/n!+⋯

```
#include<stdio.h>
main()
{  double e,t,n;
   e=1.0;
   t=n=1.0;
   while(  (1)  )
   {  e+=t;
      n=n+1.0;
```

```
    (2) ;
  }
  printf("e=%f\n",e);
}
```

9. 下面的程序是：求 5!+6!+7!+8!+9!+10!的值。

```
main()
{ double s=0,t;
  int i,j;
  for(i=5;i<=10;i++)
  {   (1)  ;
     for(j=1;j<=i;j++)
         t=t*j;
     (2)  ;
  }
  printf("%e\n",s);
}
```

三、分析程序题

1. 程序执行时从第 1 列开始输入以下数据，<CR>代表换行符，程序的输出结果是________。

```
u<CR>
w<CR>
xst<CR>
#include<stdio.h>
main()
{ int k;
  char c;
  for(k=0;k<=5;k++)
  {  c=getchar();
     putchar(c);
  }
}
```

2. 下列程序的执行结果是________。

```
main()
{ int i,sum=0;
  for(i=1;i<=3;i++)
      sum+=i;
  printf("%d\n",sum);
}
```

3. 下列程序的执行结果是________。

```
main()
{ int x=23;
  do
  { printf("%d",x--);
  }while(!x);
}
```

4. 下列程序的运行结果是________。

```
main()
{ int i=0,j=1;
  do
  { j+=i++;
```

```
  }while(i<4);
  printf("%d\n",i);
}
```

5. 下列程序的运行结果是________。

```
main()
{  int x=1,total=0,y;
   while(x<=10)
   {  y=x*x;
      printf("%d  ",y);
      total+=y;
      ++x;
   }
   printf("\ntotal is%d\n",total);
}
```

6. 下列程序的运行结果是________。

```
main()
{  int i=3;
   while(i<10)
   {  if(i<6)
      {   i+=2;
          continue;
      }
      else printf("i=%d",++i);
   }
}
```

7. 下列程序的运行结果是________。

```
main()
{  int n=0,sum=0;
   do
   {  if(n==(n/2)*2)
         continue;
      sum+=n;
   }while(++n<10);
   printf("%d\n",sum);
}
```

8. 下列程序的运行结果是________。

```
main()
{  int x=0,y=0,i,j;
   for(i=0;i<2;i++)
   {  for(j=0;j<3;j++)
      x++;
      x-=j;
   }
   y=i+j;
   printf("x=%d:y=%d",x,y);
}
```

9. 下列程序的运行结果是________。

```
main()
{  int i;
```

```
 for(i=1;i<=5;++i)
   switch(i)
   {  case 1:printf("\n i=1");
            continue;
      case 2:i=1;
      case 3:printf("\n i=3");
            i+=2;
            continue;
      case 4:printf("\n i=%d",i++);
            break;
   }
}
```

10. 下列程序的运行结果是________。

```
main()
{  int i,j,k;
   for(i=1;i<=2;i++)
   {  for(j=1;j<=3;j++)
      {  for(k=1;k<=4;k++)
            printf(" ");
         for(k=1;k<=j;k++)
            printf("* ");
         printf("\n");
      }
      printf("\n");
   }
}
```

11. 运行以下程序后，如果从键盘上输入 63 14，则输出结果为________。

```
main()
{  int m,n;
   printf("Enter m,n:");
   scanf("%d%d",&m,&n);
   while(m!=n)
   {  while(m>n)m-=n;
      while(n>m)n-=m;
   }
   printf("m=%d\n",m);
}
```

12. 运行下面程序，若输入整数 12345，则输出结果为________。

```
main()
{  long int x,y=0;
   scanf("%d",&x);
   do
   {  y=y*10+x%10;
      x/=10;
   }while(x);
   printf("%ld\n",y);
}
```

13. 假设输入 10 个整数为 32,64,53,87,54,32,98,56,87,83，则下列程序的运行结果是________。

```
#include<stdio.h>
main()
{  int  i,a,b,c,x;
```

```
  a=b=c=0;
  for(i=0;i<10;i++)
  {   scanf("%d",&x);
      switch(x%3)
      {  case 0:a+=x;break;
         case 1:b+=x;break;
         case 2:c+=x;break;
      }
     printf("%d,%d,%d\n",a,b,c);
  }
}
```

14. 下列程序的运行结果是________。

```
#include<stdio.h>
main()
{  int  i,j;
   for(i=5;i>0;i--)
   {  for(j=i;j>0;j--)
      printf("*");
      printf("\n");
   }
}
```

15. 下列程序的运行结果是________。

```
#include<stdio.h>
main()
{  int x,y;
   x=5;
   y=0;
   do
   {  y+=x;
      x=x+10;
      printf("%d,%d\n",x,y);
      if(x>15)
         break;
   }while(x=10);
}
```

16. 下列程序的运行结果是________。

```
main()
{  int i,s=0;
   for(i=0;i<=20;i++)
      if(i%2==0)
         s+=i;
   printf("s=%d\n",s);
}
```

17. 设输入数据为 426，下列程序的运行结果为：________。

```
main()
{  int x,s=0,t;
   scanf("%d",&x);
   do
   {  t=x%10;
      s+=t;
      x/=10;
```

```
   }while(x!=0);
   printf("s=%d\n",s);
}
```

四、改错题

1. 计算 10!。

```
main()
{  int x=1;
   sum=1;
   while(x<=10);
   sum=sum*x;
   printf("%d",sum);
}
```

2. 输出 1 ~ 20 之间的整数值（包括 20）。

```
main()
{  int n=1;
   while(n<20)
     printf("%d",n++);
}
```

3. 计算 1 ~ 10 之间的整数和。

```
main()
{  int x=1,sum;
   sum=0;
   while(x<=10);
   {  x++;
      sum+=x;
   }
}
```

4. 输出 2 ~ 100 之间的偶数值。

```
main()
{  int n=1;
   do
   {  if(n%2==0)
      printf("%d\n",n);
      n+=2;
   }while(n<100);
}
```

5. 输出 99 ~ 1 之间的奇数值。

```
for(i=99;i>=1;i+=2)
    printf("%d\n",i);
```

6. 下面程序的功能是：求以下分数序列的前 n 项之和。若 n=5，则应输出 8.391667。

2/1，3/2，5/3，8/5，13/8……

```
main()
{  int a=2,b=1,c,k=1,n;
   float s=0;
   printf("input n");
   scanf("%d",&n);
   while(k<=n)
   {  s=s+1.0*a/b;
```

```
    c=a;
    a+=b;
    b+=c;
    k++;
  }
  printf("s=%f\n",s);
}
```

7. 下面的程序功能是：输入 30 名学生一门课的成绩，计算平均分，找出最高分和最低分。

```
main()
{ int  max,min,x,k;
  float sum,ave;
  scanf("%d",&x);
  max=min=sum=x;
  for(k=1;k<30;k++)
  {  scanf("%d",&x);
     sum+=x;
     if(max>x)
        max=x;
     else if(min<x)
        min=x;
  }
  ave=sum/30;
  printf("average=%6. 2f\nmax=%d\nmin=%d\n",ave,max,min);
}
```

五、问答题

1. 阅读程序回答问题。

```
#include<stdio.h>
#include<math.h>
main()
{  int  a,s=0,k,m,n;
   scanf("%d",&a);
   for(k=2;k<=a;k++)
   { m=1;
     for(n=2;n<=sqrt(k)&&m==1;n++)
       if(k%n==0)
           m=0;
       if(m==1)
          s+=k;
   }
   printf("%d",s);
}
```

(1) 此程序的功能是什么？

(2) 若输入 a 的值为 10，则程序的输出结果是多少？

2. 阅读程序回答问题。

```
#include<math.h>
main()
{  int n,k;
   float a,b,h,f0,f1,s,s1;
   scanf("%d",&n);
   a=0;
   b=1;
```

```
    h=(b-a)/n;
    f0=sin(a);
    for(k=1;k<=n;k++)
    {  f1=sin(a+k*h);
       s1=(f0+f1)*h/2;
       s=s+s1;
       f0=f1;
    }
    printf("%f,%f,%d,%f\n",a,b,n,s);
}
```

（1）本程序的功能是什么？

（2）程序中 n 的变大，对程序中 s 的计算结果有什么影响？

六、编程题

1. 从键盘上依次输入一批数据（输入 0 结束），求其最大值，并统计出其中的正数和负数的个数。

2. 有一分数序列 1/2，2/3，3/4，4/5，5/6……，求出这个序列的前 20 项之和。

3. 输入一行字符，以'*'结束，按字母、数字和其他字符分成三类，分别统计各类字符的数目。

4. 将 500 ~ 600 之间能同时被 5 和 7 整除的数打印出来，并统计其个数。

5. 公鸡 5 元 1 只，母鸡 3 元 1 只，小鸡 1 元 3 只，100 元钱要买 100 只鸡，且必须包含公鸡、母鸡和小鸡。编写程序，输出所有可能的方案。

6. 计算 $\sin(x)=x-x^3/3!+x^5/5!-x^7/7!+\ldots$，直到最后一项的绝对值小于 10^{-6} 为止。

7. 输入两个正整数 m 和 n，求其最大公约数和最小公倍数。

8. 求 1!+2!+3!+4!+…+20!。

9. 打印出以下图案。

```
*****
 *****
  *****
   *****
  *****
 *****
*****
```

10. 一个数如果恰好等于它的因子之和，这个数就称为“完数”。例如，6 的因子 1、2、3，而 6=1+2+3，因此 6 是“完数”。编程序找出 1 000 之内的所有完数。

11. 给一个不多于 5 位的正整数，要求：①求出它是几位数；②按逆序打印出各位数字，例如原数为 321，应输出 123。

第6章 数组

本章介绍数组的定义和使用以及数组的常用算法。应熟练掌握一维数组和多维数组的定义、初始化和引用。熟练掌握字符串与字符数组的定义和使用。能够利用数组编程，掌握排序、查找、插入、删除、置逆、循环左移、循环右移、打印杨辉三角形、矩阵转置等算法。

一、知识体系

本章的体系结构：

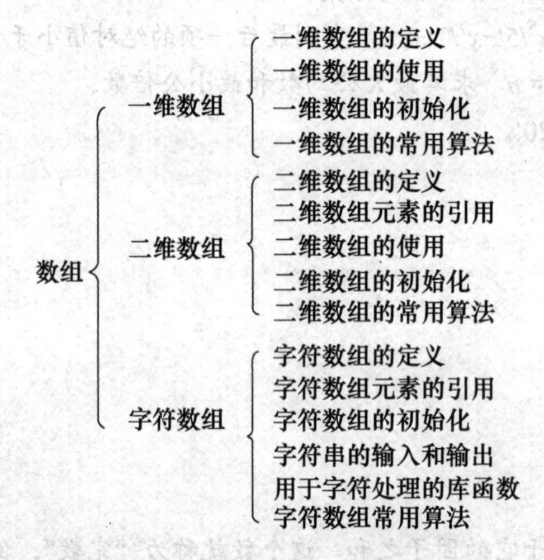

重点：一维数组、二维数组及字符数组的定义、初始化、引用及常用算法。

难点：排序、查找、插入、删除、置逆、循环左移、循环右移、打印杨辉三角形、矩阵转置等算法。

二、复习纲要

6.1 数组和数组元素

本节介绍了数组和数组元素的概念。

数组是一种数据结构，处于这种结构中的变量具有相同的性质，并按一定的顺序排列，C 数组中每个分量称为数组元素，每个元素都有一定的位置，所处的位置用下标来表示。数组的特点是：数组元素排列有序且数据类型相同。所以，在数值计算与数据处理中，数组常用于处理具有相同类型的、批量有序的数据。

C语言中，数组的元素用数组名及其后带方括号[ ]的下标表示。

6.2 一 维 数 组

本节介绍了一维数组的定义和引用及一维数组的初始化，重点介绍了排序、置逆、查找、插入、删除等算法。

6.2.1 一维数组的定义和引用

1. 一维数组的定义

一维数组的定义方式为：

```
类型说明 数组名[常量表达式];
```

2. 一维数组元素的引用

数组元素的表示形式为：

```
数组名[下标]
```

其中，下标是一个整型表达式。

6.2.2 一维数组的初始化

数组初始化的一般形式为：

```
类型说明 数组名[数组长度]={常量表达式1,常量表达式2,…};
```

6.3 多 维 数 组

本节介绍了二维数组的定义、引用及初始化，重点介绍了转置、杨辉三角形等算法。

6.3.1 二维数组的定义和引用

1. 二维数组的定义

二维数组是由两个下标表示的数组。定义二维数组的一般形式为：

```
类型说明 数组名[常量表达式][常量表达式];
```

其中，第一个常量表达式表示数组第一维的长度（行数），第二个常量表达式表示数组第二维的长度（列数）。

2. 二维数组元素的引用

多维数组被引用的是它的元素，而不是它的名字。名字表示该多维数组第一个元素的首地址。

二维数组的元素的表示形式为：

```
数组名[下标][下标]
```

二维数组的元素与一维数组的元素一样可以参加表达式运算。

6.3.2 二维数组的初始化

二维数组也与一维数组一样可以在说明时进行初始化。二维数组的初始化要特别注意各个常量数据的排列顺序，这个排列顺序与数组各元素在内存中的存储顺序完全一致。

可以用下面方法对二维数组初始化。

（1）分行给二维数组赋初值。

（2）可以将所有数据写在一个花括号内，按数组排列的顺序对各元素赋初值。

（3）可以对部分元素赋初值。

（4）如果对全部元素都赋初值（即提供全部初始数据），则定义数组时对第一维的长度可以不指定，但第二维的长度不能省。

6.4 字 符 数 组

本节介绍字符数组的定义、引用、初始化，字符型数据的输入和输出及字符处理函数。

6.4.1 字符数组的定义和引用

字符数组定义的一般形式：

```
char 数组名[数组长度];
```

6.4.2 字符数组的初始化

在 C 语言中，字符型数组在数组说明时进行初始化，可以按照一般数组初始化的方法用{}包含初值数据。对字符数组的初始化有三种方式。

（1）用字符常量对字符数组进行初始化。

（2）用字符的 ASCII 码值对字符数组进行初始化。

（3）用字符串对字符数组进行初始化。

6.4.3 字符串的输入/输出

字符串的输入和输出可以用 scanf()函数和 printf()函数，用%s 格式描述符，也可以用 gets()函数和 puts()函数进行输入和输出。

调用 scanf()函数时，空格和换行符都作为字符串的分隔符而不能读入。Gets()函数读入由终端键盘输入的字符（包括空格符），直至读入换行符为止，但换行符并不作为串的一部分存入。对于这两种输入，系统都将自动把'\0'放在串的末尾。

1. 逐个字符输入/输出

（1）在标准输入/输出函数 printf()和函数 scanf()中使用%c 格式描述符。

（2）使用 getchar()函数和 putchar()函数，必须使用#include <stdio.h>。

2. 字符串整体输入/输出

（1）在标准输入/输出函数 printf()和函数 scanf()中使用%s 格式描述符。

输入形式：

```
scanf("%s",字符数组名);
```

输出形式：

```
printf("%s",字符数组名);
```

（2）如果利用一个 scanf()函数输入多个字符串，则在输入时以空格分隔各字符串。

6.4.4 用于字符处理的库函数

调用以下函数时，在程序的开头应加预编译命令：

```
#include<string.h>
```

1. puts（字符数组）

将一个字符串输出到终端。用 puts()函数输出的字符串中可以包含转义字符。

2. gets（字符数组）

从终端输入一个字符串到字符数组，并且得到一个函数值，该函数值是字符数组的起始地址。

用 puts()函数和 gets()函数只能输入或输出一个字符串。

3. strcat（字符数组 1，字符数组 2）

连接两个字符数组中的字符串，把字符串 2 接到字符串 1 的后面，结果放在字符数组 1 中，函数调用后得到一个函数值——字符数组 1 的地址。

4. strcpy（字符数组 l，字符串 2）

作用是将字符串 2 复制到字符数组 1 中去。

5. strcmp（字符串 1，字符串 2）

作用是比较字符串 1 和字符串 2。

（1）如果字符串 1 等于字符串 2，函数值为 0。

（2）如果字符串 1 大于字符串 2，函数值为一正整数。

（3）如果字符串 1 小于字符串 2，函数值为一负整数。

6. strlen（字符串）

是求字符串长度的函数。函数的值为字符串中实际长度，不包括'\0'在内。

7. strlwr（字符串）

将字符串中大写字母转换成小写字母。1wr 是 lowercase（小写）的缩写。

8. strupr（字符串）

将字符串中小写字母转换成大写字母。upr 是 uppercase（大写）的缩写。

三、本章常见错误小结

（1）使用圆括号( )定义和引用数组，如 int a(10)。

（2）在使用二维数组时，将行下标和列下标写在一个括号中，如 int a[3,5]。

（3）使用数组名接受对数组的整体赋值，如 a={1,2,3,4,5}。

（4）对数组初始化时，提供的值多余数组元素个数。

（5）没有对数组赋值或初始化，而直接利用数组，使运行结果出错。

（6）使用变量来定义数组，如 int a[n]。

（7）引用元素越界，如定义 int a[10];引用 a[10]。

（8）把一个字符串直接用赋值号赋给一个变量，如 a="china";。

四、实验环节

实验（一） 一维数组的使用

【实验目的和要求】

1. 掌握一维数组定义、初始化的方法及规定。

2. 掌握一维数组的输入和输出。

3. 数组在数据处理中是一个十分有效的工具，掌握与一维数组有关的算法（如排序、折半查找等）。逐步能应用数组设计应用程序。

4. 清楚地了解数组的地址、数组元素的地址及一维数组的存储结构。

【实验内容】

1. 分析题

分析下面程序的输出结果，并验证分析的结果是否正确。根据结果，可以说明什么？

```
main()
{  int a[10]={0,1,2,3,4,5,6,7,8,9},i;
   for(i=0;i<10; i++)
      printf("%3d",a[i]);
   printf("\n");
   for(i=9;i>=0;i--)
      printf("%3d",a[i]);
   printf("\n");
}
```

2. 填空题

（1）函数的功能是：计算 *n* 个学生的平均成绩 aver，将高于 aver 的成绩放到 over 数组中，在函数中输出平均成绩，输出高于平均分的成绩及人数。在横线处填上适当内容使程序正确运行。

```
#define N 10
main()
{  int score[N],over[N],j,count=0,sum=0,ave;
   printf("Please enter score of student:\n");
   for(j=0;j<N;j++)
     scanf("%d",&score[j]);
   for(j=0;j<N;j++)
      ____(1)____
   ave=sum/N;
   printf("%5d\n",ave);
   for(j=0;j<N;j++)
     if(score[j]>ave)
```

```
        over[ (2) ]=score[j];
    for(j=0;j<count;j++)
        printf("%5d\n",over[j]);
    printf("%d\n",count);
}
```

（2）函数的功能是：把 a 数组中的比其后的一个元素小的元素，保存在数组 b 中并输出。

```
#define N 10
main()
{ int  i,n=0,b[N],a[N];
  for(i=0;i< (1) ;i++)
    scanf("%d",&a[i]);
  for(i=0;i< (2) ;i++)
    if(a[i]<a[i+1])
        (3) ;
  for(i=0;i<n;i++)
    printf("b[%d]=%d", (4) );
}
```

3. 改错题

下面的程序的功能是：找出数组中最小和次小的数，并把最小数与 a[0]中的数对调，次小数与 a[1]中的数对调。请改正程序中的错误，使程序能输出正确的结果。

```
#define n 10
main()
{  static int a[n]={11,2,13,4,6,10,0,1,9,7};
   int j,k,m,t;
   for(j=0;j<n;j++)
      printf("%3d",a[j]);
   printf("\n");
   for(j=0;j<2;j++)
   {  m=0;
      for(k=j;k<n;k++)
        if(a[k]>a[m])
           k=m;
      t=a[j];
      a[j]=a[m];
      a[m]=k;
   }
   for(j=0;j<n;j++)
       printf("%3d",a[j]);
   printf("\n");
}
```

4. 编程题

（1）从键盘上输入 n 个数保存到数组中，求出这 n 个数的最大值、最小值及平均值。

（2）从键盘上输入 n 个数保存到数组中，排序后输出。

（3）从键盘上输入 n 个数保存到数组中，利用对半的思想查找一个数是否存在，若存在，给出存在的信息，否则给出不存在的信息。

（4）利用筛选法求出 1～100 的素数。

实验（二） 二维数组的使用

【实验目的和要求】

1. 掌握二维数组的定义、初始化的方法及规定。

2. 掌握二维数组的输入和输出。

3. 数组在数据处理中是一个十分有效的工具，掌握与二维数组有关的算法，逐步能应用二维数组设计应用程序。

4. 清楚地了解二维数组的地址、数组元素的地址及二维数组的存储结构。

【实验内容】

1. 分析题

分析下面程序的输出结果，并验证分析的结果是否正确。下面的程序是输出一个3×4矩阵各元素的值和各元素的地址，并由此说明一个二维数组的各元素是按什么顺序存储的？

```
main()
{  int a[3][4]={{1,3,5,7},{9,11,13,15},{17,19,21,23}},i,j;
   for(i=0;i<3;i++)
   {  for(j=0;j<4;j++)
      printf("%4d%6x",a[i][j],&a[i][j]);
   printf("\n");
   }
}
```

2. 填空题

该函数的功能是：从键盘输入一个3行3列矩阵的各元素的值，然后输出主对角线的元素之和。

```
#define n 3
main()
{   int a[n][n],sum;
    int j,i;
    ____(1)____;
    for(i=0;i<n;i++)
      for(j=0;j<n;j++)
         scanf("%d",____(2)____);
    for(i=0;i<n;i++)
      for(j=0;j<n;j++)
          printf("%3d",____(3)____);
    for(i=0;i<3;i++)
          ____(4)____
    printf("sum=%d\n",sum);
}
```

3. 编程题

（1）编程序完成：从键盘上输入一个$n \times n$数组各元素的值，把每行元素循环左移一位输出。

（2）输入3个同学5门课的成绩，求出每个人的平均成绩及全班的平均成绩，最后输出每个人的信息及全班的平均成绩。

（3）从键盘上输入$n \times n$个数据保存到二维数组中，每行按由小到大排序后输出。

实验（三）　字符数组和字符串

【实验目的和要求】

1. 掌握字符数组和字符串函数的使用。
2. 掌握字符串的输入和输出方法。
3. 掌握字符串的结束标志，正确使用字符串结束标志对字符串进行处理。

【实验内容】

1. 分析题

（1）分析下面程序的输出结果，并验证分析的结果是否正确。说明此函数的功能。

```
#include<stdio.h>
main()
{  char str[10],temp[10];
   int  k;
   gets(temp);
   for(k=1;k<=4;k++)
   {  gets(str);
      if(strcmp(temp,str)>0)
         strcpy(temp,str);
   }
   printf("\nThe first string is:%s",temp);
}
```

（2）在list数组中存放一个班级的学生名，说明此程序的功能。

```
#include<stdio.h>
#define NUM 7
main()
{  char name[10];int k,yes=0;
   char list[NUM][10]={"Zhang","Li","Wang","Ling","Huang","Liu","Tan"};
   printf("input  your name:");
   gets(name);
   for(k=0;k<NUM;k++)
     if(strcmp(list[k],name)==0)
        yes=1;
   if(yes)
     printf("%s is in our class. \n",name);
   else printf("%s is not in our class. \n",name);
}
```

2. 填空题

下面程序的功能是从键盘输入一行字符，统计其中有多少个单词，单词之间用空格分隔。在横线处填上适当内容使程序正确运行。

```
#include<stdio.h>
main()
{   char s[80],cl,c2;
    int  i=0,num=0;
    gets(s);
    while(s[i]!='\0')
    {  cl=s[i];
```

```
        if(i==0)
            c2=' ';
        else c2=s[i-1];
        if(_______)
            num++;
        i++;
    }
  printf("there are%d words.\n",num);
}
```

3. 改错题

函数功能是：将 s 字符串中 ASCII 码值为偶数的字符删除，剩余的字符组成一个新串放在 t 数组中。例如 s="abcdefgh"，则输出：t="aceg"。

```
main()
{  char s[50],t[30];int j;
   printf("Please enter string:\n");
   scanf("%s",s);
   for(j=0;s[j]!='\0';j++)
       if(s[j]%2==0)
          t[k++]=s[j];
   printf("%s",t);
}
```

4. 编程题

（1）编写一程序，从键盘上输入一个字符串，并将下标为单号（1，3，5，…）的元素的值传递给另一个字符数组，然后输出两个字符数组的内容。

（2）从键盘上输入一个字符串，要求将每个单词的第一个字母转换成大写。

（3）从键盘上输入两个字符串，编一程序，将两个字符串连接，不能使用 strcat（）函数。

（4）从键盘上输入一个字符串，编一程序，删除该字符串中一个指定的字符。

（5）判断字符串 s 是否是回文并给出相应的信息。例如"12321"，"abccba"是回文；而"hello"，"12341"不是回文。

实验（四） 综合实验

【实验目的】

熟悉一维数组、二维数组的应用，及常用算法的实现。

【实验内容】

1. 学生成绩处理程序 v1.0:

某班不超过 50 人（具体人数由键盘输入），用一维外部数组实现下列任务。

任务 1：录入每个学生的学号和考试成绩；

任务 2：计算成绩的总分和平均分；

任务 3：按成绩由高到低排名次输出；

任务 4：按学号由小到大输出成绩表；

任务 5：按学号查询学生排名及考试成绩；

任务 6：按优秀（90～100）、良好（80～89）、中等（70～79）、及格（60～69）、不及格

（0～59）五个段统计每段的百分比；

任务7：输出每个学生的学号、成绩、排名、课程总分、平均分。

2. 学生成绩处理程序 v2.0：

某班不超过50人7门课（具体人数有键盘输入），用二维外部数组实现下列任务。

任务1：录入每个学生的学号和考试成绩；

任务2：计算每门成绩的总分和平均分；

任务3：求每个人的平均分；

任务4：按每人平均成绩由高到低排名次输出；

任务5：按学号由小到大输出成绩表；

任务6：按学号查询学生排名及考试成绩；

任务7：输出每个学生的学号、成绩、排名、每门课的课程总分、平均分。

五、测试练习

习 题 6

一、选择题

1. 以下正确的概念是（　　）。

A. 数组名的规定与变量名不相同

B. 数组名后面的常量表达式用一对圆括弧括起来

C. 数组下标的数据类型为整型常量或整型表达式

D. 在C语言中，一个数组的数组下标从1开始

2. 对数组初始化正确的方法是（　　）。

A. `int a(5)={1,2,3,4,5};`　　B. `int a[5]= {1,2,3,4,5};`

C. `int a[5]={1—5};`　　D. `int a[5]= {0,1,2,3,4,5};`

3. 若有以下的数组定义：

```
char x[]="12345";
char y[]={'1','2','3',',4','5'};
```

则正确的描述是（　　）。

A. x数组和y数组长度相同　　B. x数组长度大于y数组长度

C. x数组长度小于y数组长度　　D. 两个数组中存放相同的内容

4. 正确进行数组初始化的是（　　）。

A. `int s[2][]={{2,1,2},{6,3,9}};`

B. `int s[][3]={9,8,7,6,5,4};`

C. `int s[3][4]={{1,1,2},{3,3,3},{3,3,4},{4,4,5}};`

D. `int s[3,3]={{1},{4},{6}};`

5. 若有定义：char s1[80],s2[80];，则以下函数调用中，正确的是（　　）。

A. `scanf("%s%s",&s1,&s2);`　　B. `gets(s1,s2);`

C. `scanf("%s %s",s1,s2);`　　D. `gets("%s %s",s1,s2);`

6. 输出较大字符串的正确语句是（　　）。

A. `if(strcmp(strl,str2))printf("%s",strl);`

B. `if(strl>str2)printf("%s",strl);`

C. `if(strcmp(strl,str2)>0)printf("%s",strl);`

D. `if(strcmp(strl)>strcmp(str2))printf("%s",strl);`

7. 执行以下程序后的结果是（　　）。

```
#include<stdio.h>
#include<string.h>
main()
{  char s1[80]="AB",s2[80]="CDEF";
   int i=0;
   strcat(s1,s2);
   while(s1[i++]!='\0')
      s2[i]=s1[i];
   puts(s2);
}
```

A. CB　　B. ABCDEF　　C. AB　　D. CBCDEF

8. 当运行以下程序时，从键盘输入：AhaMA　Aha<回车>，则下面程序的运行结果是（　　）。

```
#include<stdio.h>
main()
{  char s[80],c='a';
   int i=0;
   scanf("%s",s);
   while(s[i]!='\0')
   {  if(s[i]==c)
         s[i]=s[i]-32;
      else if(s[i]==c-32)
         s[i]=s[i]+32;
      i++;
   }
   puts(s);
}
```

A. ahAMa　　B. AhAMa　　C. AhAMa ahA　　D. ahAMa ahA

9. 下面程序的运行结果是（　　）。

```
#include<stdio.h>
main()
{  char a[]="morming",t;
   int i,j=0;
   for(i=1;i<7;i++)
      if(a[j]<a[i])
         j=i;
   t=a[j];
   a[j]=a[7];
   a[7]=a[j];
   puts(a);
}
```

A. mogninr　　B. mo　　C. morning　　D. mornin

10. 下面程序的功能是将字符串 s 中所有的字符 c 删除。横线处应该填入的内容是（　　）。

```
#include<stdio.h>
main()
{  char s[80];
   gets(s);
   for(i=j=0;s[i]!='\0';i++)
      if(s[i]!='c')
        _______;
        s[j]='\0';
   puts(s);
}
```

A. s[j++]=s[i]　　B. s[++j]=s[i]　　C. s[j]=s[i];j++　　D. s[j]=s[i]

二、填空题

1. 请完成以下有关数组描述的填空。

（1）C语言中，数组元素的下标下限为________。

（2）数组在内存中占一片________的存储区，由________代表它的首地址。

（3）C程序在执行过程中，不检查数组下标是否________。

2. 若有以下a数组，数组元素a[0]～a[9]中的值为:

9　4　12　8　2　10　7　5　1　3

（1）对该数组进行定义并赋以上初值的语句是________。

（2）该数组中可用的最小下标值是________；最大下标值是________。

（3）该数组中下标最小的元素名字是________；它的值是________；下标最大的元素名字是________；它的值是________。

（4）该数组的元素中，数值最小的元素的下标值是________；数值最大的元素的下标值________。

3. 输入5个字符串，将其中最小的打印出来。

```
main()
{  char str[10],temp[10];
   int i;
    ___(1)___ ;
   for(i=0;i<4;i++)
   {
     gets(str);
     if(strcmp(temp;str)>0)
        ___(2)___;
   }
   printf("\nThe first string is:%s\n",temp);
}
```

4. 以下程序把一组由小到大的有序数列放在a[1]～a[n]中，a[0]用做工作单元，程序把读入的x值插入到a数组中，插入后，数组中的数仍然有序。

```
#include<stdio.h>
main()
{  int a[10]={0,12,17,20,25,28},x,i,n=5;
   printf("Enter a nunnber:");
   scanf("%d",&x);
   a[0]=x;  i=n;
   while(a[i]>x)
      a[___(1)___]=a[i],___(2)___ ;
```

```
    a[___(3)___]=x;n++;
    for(i=1;i<=n;i++)
        printf("%4d",a[i]);
    printf("\n");
}
```

5. 以下程序分别在 a 数组和 b 数组中放入 a_{n+1} 和 b_{n+1} 个由小到大的有序数，程序把两个数组中的数按由小到大的顺序归并到 c 数组中。

```
#include<stdio.h>
main()
{  int a[10]={1,2,8,9,10,12},b[10]={1,3,4,8,12,18};
   int i,j,k,an=5,bn=5,c[20],max=9999;
   a[an+1]=b[bn+1]=max;
   i=j=k=0;
   while((a[i]!=max)||(b[j]!=max))
     if(a[i]<b[j])
     {  c[k]= __(1)__;
        k++;
        ___(2)___
     }
     else
     {  c[k]= __(3)__;
        k++;
        ___(4)___;
     }
   for(i=0; i<k; i++)
     printf("%4d",c[i]);
   printf("\n");
}
```

6. 以下程序从输入的 10 个字符串中找出最长的那个串。

```
#include<stdio.h>
#include<string.h>
#define N 10
main()
{  char str[N][81],sp;
   int i;
   for(i=0;i<N;i++)
      gets(str[i]);
   ___(1)___;
   for(i=1;i<N;i++)
     if(strlen(sp)<strlen(str[i])
        ___(2)___;
   printf("输出最长的那个串:\n%s\n", ___(3)___);
   printf("输出最长的那个串的长度:%d\n", strlen(sp));
}
```

7. 下列程序求解矩形两条对角线上的元素之和。请完成下列程序。

```
main()
{  int j,i,sum1,sum2;
   int a[][4]={43,543,32,46,75,123,754,213,345,57,234,56,32,5352,56,87};
   sum1=0;
   ___(1)___;
   for(i=0;i<4;i++)
```

```
        for(j=0;j<4;j++)
        {  if(____(2)____)
              sum1+=a[i][j];
           if(____(3)____)
              sum2+=a[i][j];
        }
    printf("%d,%d\n",sum1,sum2);
}
```

8. 下面程序的功能是检查一个二维数组是否对称（即对所有元素都有 a[i][j]=a[j][i]）。

```
#include<stdio.h>
main()
{  int a[4][4]={1,2,3,4,2,2,5,6,3,5,3,7,4,6,7,4};
   int i,j,found=0;
   for(j=0;j<4;j++)
     for(____(1)____;i<4;i++)
        if(a[i][j]!=a[j][i])
        {  ____(2)____ ;
           break;
        }
   if(found)
      printf("no");
   else printf("yes");
}
```

9. 下面程序的功能是将 a 中的每一个元素向右移一列，最右一列换到最左一列，移后的数组存放到另一个二维数组 b 中，并按矩阵的形式输出 a、b。

```
#include<stdio.h>
main()
{ int a[2][3]={4,5,6,1,2,3},b[2][3];
  int i,j;
  printf("array a:\n");
  for(i=0;i<2;i++)
  {  for(j=0;j<3;j++)
       printf("%d",a[i][j]);
     ____(1)____;
     printf("\n");
  }
  for(____(2)____;i++)
     b[i][0]=a[i][2];
     printf("array b:\n");
  for(i=0;i<2;i++)
  {  for(j=0;j<3;j++)
       printf("%d",b[i][j]);
     ____(3)____;
  }
}
```

10. 下面程序将二维数组 a 的行列元素互换后存到另一个二维数组 b 中。

```
#include<stdio.h>
main()
{  int  a[2][3]={{1,2,3},{4,5,6}};
   int  b[3][2],i,j;
   for(i=0;i<2;i++)
   {  for(j=0;____(1)____;j++)
```

```
        {   printf("%d",a[i][j]);
            ____(2)____;
        }
       printf("\n");
    }
    for(i=0;____(3)____;i++)
    {  for(j=0; j<2;j++)
       {   printf("%d",b[i][j]);
           printf("\n");
       }
}
```

11. 函数 bubble 利用冒泡法将数组 a 中的 *n* 个元素进行升序排列。

```
#include<stdio.h>
main()
{  int a[]={6,8,5,98,4},n=5,i,j,k;
   for(i=0;____(1)____;i++)
     for(j=0;j<n-i;j++)
        if(a[j]>a[j+1])
        {  k=a[j];
           a[j]=____(2)____;
           ____(3)____=k;
        }
}
```

12. 以下程序将两个字符串中的字符连接。

```
#include<stdio.h>
main()
{   char s1[40],s2[20];
    int j,k;
    i=k=0;
    while(s1!= ____(1)____)
      i++;
    while(s[j]!=____(2)____)
      s1[i++]=s2[j++];
  ____(3)____ ='\0';
}
```

13. 有一个数 43634，其左右对称，求比它大的对称数中最小的那一个。

```
#include<stdio.h>
main()
{  long int i=43634,j;
   int count,ch[10];
   do
   {  i++;
      j=i;
      count= ____(1)____;
      while(____(2)____)
      {   ch[count]=j%____(3)____;
          j=j/ ____(4)____ ;
          count++;
      }
      if(____(5)____)
          break;
   }while(1);
```

```
    printf("%d",i);
}
```

三、分析程序题

1. 下列程序的运行结果是________。

```
main()
{   int i,j,a[3][3];
    for(i=0;i<3;i++)
    {   for(j=0;j<3;j++)
        {   if(i+j==3)
                a[i][j]=a[i-1][j]+1;
            else a[i][j]=j;
            printf("%4d",a[i][j]);
        }
        printf("\n");
    }
}
```

2. 下列程序的运行结果是________。

```
main()
{  int i,j,a[10];
   a[0]=1;
   for(i=0;i<5;i++)
     for(j=i;j<5;j++)
        a[j]=a[i]+1;
   for(i=1; i<5; i++)
     printf("%4d",a[i]);
   printf("\n");
}
```

3. 若先后输入country和side，则下列程序运行结果为________。

```
main()
{  char s1[40],s2[20];
   int i=0,j=0;
   scanf("%s",s1);
   scanf("%s",s2);
   while(s1[i]!='\0')
     i++;
   while(s2[j]!='\0')
     s1[i++]=s2[j++];
   s1[i]='\0';
   printf("\n%s",s1);
}
```

四、问答题

1. 阅读程序回答问题。

```
#include<stdio.h>
main()
{  int m[3][3]={1,2,3,4,5,6,7,8,9},i,j,k;
   for(i=0;i<3;i++)
     for(j=0;j<3;j++)
   {  k=m[i][j];
      m[i][j]=m[j][i];
      m[j][i]=k;
```

```
    }
    for(i=0;i<3;i++)
    {  for(j=0;j<3;j++)
         printf("%2d",m[i][j]);
       printf("\n");
    }
    for(i=0;i<3;i++)
      for(j=0;j<i;j++)
      {  k=m[i][j];
         m[i][j]=m[j][i];
         m[j][i]=k;}
      for(i=0;i<3;i++)
      {  for(j=0;j<3;j++)
           printf("%d",m[i][j]);
      printf("\n");
      }
}
```

（1）此程序的功能是什么？第一个双重循环是否能实现此功能？

（2）此程序输出的结果是什么？

2. 阅读程序回答问题。

```
#include<stdio.h>
main()
{  int n,i,la,lb;
   float a[100],b[100],sum,aver;
   scanf("%d",&n);
   for(i=0;i<n;i++)
     scanf("%f",&a[i]);
     sum=0;
   for(i=0;i<n;i++)
   sum+=a[i];
   aver=sum/n;
   la=lb=0;
   for(i=0;i<n;i++)
       if(a[i]>aver)
          b[lb++]=a[i];
       else a[la++]=a[i];
   printf("%f\n",aver);
   for(i=0;i<la;i++)
       printf("%f  ",a[i]); printf("\n");
   for(i=0;i<lb;i++)
       printf("%f  ",b[i]); printf("\n");
}
```

（1）下列程序的作用是什么？

```
sum=0;
for(i=0;i<n;i++)
sum+=a[i];
aver=sum/n;
```

（2）变量 la 和 lb 的作用是什么？

3. 阅读程序回答问题。

```
#include<stdio.h>
main()
```

```
{ int  a[10],b[10]={0},j,k;
   for(k=0;k<10;k++)
     scanf("%d",&a[k]);
   for(k=0;k<10;k++)
     for(j=0;j<=k;j++)
        b[k]+=a[j];
   for(k=0;k<10;k++)
      printf("%d  ",b[k]);
   printf("\n");
}
```

（1）若程序运行时，给a输入的值为1,2,3,4,5,6,7,8,9,0，则程序的输出结果是什么？

（2）程序中数组b和数组a的元素值有什么关系？

4. 阅读程序回答问题。

```
#include<math.h>
#include<stdio.h>
int  su(int m)
{   int k,n=1;
    for(k=2;k<=sqrt(m)&&n==1;k++)
      if(m%k==0)
         n=0;
    return  n;
}
main()
{   int m[5][5],k,i,j,t;
    k=1;
    for(i=0;i<5;i++)
      for(j=0;j<5;j++)
      {  do
          k+=2;
         while(!su(k));
         m[i][j]=k;
      }
    for(i=0;i<5;i++)
      for(j=0;j<4;j++)
        for(k=j+1;k<5;k++)
          if(m[j][i]<m[k][i])
          {   t=m[j][i];
              m[j][i]=m[k][i];
              m[k][i]=t;
          }
    for(i=0;i<5;i++)
    {  for(j=0;j<5;j++)
         printf("%4d",m[i][j]);
       printf("\n");
    }
}
```

（1）主函数中对哪些元素进行什么顺序排序？

（2）主函数中用的是什么排序方法？

（3）程序的输出结果是什么？

5. 阅读程序回答问题。

```
#include<stdio.h>
```

```
#define N 4
#define M 7
main()
{   int a[N][N]={1,2,3,4,5,6,7,8,9,10,11,12,13,14,15,16},sum[M],i,j,k;
    for(i=0;i<M;i++)
      sum[i]=0;
    for(i=0;i<N;i++)
      for(j=0;j<N;j++)
        for(k=0;k<M;k++)
          if(i+j==k)
             sum[k]=sum[k]+a[i][j];
    for(k=0;k<M;k++)
    printf("%d  ",sum[k]);
}
```

（1）sum 数组和 a 数组是什么关系？

（2）写出程序执行后 sum 数组的值。

（3）把 for(k=0;k<M;k++)移到 sum[i]=0;后程序的执行结果有没有变化？

6. 阅读程序回答问题。

```
#include<stdio.h>
main()
{   int a[11],i,j,k;
    for(i=1;i<11;i++)
      scanf("%d",&a[i]);
    for(i=1;i<=9;i+=2)
      for(j=i+2;j<11;j+=2)
        if(a[i]>a[j])
        {   k=a[i];
            a[i]=a[j];
            a[j]=k;
        }
    for(i=2;i<=8;i+=2)
      for(j=i+2;j<11;j+=2)
        if(a[i]<a[j])
        {  k=a[i];
           a[i]=a[j];
           a[j]=k;
        }
    for(i=1;i<=9;i+=2)
      printf("%3d",a[i]);
    for(i=2;i<=10;i+=2)
      printf("%3d",a[i]);
}
```

（1）此程序的功能是什么？

（2）程序执行时，若输入 8,3,6,7,0,1,4,5,2,9，则程序的执行结果是什么？

五、编程题

1. 输入一个 5 行 5 列的数组，求：

（1）求 5×5 的数组主对角线上元素的和；

（2）求出辅对角线上元素的积；

（3）找出主对角线上最大值元素及其位置。

2. 从键盘输入一个字符串存放在 a 数组中，并在该串中的最大元素后边插入一个字符（该字符由键盘输入）。

3. 输入10个整数，存放在数组中，从第4个数据开始直到最后一个数据，依次向右移动一个位置。输出移动后的结果。

4. 输入10个无序的整数，存放在数组中，找出其中最小数所在的位置。

5. 已知两个数组中分别存放有序数列，将这两个数列合并成一个有序数列。合并时不得使用重新排序的方法。

6. 找出一个5行5列二维数组的鞍点，即该位置上的元素在该行上最大，在该列上最小，也可能没有鞍点。

7. 有一篇文章，共有3行文字，每行有80个字符。要求分别统计出其中英文大写字母、数字以及其他字符的个数。

8. 编程序输出以下图案：

```
*****
 *****
  *****
   *****
    *****
```

9. 有一行电文，按下面规律译成密码：

A—>Z　a—>z　B—>Y　b—>y　C—>X　c—>x　……

即第一个字母变成第26个字母，第 i 个字母变成第 $(26-i+1)$ 个字母。非字母字符不变。要求编程序将密码译回原文，并打印出密码和原文。

10. 把数组中相同的数据删的只剩一个。

第7章 函 数

本章主要阐述了函数的定义方法；函数的类型和返回值；参数值的传递；函数的调用，嵌套调用，递归调用；局部变量和全局变量；变量的存储类别（自动、静态、寄存器、外部），变量的作用域和生存期；内部函数与外部函数。通过本章的学习，读者能对C语言函数的相关知识有一个基本的了解，并掌握函数的定义和使用，能够利用函数完成复杂问题的编程。

一、知识体系

本章体系结构：

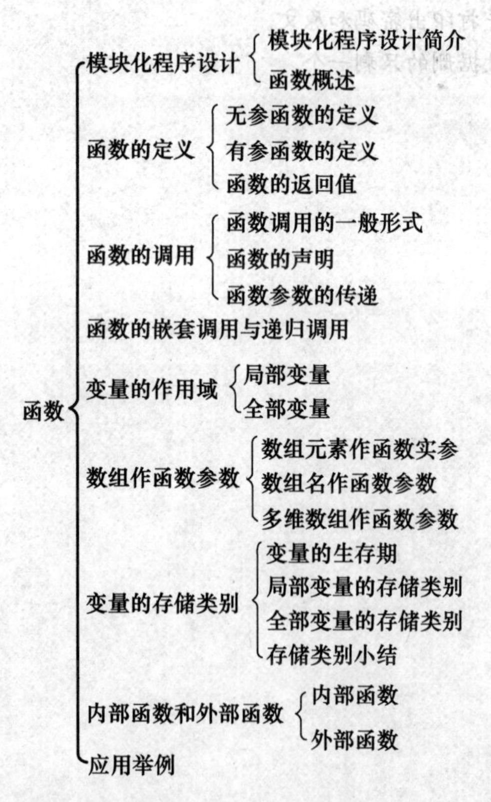

重点：函数的定义、函数调用时参数的传递、函数的嵌套调用、递归调用、变量的作用域和生存周期、变量的存储等。

难点：函数调用时参数的传递、函数的嵌套调用、递归调用、变量的存储及变量的作用域。

二、复习纲要

7.1 模块化程序设计

本节对模块化程序设计和函数作了概要介绍。

7.1.1 模块化程序设计简介

结构化程序设计方法，从程序的实现角度看就是模块化程序设计，就是将程序模块化。

一个程序由若干模块组成，函数是C语言中模块的实现工具，较大的模块可用一个程序文件实现。模块组装在一起达到整个程序的预期目的。

一个模块只做一个事情，模块的功能充分独立。模块内部的联系要紧密，模块之间的联系要少。模块之间通过接口（形参或外部变量）通信，模块内部的实现细节在模块外部要尽可能不可见。

7.1.2 函数概述

系统函数由C语言函数库提供，用户可以直接引用。用户函数是用户根据需要定义的完成某一特定功能的一段程序。C语言本身提供的库函数、用户函数和必须包含的 main()函数可以放在一个源文件中，也可以分放在不同的源文件中，单独进行编译，形成独立的模块（.obj 文件），然后连接在一起，形成可执行文件。用户函数又分为带参数的函数和不带参数的函数。

7.2 函数的定义

本节介绍了函数的定义方式和函数的返回值。

7.2.1 无参函数的定义

无参函数的定义形式：

```
类型标识符   函数名()
{   声明部分
    语句部分
}
```

无参函数一般用来执行一组操作，无参函数可以带回函数值，也可以不带回函数值，不带回函数值的较多。如果不带回函数值，类型标识符可以不写或用空类型“void”来表示。

7.2.2 有参函数的定义

有参函数的定义形式：

```
类型标识符   函数名(类型名 形式参数1,类型名 形式参数2,… )
```

```
{  声明部分
   语句部分
}
```

如果在定义函数时不指定函数类型，系统默认为 int 型。

7.2.3 函数的返回值

通过函数调用使主调函数能得到一个确定的值，这就是函数的返回值。函数的返回值由 return 语句实现。

7.3 函数的调用

本节介绍了函数的调用形式、调用方式及对被调用函数的要求，还介绍了对被调用函数的声明和函数原型。本节还对函数形参和实参做了说明和介绍。

7.3.1 函数调用的一般形式

1. 函数调用的形式

函数调用的形式一般为：

```
函数名(实参表列);
```

2. 函数调用的方式

按函数在程序中出现的位置来分，可以有以下两种函数调用方式：

（1）函数语句：把函数调用作为一个语句，不要求函数带回值，只要求函数完成一定的操作。

（2）函数表达式：函数出现在一个表达式中，这种表达式称为函数表达式，这时要求函数带回一个确定值以参加运算。

7.3.2 函数的声明

在一个函数中调用另一函数，要求被调用的函数必须是已经存在的函数（是库函数或用户自己定义的函数）。如果使用库函数，一般还应该在本文件开头用#include 命令将调用有关库函数时所需用到的信息包含到本文件中来；如果使用用户自己定义的函数，而且该函数与调用它的函数（即主调函数）在同一个文件中，一般还应该在文件的开头或在主调函数中对被调函数的类型进行函数的原型声明。

函数原型的一般形式是：

```
函数类型  函数名(参数类型1 参数名1,参数类型2 参数名2,…);
```

7.3.3 函数参数的传递

大多数情况下，主调函数和被调用函数之间有数据传递关系。在定义函数时，函数名后面括弧中的变量名称为“形式参数”（简称“形参”）；在调用函数时，函数名后面括弧中的表达式称为“实际参数”（简称“实参”）。

关于形参与实参的说明：

（1）在定义函数中指定的形参变量，在未出现函数调用时，它们并不占内存中的存储单元。只有在函数被调用时函数的形参才被分配到内存单元。在调用结束后，形参所占的内存单元也被释放。

（2）形参只能是变量，而实参可以是常量、变量或表达式，如 max(3,a+b)，但要它们有确定的值。在调用时，将实参的值传递给形参（如果实参是数组名，则传递的是数组地址而不是变量的值，参见第 8 章）。

（3）在被定义的函数中，必须指定形参的类型。

（4）实参与形参的个数类型应一致。如果实参为整型而形参为实型，或者相反，则会发生“类型不匹配”的错误。但编译程序一般不会给出错误信息，即使有时得不到确定结果，通常也会继续运行下去。字符型与整型可以互相通用。

（5）C 语言规定，实参对形参的数据传递是单向传递，只由实参传给形参，而不能由形参传回来给实参。在内存中，实参单元与形参单元是不同的单元。

在调用函数时，给形参分配存储单元，并将实参的值传递给对应的形参，调用结束后，形参单元被释放，实参单元仍保留并维持原值。

因此，在执行一个被调用函数时，形参的值如果发生改变，并不会改变主调函数的实参的值。

7.4 函数的嵌套调用与递归调用

本节介绍了函数嵌套调用和递归调用的执行过程及利用函数嵌套和递归进行程序设计。

7.4.1 函数的嵌套调用

C 语言的函数定义都是互相平行、独立的，也就是说在定义函数时，一个函数内不能包含另一个函数。C 语言程序不能嵌套定义函数，但可以嵌套调用函数，也就是说，在调用一个函数的过程中，又可以调用另一个函数。

7.4.2 函数的递归调用

在 C 程序中，有时可以看到一个函数直接或间接地调用自身的情况，这种情况就是函数的递归调用。递归调用有两种方式：直接递归调用和间接递归调用。

在 C 程序设计中提倡使用递归调用来实现复杂问题的求解。必须注意，递归不是“循环定义”，任何递归定义必须满足如下条件：

（1）可以把要解决的问题转化为一个新问题，而这个新问题的解决方法仍与原来的解决方法相同，只是所处理的对象有规律地递增或递减。

（2）可以应用这个转化过程使问题得到解决。

（3）必定要有一个明确的结束递归的条件，一定要能够在适当的地方结束递归调用，不然可能导致系统崩溃。

7.5 数组作函数参数

本节介绍了数组作为函数参数的各种形式。

7.5.1 数组元素作函数实参

与普通变量一样，数组元素代表内存中的一个存储单元，数组元素可以作为函数的实参。

7.5.2 数组名作函数参数

数组名作为函数参数时，形参和实参都应使用数组名（或第9章介绍的指针变量），并且要求实参与形参数组的类型相同、维数相同。在进行参数传递时，按单向"值传递"方式传递地址，即将实参数组的首地址传递给形参数组，而不是将实参数组的每个元素一一传送给形参的各数组元素。形参数组接受了实参数组首地址后，形参与形参共用相同的存储区域，这样在被调函数中，形参数组的数据发生了变化，则主调函数用的实参数组是变化之后的值。

7.5.3 多维数组作函数参数

多维数组也可以作为函数的参数，此时编译系统不检查第一维的大小，所以可省去第一维的长度。

7.6 变量的作用域

本节介绍了函数中变量的属性及其作用域。

7.6.1 局部变量

在一个函数或复合语句内部定义的变量是内部变量，它只在本函数或复合语句范围内有效，也就是说只能在本函数或复合语句内才能使用它们，这样的变量称为局部变量。

主函数中定义的变量也只在主函数中有效，而不因为在主函数中定义而在整个文件或程序中有效；不同函数中可以使用相同名字的变量，它们代表不同的对象，互不干扰；形式参数也是局部变量；复合语句中定义的变量只在本复合语句中有效，离开该复合语句该变量就无效。

7.6.2 全局变量

在函数之外定义的变量称为外部变量，外部变量是全局变量。全局变量可以为本文件中其他函数所共用，它的有效范围为：从定义变量的位置开始到本源文件结束。

全局变量的作用是增加函数间数据联系的渠道；全局变量在程序的全部执行过程中都占用存储单元，而不是仅在需要时才开辟单元，因此要限制使用全局变量；如果在同一个源文件中，外部变量与局部变量同名，则在局部变量的作用范围内，外部变量不起作用。

7.7 变量的存储类别

本节介绍了函数中变量的存储类别、存储方式及其作用域。

7.7.1 变量的生存期

所谓变量的生存期是指变量值在程序运行过程中存在的时间，即从变量分配存储单元开始到存储单元被收回这一段时间。变量的生存期由变量的具体存储位置决定。

从变量的生存期来分，可以将变量分为静态存储变量和动态存储变量。所谓静态存储方式是指在程序运行期间分配固定的存储空间的方式，而动态存储方式则是在程序运行期间根据需要进行动态分配存储空间的方式。

存储方法分为两大类：静态存储类和动态存储类。具体包含四种：自动存储（auto），静态存储（static），寄存器存储（register），外部存储（extern）。

7.7.2 局部变量的存储类别

（1）函数中的局部变量，如不做专门的声明，都是动态分配存储空间的，存储在动态存储区中，对它们分配和释放存储空间的工作是由编译系统自动处理的，因此这类局部变量称为局部动态变量或自动变量。自动变量用关键字 auto 作存储类型的声明。

（2）有时希望函数中的局部变量的值在函数调用结束后不消失而保留原值，即其占用的存储单元不释放，在下一次调用该函数时，该变量已有上一次函数调用结束时保留下来的值。为此，应该指定该局部变量为“局部静态变量”，用 static 加以声明。

7.7.3 全局变量的存储类别

全局变量是在函数的外部定义的，编译时分配在静态存储区。全局变量可以为程序中各个函数所引用。

7.7.4 存储类别小结

（1）共有四种存储类别。

① static：声明静态内部变量或外部静态变量。

② auto：声明自动局部变量。

③ register：声明寄存器变量。

④ extern：声明变量是已定义的外部变量。

（2）从作用域区分：有全局变量和局部变量。它们可采取的存储类别为：

局部变量：

① 自动变量，即动态局部变量（离开函数，值就消失）。

② 静态局部变量（离开函数，值仍保留）。

③ 寄存器变量（离开函数，值就消失）。

④ 形式参数（可以定义为自动变量或寄存器变量）。

全局变量：

① 静态外部变量（只限本文件使用）。

② 外部变量（非静态的外部变量，允许其他文件引用）。

（3）从变量存在的时间区分：有静态存储和动态存储两种类型。静态存储是程序整个运行期间始终存在的，而动态存储则是在调用函数或进入分程序时临时分配单元的。

动态存储：

① 自动变量（本函数内有效）。

② 寄存器变量（本函数内有效）。

③ 形式参数（本函数内有效）。

静态存储：

① 静态局部变量（本函数内有效）。

② 静态外部变量（本文件内有效）。

③ 外部变量（其他文件可引用）。

（4）作用域与生存期：如果一个变量在某一范围内能被引用，则称该范围为该变量的作用域。换言之，一个变量在其作用域内都能被有效引用。

一个变量占据内存单元的时间，称为该变量的生存期。或者说，该变量值存在的时间就是该变量的生存期。

7.8 内部函数和外部函数

本节介绍了内部函数和外部函数的使用。

函数都是全局的，因为不能在函数内部定义另一个函数。但是，根据函数能否被其他源文件调用，将函数区分为内部函数和外部函数。

7.8.1 内部函数

如果一个函数只能被本文件中其他函数所调用，称它为内部函数。在定义内部函数时，在函数名和函数类型前面加 static，即：

```
static类型标识符  函数名(形参表)
```

内部函数又称为静态函数。使用内部函数，可以使函数只局限于所在文件，如果在不同的文件中有同名的内部函数，互不干扰。

7.8.2 外部函数

在定义函数时，如果冠以关键字 extern，表示此函数是外部函数，即：

```
extern类型标识符  函数名(形参表)
```

三、本章常见错误小结

（1）在定义函数时，省略了某些形式参数的类型声明，如 int max(int a,b);。

（2）在函数定义的首行末尾，即形参列表后多写一个分号，如 int max(int a,int b);。

（3）在函数声明时忘记加分号，如 float f(float a);。

（4）在一个函数体内定义另一个函数。

（5）在函数体内将形参再次定义成一个局部变量。

（6）调用库函数时忘了在程序开头包含头文件。

（7）调用函数时，实参数组后跟着一对空的方括号；xmax=max(x[],n);。

（8）按照函数定义首部的形参列表书写函数调用语句中的实参列表，如 xmax=max(int x[],int n);。

（9）误以为在每次函数被调用时，在函数中定义的静态局部变量都会被初始化。

四、实验环节

实验（一） 函数的引用

【实验目的和要求】

1. 理解函数的概念。

2. 掌握函数的定义规则和调用规则，掌握函数的参数传递规则。

【实验内容】

1. 分析题

（1）上机调试运行下面程序，并注意函数的定义格式及函数的调用方法，特别要注意形参变量与实参变量之间的数据传递。

```
float fc(int n)
{   float s=0;
    int j;
    for(j=1;j<=n;j++)
          s=s+1/(float)j;
    return(s);
}
main()
{  float sum;
   sum=fc(2)+fc(3)+fc(4)+fc(5);
     printf("\nsum=%f\n",sum);
}
```

（2）分析下面程序的输出结果，并验证分析结果是否正确。

```
float aver(float a[5])
{   int i;
    float av,s=a[0];
    for(i=1;i<5;i++)
       s=s+a[i];
    av=s/5;
    return av;
}
void main()
{   float sco[5]={95.0,89.5,76,65,89.4},av;
    av=aver(sco);
    printf("average score is %5.2f",av);
}
```

2. 填空题

（1）下面程序的功能是将十进制数转换成十六进制数。

```
#include"stdio.h"
#include"string.h"
main()
{  int a,i,n;
   char s[20];
   printf("input a integer:\n");
   scanf("%d",&a);
   n=c10_16(s,a);
   for(______;i>=0;i--)
       printf("%c",s[i]);
   printf("\n");
}
c10_16(char p[],int b)
{  int j,i=0;
   while (_______)
   {  j=b%16;
      if(j>=0&&j<=9)
         _______;
      else p[i]=j+55;
      b=b/16;
      i++;
   }
   _______;
}
```

（2）下面程序的功能是：将一个 3×3 的矩阵转置。请上机调试将程序补充完整。

```
#define N 3
void fun(int a[N][N])
{  int i,j,t;
   for(i=0;i<N;i++)
     for(j=0;j<i;j++)
       {  t=a[i][j];
          _______;
          a[j][i]=t;
       }
}
main()
{  int x[N][N]={1,2,3,4,5,6,7,8,9},i,j;
   _______;
   for(i=0;i<N;i++)
   {  for(j=0;j<N;j++)
        printf("%4d",x[i][j]);
      printf("\n");
   }
}
```

3. 编程题

（1）写一个函数，求一个字符串的长度，在 main()函数中输入字符串，并输出其长度。

可使用字符数组表示字符串。

（2）编写程序将10~20之间的全部偶数分解为两个素数之和（要求使用函数）。

提示

编写判断素数的函数。

实验（二） 函数的嵌套调用和递归调用

【实验目的和要求】

1. 理解函数嵌套调用的意义，并能够在编程过程中灵活使用。
2. 理解函数的递归调用，掌握递归函数的定义及调用方法。
3. 能使用函数递归调用的方法分析和解决常见问题。

【实验内容】

1. 分析题

（1）分析下面程序的输出结果，并验证分析结果是否正确。

```
fun1(int a,int b)
{  int c;
   a+=a;
   b+=b;
   c=fun2(a,b);
   return c*c;
}
fun2(int a,int b)
{  int c;
   c=a*b%3;
   return c;
}
main()
{  int x=11,y=19;
   printf("The final result is:%d\n",fun1(x,y));
}
```

（2）阅读下面程序，运行时输入1，2，3，4，5，分析所实现的功能，并写出执行结果。

```
#include<stdio.h>
main()
{  long n;
   printf("Enter n:");
   scanf("%ld",&n);
   invert(n);
   printf("\n");
}
invert(long m)
{  printf("%ld",m%10);
   m=m/10;
   if(m>0)
     invert(m);
}
```

2. 填空题

（1）由键盘任意输入两个整数，求这两个整数的最小公倍数。

```
int fun1(int n1,int n2)                          /* fun1()函数可求出最小公倍数 gbs1 */
{ int gbs1;
  gbs1=n1*n2/________;
  return(gbs1);
}
int fun2(int u,int v)                            /* fun2()函数可求出最大公约数 v */
{ int t,r;
   if(v>u)
      ________
   while((r=u%v)!=0)
   {  u=v;
      v=r;
   }
   return(v);
}
main()
{ int num1,num2,gbs;
   printf("input 2 numbers:");
   scanf("%d%d",&num1,&num2);
   gbs=_____________;                             /* gbs 变量中存放的是最小公倍数 */
   printf("gbs=%d\n",gbs);
}
```

（2）下面程序的功能是利用递归函数求 x^n。

```
#include<math.h>
#include<stdio.h>
main()
{  int a,b;
   _________ ;
   scanf("%d,%d",&a,&b);
   _________ ;
   printf("%ld",t);
}
long power(int   x,int n)
{ ________ ;
   if(n>0)
     y=_________;
   else y=1;
   return y;
}
```

3. 编程题

（1）用函数嵌套调用的方法进行下面公式的计算，n 为已知条件。

$$y(x)=x^1+x^2+\ldots+x^n$$

编写两个函数，一个用来求多项式和，另一个用来求 x^n，在求和函数中调用另一个函数。

（2）写一个程序，利用递归函数求斐波那契数列（1，1，2，3，5，8，13，21，…）前 20 项的和。

```
Fib(1)=Fib(2)=1
Fib(n)=Fib(n-1)+Fib(n-2), n>1
```

实验（三） 变量的作用域及存储类别

【实验目的和要求】

1. 理解函数中变量的作用域，并能够在编程过程中灵活使用。
2. 理解函数中变量的存储类别，掌握在函数实现中的正确应用。

【实验内容】

1. 分析题

（1）分析下面程序的输出结果，并验证分析结果是否正确。

```
int a=3,b=5;
max(int a,int b)
{ int c;
  c=a>b?a:b;
  return(c);
}
main()
{  auto int a=8;
   printf("%d \n",max(a,b));
}
```

（2）分析下面程序的输出结果，并验证分析结果是否正确。

```
func(int x)
{  static int c=3;
   c++;x++;
   return(c+x);
}
main()
{  int x=1,y;
   y=func(2);
   printf("\n%d",y);
   y=func(x);
   printf("\n%d",y);
}
```

2. 填空题

（1）输入长方体的长（l）、宽（w）、高（h），求长方体体积及正、侧、顶三个面的面积。

```
_______;
int vs(int a,int b,int c)
{  int v;
   v=a*b*c;
   s1=a*b;
   s2=b*c;
   s3=a*c;

___________
}
main()
```

```
{ int v,l,w,h;
  printf("\ninput length,width and height: ");
  scanf("%d%d%d",&l,&w,&h);
        ;
  printf("v=%d   s1=%d   s2=%d   s3=%d\n",v,s1,s2,s3);
  getch();
}
```

（2）下列程序运行结果为 8，请将程序补充完整。

```
fun()
{ _____ int x=5;
  x++;
  ________
}
main()
{ int i,x;
  for(i=0;i<3;i++)
    x=_____;
  printf("%d\n",x);
}
```

3. 编程题

（1）输入 30 个同学的成绩，编写一个函数求出最高分、最低分和平均分。

最高分、最低分用全局变量。

（2）由键盘输入若干个整数，其值在 0～10 的范围内，用-1 作为输入结束的标志，统计整数的个数。要求通过不带参数的函数实现。

用全局数组实现。

实验（四） 综合实验

【实验目的】

熟悉函数设计和模块化程序设计方法。

【实验内容】

1. 改用模块化程序设计方法重新编程实现第 5 章小学生计算机辅助学习系统。

2. 改用模块化程序设计方法重新编程实现第 6 章学生成绩处理程序 v3.0。

在程序中设计二级菜单：

一级菜单供选择单科成绩处理和学生综合成绩处理；

二级菜单再分别设置 7 项选择处理。

五、测试练习

习 题 7

一、选择题

1. 以下概念不正确的是（　　）。

   A. 函数不能嵌套定义，但可以嵌套调用

   B. main()函数由用户定义，并可以被调用

   C. 程序的整个运行最后在main()函数中结束

   D. 在C语言中以源文件而不是以函数为单位进行编译

2. 以下概念正确的是（　　）。

   A. 形参是虚设的，所以它始终不占用存储单元

   B. 当形参是变量时，实参与它所对应的形参占用不同的存储单元

   C. 实参与它所对应的形参占用一个存储单元

   D. 实参与它所对应的形参同名时可占用一个存储单元

3. 以下说法不正确的是（　　）。

   A. 在C语言中允许函数递归调用

   B. 函数值类型与返回值类型出现矛盾时，以函数值类型为准

   C. 形参可以是常量、变量或表达式

   D. C语言规定，实参变量对形参变量的数据传递是“值传递”

4. 以下函数首部正确的是（　　）。

   A. `float swap(int x,y)`　　　　B. `int max(int a,int b)`

   C. `char scmp(char cl,char c2);`　　D. `double sum(float x;float y)`

5. 在函数中未指定存储类别的变量，其隐含存储类别为（　　）。

   A. 静态　　B. 自动　　C. 外部　　D. 存储器

6. 在一个文件中定义的全局变量的作用域为（　　）。

   A. 本程序的全部范围

   B. 离定义该变量的位置最近的函数

   C. 函数内全部范围

   D. 从定义该变量的位置开始到本文件结束

7. 以下函数的返回值类型是（　　）。

```
fun(int x)
{  printf("%d\n",x);
}
```

   A. void类型　　B. int类型　　C. 没有　　D. 不确定的

8. 在一个函数中的复合语句中定义了一个变量，则该变量的有效范围是（　　）。

   A. 在该复合语句中　　B. 在该函数中

   C. 本程序范围内　　D. 非法变量

9. 数组名作为实参数传递时，数组名被处理为（　　）。

A. 该数组长度　　B. 该数组的元素个数

C. 该数组的首地址　　D. 该数组中个元素的值

10. 若调用一个函数，且此函数中没有 return 语句，则正确的说法是：该函数（　　）。

A. 没有返回值　　B. 返回若干个系统默认值

C. 能返回一个用户所希望的函数值　　D. 返回一个不确定的值

11. 下面函数调用语句含有实参的个数为（　　）。

```
func((exp1,exp2),(exp3,exp4,exp5));
```

A. 1　　B. 2　　C. 4　　D. 5

12. 以下对 C 语言函数的描述中，正确的是（　　）。

A. C 程序由一个或一个以上的函数组成

B. C 函数既可以嵌套定义又可以递归调用

C. 函数必须有返回值，否则不能使用函数

D. C 程序中调用关系的所有函数必须放在同一个程序文件中

13. 以下叙述中不正确的是（　　）。

A. 在 C 中调用函数时，只能把实参的值传送给形参，形参的值不能传送给实参

B. 在 C 的函数中，最好使用全局变量

C. 在 C 中，形式参数只是局限于所在函数

D. 在 C 中，函数名的存储类别为外部

14. C 语言中，函数返回值的类型由（　　）决定。

A. return 语句中的表达式类型　　B. 调用函数的主调函数类型

C. 调用函数时临时　　D. 定义函数时所指定的函数类型

15. 一个 C 程序由函数 A、B、C 和函数 P 构成，在函数 A 中分别调用了函数 B 和函数 C，在函数 B 中调用了函数 A，且在函数 P 中也调用了函数 A，则可以说（　　）。

A. 函数 B 中调用的函数 A 是函数 A 的间接递归调用

B. 函数 A 被函数 B 中调用的函数 A 间接递归调用

C. 函数 P 直接递归调用了函数 A

D. 函数 P 中调用的函数 A 是函数 P 的嵌套

16. 下面不正确的描述为（　　）。

A. 调用函数时，实参可以是表达式

B. 调用函数时，实参与形参可以共用内存单元

C. 调用函数时，将为形参分配内存单元

D. 调用函数时，实参与形参的类型必须一致

17. C 语言规定，调用一个函数时，实参变量和形参变量之间的数据传递是（　　）。

A. 地址传递

B. 值传递

C. 由实参传给形参，并由形参传回给实参

D. 由用户指定传递方式

18. 要在C语言中求sin(30°)的值，则可以调用库函数，格式为（　　）。

A. `sin(30)`　　B. `sin(3.1415/6)`

C. `sin(30.0)`　　D. `sin((double)30)`

19. 一个完整的可运行的C源程序（　　）。

A. 至少需由一个主函数和（或）一个以上的辅函数构成

B. 由一个且仅由一个主函数和零个以上（含零个）的辅函数构成

C. 至少由一个主函数和一个以上的辅函数构成

D. 至少由一个且只有一个主函数或多个辅函数构成

20. 在C语言程序中（　　）。

A. 函数的定义可以嵌套，但函数的调用不可以嵌套

B. 函数的定义不可以嵌套，但函数的调用可以嵌套

C. 函数的定义和调用均不可以嵌套

D. 函数的定义和调用均可以嵌套

二、填空题

1. 以下函数用于统计一行字符中的单词个数，单词之间用空格分隔。

```
int  num(char str[])
{   int i,num=0,word=0;
    for(i=0;str[i]!= ___(1)___ ;i++)
     if( ___(2)___ ==' ')
       word=0;
     else if(word==0)
     {  word=1;
        ___(3)___ ;
     }
    return num;
}
```

2. 以下函数用于找出一个2×4矩阵中的最大值。

```
int maxvalue(int arr[][4])
{  int i,j,max;
   max=arr[0][0];
   for(i=0; ___(1)___ ;i++)
     for(j=0; ___(2)___ ;j++)
       if(arr[i][j]>max)
          max= ___(3)___ ;
   return (max);
}
```

3. 下面是一个求数组元素之和的程序。主程序中定义并初始化了一个数组，然后计算数组元素之和，并输出结果。函数sum计算数组元素之和。请完成下列程序。

```
#include<stdio.h>
___(1)___
int a[5]={2,3,6,8,10};
main()
{   ___(2)___
    total=sum(5);
    printf("%d\n",total);
}
```

```
int sum(int len)
{   ____(3)____;
    for(j=0;____(4)____j++)
      ____(5)____;
    return s;
}
```

4. 以下程序用递归算法实现如下功能：输入一个任意整数，在各数位间插入空格后输出。

```
#include<stdio.h>
main()
{ long int n;
   void func(int m);
   scanf("%d",&n);
   ____(1)____;                                   /*调用函数求解*/
}
void func(____(2)____)
{  if(m>=10)
     ____(3)____;
   printf("%d ",____(4)____);
}
```

三、分析程序题

1. 下列程序的运行结果是________。

```
f()
{  int a=2;
   static b=3;
   a++;
   b++;
   printf("a=%d,b=%d\n",a,b);
}
main()
{    f();    f();    }
```

2. 下列程序的运行结果是________。

```
main()
{   int i=1,x=2,j=3;
    fun(j,4);
    printf("i=%d;j=%d;x=%d\n",i,j,x);
}
fun(int i,int j)
{   int x=8;
    printf("i=%d;j=%d;x=%d\n",i,j,x);
}
```

3. 下列程序的运行结果是________。

```
main()
{  int x=1,y=2,z=0;
   printf("#x=%d y=%d z=%d\n",x,y,z);
   add(x,y,z);
   printf("@x=%d y=%d z=%d\n",x,y,z);
}
add(int x,int y,int z)
{  z=x+y;
   x=x*x;
```

```
  y=y*y;
  printf("*x=%d y=%d z=%d\n",x,y,z);
}
```

4. 下列程序的运行结果是________。

```
int fun(int x)
{  printf("x=%d ",x);
   if(x<=0)
   {  printf("\n");
      return 0;
   }
   else  return x*x+fun(x-1);
}
main()
{  int x=fun(6);
   printf("x=%d \n",x);
}
```

5. 下列程序的运行结果是________。

```
#include<stdio.h>
main()
{  int n=4,m=3,f;
   f=func(n,m);
   printf("%d",f);
   f=func(n,m);
   printf("%d\n",f);
}
func(int a,int b)
{  static int m=0,k=2;
   k+=m+1;
   m=k+a+b;
   return(m);
}
```

6. 下列程序的运行结果是________。

```
#include<stdio.h>
void main()
{  void f(int j);
   int i;
   for(i=1;i<=5;i++)
     f(i);
}
void f(int j)
{  static int a=10;
   auto int k=1;
   k++;
   printf("%d+%d+%d=%d\n",a,k,j,a+k+j);
   a+=10;
}
```

7. 下列程序的运行结果是________。

```
#include<stdio.h>
extern int a;
void main()
{
```

```
    void s();
    int i;
    for(i=1;i<=5;i++)
    {   a++;
        printf("%d",a);
        s();
    }
}
int a;
void s()
{   int a=10;
    a++;
    printf("%d",a);
}
```

8. 下列程序的运行结果是________。

```
#include<stdio.h>
long fun(int n)
{  long t;
   if((n==1)||(n==2))
     t=2;
   else t=n+fun(n-1);
   return(t);
}
void main()
{  long a;
   a=fun(10);
   printf("%ld\n",a);
}
```

9. 输入：-1234，写出运行结果。

```
#include<stdio.h>
main()
{  void fun(int);
   int n;
   scanf("%d",&n);
   if(n<0)
   {  putchar('-');
      n=-n;
   }
   fun(n);
}
void fun(int k)
{   int n;
    putchar(k%10+'0');
    n=k/10;
    if(n!=0)
       fun(n);
}
```

10. 下列程序的运行结果是________。

```
#include<stdio.h>
int gcd(int m,int n)
{  int g;
   if(m%n==0)
```

```
    g=n;
  else g=gcd(n,m%n);
  return g;
}
main()
{  int m=36,n=28;
   printf("%d\n",gcd(m,n));
}
```

四、问答题

1. 阅读程序回答相应问题。

```
#include<math.h>
int  flag(int m)
{  int k,n=1;
   for(k=2;k<=sqrt(m)&&n==1;k++)
     if(m%k==0)
         n=0;
   return  n;
}
main()
{  int m,s=0;
   for(m=10;m<=40;m++)
     if(flag(m))
         s+=m;
   printf("%d",s);
}
```

（1）函数 flag()的作用是什么？

（2）此程序的功能是什么？

（3）程序的输出结果是多少？

2. 阅读程序回答相应问题。

```
int  symm(long n)
{  long tmp=n,m=0;
   while(tmp)
   {    m=m*10+tmp%10;
        tmp=tmp/10;
   }
        return(m==n);
}
main()
{  long m;
   for(m=11;m<100;m++)
   {  if(symm(m)&&symm(2*m)&&symm(m*m))
         printf("m=%ld 2*m=%ld m*m=%ld",m,2*m,m*m);
   }
}
```

（1）函数 symm()的功能是什么？

（2）此程序的功能是什么？

3. 阅读程序回答相应问题。

```
void c10t08(int n)
{ int res[20],ind=0,n0=n;
  while(n)
```

```
  {  res[ind++]=n%8;
     n=n/8;
  }
  printf("%d(10)=",n0);
  while(--ind>=0)
    printf("%d",res[ind]);
  printf("(8)\n");
}
main()
{   int n;
    scanf("%d",&n);
    while(n!=-1)
   {  c10t08(n);
      scanf("%d",&n);
   }
}
```

（1）函数 c10t08()的功能是什么？

（2）输入什么程序才能结束？

（3）运行时输入 100，则输出结果是什么？

4. 阅读程序回答相应问题。

```
void sort(int x[],int n)
{ int i,j,k,t;
   for(i=0;i<n-1;i++)
   { k=i;
     for(j=i+1;j<n;j++)
       if(x[k]>x[j])
          k=j;
     if(k!=i)
     {   t=x[k];
         x[k]=x[i];
         x[i]=t;
     }
   }
}
main()
{ int a[10],i;
   for(i=0;i<10;i++)
      scanf("%d",&a[i]);
   sort(a,10);
   for(i=0;i<10;i++)
      printf("%4d",a[i]);
   printf("\n");
}
```

（1）sort()函数的功能是什么？

（2）若输入数据 1，-3，5，4，0，9，7，-6，2，8 后，写出程序的运行结果。

（3）若输入数据不变，程序画线处改为 for(j=n-1;j>=i+1;j--)后，写出程序的运行结果。

5. 阅读程序回答相应问题。

```
int fun(int m,int x[])
{  int t,k=0;
   do
   {  t=m%2;
```

```
        x[k++]=t;
        m/=2;
    }while(m!=0);
        return k;
}
main()
{  int a[20],x,i,k;
   scanf("%d",&x);
   k=fun(x,a);
   for(i=k-1;i>=0;i--)
     printf("%d",a[i]);
   printf("\n");
}
```

（1）程序的功能是什么？

（2）若输入30后，写出程序的运行结果。

五、改错题

1. 下面add()函数的功能是求两个参数的和，并将和值返回调用函数。函数中错误的部分________应改为________。

```
(1) void add(float a,float b)
(2) {  float c;
(3)    c=a+b;
(4)    return c;
(5) }
```

2. 下面函数用于求n!（n的值大于9）。函数中错误的部分________应改为________。

```
(1) fac(int n)
(2) {  int f,k;
(3)    for(k=1;k<=n;k++)
(4)        f*=k;
(5)    return f;
(6) }
```

六、编程题（利用函数实现）

1. 已有变量定义double a=5.0,int n=5;和函数调用语句mypow(a,n);，用以求a^n。请编写double mypow(double x,int n)函数。

```
double mypow(double x,int n)
{    }
```

2. 求$S=a+aa+aaa+\ldots+\overbrace{a\cdots a}^{n个}$之值，其中$a$是一个数字。例如：2+22+222+2222+22222（此时n为5），n由键盘输入。

3. 写一函数，输入一行字符，将此字符串中最长的单词输出。

4. 用递归法将一个整数n转换成字符串。例如，输入483，应输出字符串"483"，n的位数不确定，可以是任意位数的整数。

第8章 编译预处理

C语言提供编译预处理的功能，这是它与其他高级语言的一个重要区别。本章主要介绍了宏定义、文件包含、编译预处理的使用。通过本章的学习应掌握宏定义的方法；掌握文件包含处理的方法；了解条件编译的方法。

一、知识体系

本章的体系结构：

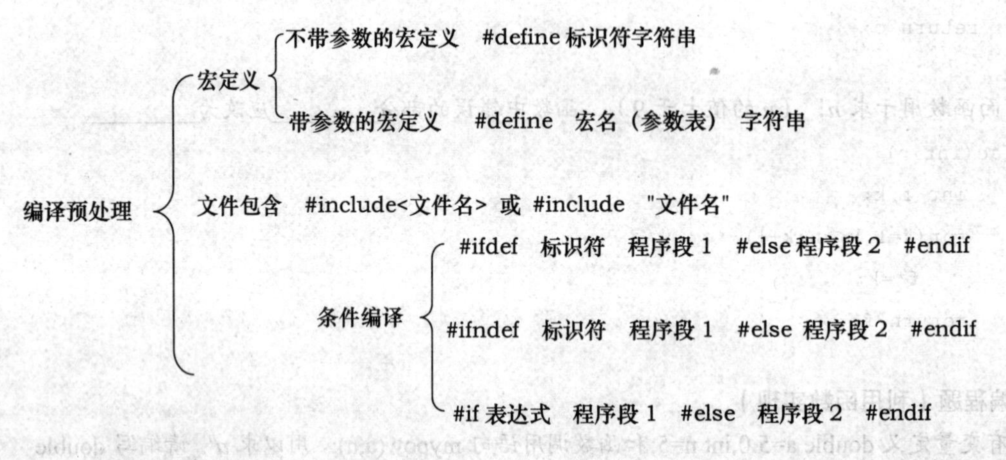

重点：掌握宏定义和文件包含。

二、复习纲要

8.1 宏 定 义

本节介绍不带参数和带参数的宏定义的使用以及注意事项。说明了宏定义和函数调用的区别。

8.1.1 不带参数的宏定义

用一个指定的标识符（即名字）来代表一个字符串，它的一般形式为：

```
#define 标识符 字符串
```

这种方法使用户能以一个简单的名字代替一个长的字符串，因此把这个标识符（名字）称为宏名，在预编译时将宏名替换成字符串的过程称为宏展开。#define 是宏定义命令。

8.1.2　带参数的宏定义

带参数的宏定义不是进行简单的字符串替换，还要进行参数替换，其定义的一般形式为：

```
#define  宏名（参数表）  字符串
```

8.2　文 件 包 含

本节介绍了文件包含的定义和使用。

所谓文件包含是指一个源文件可以将另外一个源文件的全部内容包含进来，即将另外的文件包含到本文件之中。C 语言提供了#include 命令，用来实现“文件包含”的操作，其一般形式为：

```
#include<文件名>
```

或：

```
#include"文件名"
```

8.3　条件编译

本节介绍了条件编译的定义和使用。

一般情况下，源程序中的所有行都参加编译，但特殊情况下可能需要根据不同的条件编译源程序中的不同部分，也就是说对源程序的一部分内容给定一定的编译条件。这种方式称作“条件编译”。

条件编译命令主要包括以下几种形式：

```
形式 1  #ifdef  标识符
          程序段 1
        #else
          程序段 2
        #endif
```

作用是如果指定的标识符已经被#define 定义过，则只编译程序段 1，否则编译程序段 2。

```
形式 2   #ifndef  标识符
            程序段 1
         #else
           程序段 2
         #endif
```

作用是如果指定的标识符没有被#define 定义过，则编译程序段 1，否则编译程序段 2。

形式 3　#if 表达式
　　程序段 1
　#else
　　程序段 2
　#endif

作用是如果指定的表达式的值为真，则编译程序段 1，否则编译程序段 2。

三、本章常见错误小结

（1）在宏定义、文件包含、条件编译后加分号;，如#define pi 3.14。

（2）在有参数的宏展开时没有直接替换，而是先求了实参表达式的值。

（3）在调用库函数时，忘记加文件包含。

四、实验环节

实验　编译预处理

【实验目的和要求】

1. 掌握宏定义：不带参数的宏定义和带参数的宏定义。
2. 能够正确应用文件包含。

【实验内容】

1. 分析题

（1）输入下面的程序并运行。

```
#define PI  3. 1415926
#define S(r) PI*r*r
float  S1(int r)
{  return PI*r*r;
}
main()
{  printf("%f\n",S(2));
   printf("%f\n",S(1+1));
   printf("%f\n",S1(2));
   printf("%f\n",S1(1+1));
}
```

（2）写出下面程序的输出结果。

```
#define PR(ar) printf("%d",ar)
main()
{  int j,a[]={1,3,5,7,9,11,13,15},i=5;
   for(j=3;j;j--)
   switch(j)
   {  case 1:
      case 2: PR(a[++i]); break;
      case 3: PR(a[--i]);
   }
}
```

2. 改错题

下面程序中，函数 fun()的功能是：计算函数 $F(x,y,z)=(x+y)/(x-y)+(z+y)/(z-y)$的值。例如，当 $x=9$，$y=11$，$z=15$ 时，函数值为-3.50。请改正程序中的错误，使程序能输出正确的结果。

```
#define FU(m,n)  (m/n)
float fun(float x,y,z)
{  float v;
   v=FU(x+y,x-y)+FU(z+y,z-y);
   return v;
}
main()
{  float a,b,c,s;
   printf("input a,b,c=");
   scanf("%f%f%f", &a, &b, &c);
   if(x==y||z==y)
  {  printf("Data error!\n");
     exit(0);
  }
  s=fun(a,b,c);
  printf("The result is:%5. 2f\n",s);
}
```

3. 编程题

（1）定义一个宏，将大写字母转换成小写。

（2）定义一个宏，交换两个参数的值。

（3）定义带参数的宏，同时计算半径为 r 的圆内接正三角形、正方形、正六边形的面积。

五、测试练习

习 题 8

一、选择题

1. C 编译系统对宏定义的处理是（　　）。

   A. 和其他 C 语句同时进行　　B. 在对其他成分正式编译之前处理的

   C. 在程序执行时进行　　D. 在程序连接时处理的

2. 以下对宏替换的叙述不正确的是（　　）。

   A. 宏替换只是字符的替换

   B. 宏替换不占运行时间

   C. 宏名无类型，其参数也无类型

   D. 宏替换时先求出实参表达式的值，然后代入形参运算求值

3. 宏定义#define G 9.8 中的宏名 G 代替（　　）。

   A. 一个单精度实数　　B. 一个双精度实数

   C. 一个字符串　　D. 不确定类型的数

4. 有宏定义

```
#define K 2
#define X(k)((K+1)*k)
```

当 C 程序中的语句 y=2*(K+X(5));被执行后（　　）。

A. y 中的值不确定　　B. y 中的值为 65

C. 语句报错　　D. y 中的值为 34

5. 以下程序的运行结果是（　　）。

```
#define MIN(a,b)  (a)<(b)?(a):(b)
main()
{  int m=10,n=15,k;
   k=10*MIN(m,n);
   printf("%d\n",k);
}
```

A. 30　　B. 180　　C. 15　　D. 200

6. 以下不正确的叙述是（　　）。

A. 一个 include 命令只能指定一个被包含文件

B. 文件包含是可以嵌套的

C. 一个 include 命令可以指定多个被包含文件

D. 在#include 命令中，文件名可以用双引号或尖括号括起来

7. 以下程序的输出结果是（　　）。

```
#define FMT "%d"
main()
{  int b[][4]={1,3,5,7,9,11,13,15,17,19,21,23};
   printf(FMT,*(*(b+1)+1));
   printf(FMT,b[2][2]);
}
```

A. 1,11,　　B. 1,11　　C. 11,21,　　D. 1121

8. 若有宏定义如下:

```
#define X 5
#define Y X+1
#define Z Y*X/2
```

则执行以下 printf 语句后，输出结果是（　　）。

```
int a; a=Y;
printf("%d\n",Z);
printf("%d\n",--a);
```

A. 7
6　　B. 12
6　　C. 7
5　　D. 12
5

9. 若有宏定义:

```
#define MOD(x,y)   x%y
```

则执行以下程序段的输出结果为（　　）。

```
int z,a=15,b=100;
z=MOD(b,a);
printf("%d\n",z++);
```

A. 11　　B. 10　　C. 6　　D. 宏定义不合法

10. 在文件包含预处理语句的使用形式中，当#include后面的文件名用" "（双引号）括起，寻找被包含文件的方式为（　　）。

A. 直接按系统设定的标准方式搜索目录

B. 先在源程序所在目录搜索，再按系统设定的标准方式搜索

C. 仅仅搜索源程序所在的目录

D. 仅仅搜索当前目录

11. 以下叙述中不正确的是（　　）。

A. 预处理命令行都必须以#号开始

B. 在程序中凡是以#号开始的语句行都是预处理命令行

C. C程序在执行过程中对预处理命令行进行处理

D. 以下是正确的宏定义

```
#define IBM.PC
```

12. 以下叙述正确的是（　　）。

A. 在程序的一行上可以出现多个预处理命令行

B. 预处理行是C的合法语句

C. 被包含的文件不一定以.h作为扩展名

D. 在以下定义中，CR是称为宏名的标识符

```
#define CR 37.6921
```

13. 下面描述中正确的是（　　）。

A. C语言中预处理是指完成宏替换和文件包含指定的文件的调用

B. 预处理指令只能位于C源程序文件的首部

C. 凡是C源程序中行首以“#”标识的控制行都是预处理指令

D. 预处理就是完成C编译程序对C源程序的第一遍扫描，为编译的词法分析和语法分析做准备

14. 下面程序的输出结果是（　　）。

```
#include<stdio.h>
#include<math.h>
#define  POWER(x,y)  pow(x,y)*y
#define  ONE 1
#define  SELEVE_ADD(x)  ++x
main()
{  int x=2;
   printf("%f\n",POWER(SELEVE_ADD(x),ONE+1));
}
```

A. 5.000000　　B. 10.000000　　C. 18.000000　　D. 以上答案均不正确

15. 已知下面的程序段，正确的判断是（　　）。

```
#define A 3
#define B(a)  ((A+1)*a)
X=3*(A+B(7));
```

A. 程序错误，不允许嵌套定义　　B. X=93

C. X=21　　D. 程序错误，宏定义不允许有参数

16. 下列程序的运行结果是（　　）。

```
#define PI 3.141593
#include<stdio.h>
main()
{ printf("PI=%f\n",PI);}
```

A. 3.141593=3.141593　　B. PI=3.141593

C. 3.141593=PI　　D. 程序有误，无结果

17. 以下程序的运行结果为（　　）。

```
#define PT 3. 5
#define S(x)  PT*x*x
main()
{ int a=1,b=2;
  printf("%4.1f\n",S(a+b));
}
```

A. 14.0　　B. 31.5　　C. 7.5　　D. 10.5

18. 下列程序段中存在错误的是（　　）。

A.
```
#define array_size 100
int array1[array_size]
```

B.
```
#define PI  3. 14159
#define S(r) PI*(r)*(r)
area=S(3.2)
```

C.
```
#define PI 3.14159
#define S(r)  PI*(r)*(r)
area=S(a+b)
```

D.
```
#define PI 3.14159
#define S(r)PI*(r)*(r)
area=S(a)
```

19. 下述程序在执行时输入5，则程序运行结果为（　　）。

```
#include<stdio.h>
#define N 2
void main()
{  int n;
   scanf("%d",&n);
   #if N>0
    printf("1\n");
   #else
    printf("-1\n");
   #endif
   #ifdef EOF
    printf("%d",EOF);
   #endif
}
```

A. -1
　1　　B. 1
　-1　　C. 1
　1　　D. -1
　-1

20. 从下列选项中选择不会引起二义性的宏定义是（　　）。

A. `#define power(x) x*x`　　B. `#define power(x)  (x)*(x)`

C. `#define power(x)  (x*x)`　　D. `#define power(x)  ((x)*(x))`

21. 下面程序的输出结果为（　　）。

```
#include<stdio.h>
```

```
#define FUDGE(y)  2.84+y
#define PR(a)  printf("%d",(int)(a));
#define PRINT1(a) PR(a);putchar('\n')
main()
{   int x=2;
    PRINT1(FUDGE(5)*x);
}
```

A. 11　　B. 12　　C. 13　　D. 15

22. 以下程序的运行结果为（　　）。

```
#define MAX(x,y)  (x)>(y)?(x):(y)
main()
{ int a=1,b=2,c=3,d=2,t;
   t=MAX(a+b,c+d)*100;
   printf("%d\n",t);
}
```

A. 500　　B. 5　　C. 3　　D. 300

23. 执行下列语句后的结果是（　　）。

```
#define N 2
#define Y(n)  ((N+1)*n)
z=2*(N+Y(5));
```

A. 语句有错误　　B. z=34　　C. z=70　　D. z 无定值

24. C 语言程序设计中，宏定义有效范围从定义处开始，到源文件结束处结束。但可以用来提前解除宏定义的作用是（　　）。

A. #ifndef　　B. endif　　C. #undefined　　D. #undef

二、填空题

1. 有以下宏命令和赋值语句，宏置换后的赋值语句的形式是________。

```
#define A 3+5
p=A*A;
```

2. 以下 for 循环的循环次数是________。

```
#include "stdio.h"
#define N 2
#define M N+1
#define NUM  (M+1)*M/2
main()
{  int i,n=0;
   for(i=1;i<=NUM;i++)
   {  n++;printf("%d",n);}
   printf("\n");
}
```

3. 设有宏定义如下：

```
#define MIN(x,y)  (x)>(y)?(x):(y)
#define T(x,y,r)  x*r*y/4
```

则执行以下语句后，s1 的值为________，s2 的值为________。

```
int a=1,b=3,c=5,s1,s2;
s1=MIN(a+b,b-a);
```

```
s2=T(a++,a*++b,a+b+c);
```

4. 请读程序：

```
#include<stdio.h>
#define BOT  (-2)
#define TOP  (BOT+5)
#define PRI(a)  printf("%d\n",a)
#define FOR(a)  for(;(a);(a)--)
main()
{   int k,j;k=BOT,j=TOP;
    FOR(j)
    switch(j)
    {  case 1:PRI(k++);
       case 2:PRI(j);break;
       default:PRI(k);
    }
}
```

执行 for 循环时，j 的初值是________，终值是________。

5. 设有以下宏定义：

```
#define WIDTH 80
#define LENGTH  WIDTH+40
```

则执行赋值语句：v=LENGTH*20;（v 为 int 型变量）后，v 的值是________。

6. #define F(n) ((n)= =1?1:(n*F(n)-1))的错误原因是________。

7. 以下程序完成 a 与 b 的互换，补全程序。

```
#define swap(a,b,t) t=a,a=b,b=t
main()
{  int a,b,d;
   scanf("%d%d",&a,&b);
   ________
   printf("%d,%d",a,b);
}
```

8. 以下程序用带参数的宏定义完成求两个数的商，错误的语句是________，该修改为________。

```
#define M(x,y)  (x/y)
main()
{  int a=2,b=3,c=0,d=5,x;
   x=M(a+b,c+d);
   printf("%d",x);
}
```

9. 设有以下程序，为使之正确运行，请在横线中填入应包含的命令行（注：me()函数在 a:\myfile.txt 中有定义）。

```
__________
main()
{  printf("\n");
   me();
   printf("\n");
}
```

三、分析程序题

1. 下列程序的运行结果是________。

```
#define DOUBLE(r)  r*r
main()
{ int x=2,y=1,z;
  z=DOUBLE(x+y);
  printf("%d\n",z);
}
```

2. 下列程序的运行结果是________。

```
#define MAX(a,b)  (a>b?a:b)
main()
{ int x=7,y=9;
  printf("%d\n",MAX(x,y));
}
```

3. 下列程序的运行结果是________。

```
#define PRINT(V) printf("V=%d\t",V)
main()
{ int x,y;
  x=1;y=2;
  PRINT(x);
  PRINT(y);
}
```

4. 下列程序的运行结果是________。

```
#define PR printf
#define NL "\n"
#define D "%d"
#define D1 D NL
#define D2 D D NL
main()
{ int x=1,y=2;
  PR(D1,x);
  PR(D2,x,y);
}
```

5. 执行文件 file2.c 后，运行结果是________。

（1）文件 file1.c 的内容为：

```
#define  PI  3.14
float circle(float r)
{ float area=PI*r*r;
  return(area);
}
```

（2）文件 file2.c 的内容为：

```
#include  "file1.c"
main()
{ float r=1;
  printf("area=%f\n",circle(r));
}
```

6. 下列程序的运行结果是________。

```
#define PR(a) printf("\%d\t",(int)(a))
#define  PRINT(a)  PR(a);printf("ok!")
main()
{  int k,a=1;
   for(k=0;k<3;k++)
      PRINT(a+k);
   printf("\n");
}
```

7. 下列程序的运行结果是________。

```
#define PR(a)  printf("%d",a)
main()
{  int j,a[]={1,3,5,7,9,11,13,15},i=5;
   for(j=3;j;j--)
   switch(j)
   {  case 1:
      case 2:PR(a[i++]);break;
      case 3:PR(a[--i]);
   }
}
```

8. 下列程序的运行结果是________。

```
#define MUL(z)  (z)*(z)
main()
{  printf("%d\n",MUL(1+2)+3); }
```

9. 下列程序的运行结果是________。

```
#define POWER(x)  ((x)*(x))
main()
{  int i=1;
   while(i<4)
      printf("%d\t",POWER(i++));
   printf("\n");
}
```

四、编程题

1. 输入两个整数，求它们相除的余数。用带参的宏来实现。

2. 定义一个带参的宏 swap(x,y)，以实现两个整数之间的交换，并利用它将一维数组 a 和 b 的值进行交换。

3. 写出一个宏定义，用于判断输入的一个字符是否是数字，若是得 1，否则得 0。

4. 设计不同的输出格式，用一个文件 fomat.h 存放。要求：

（1）实数用“6.2f”格式输出；

（2）整数用十六进制格式；

（3）字符串用“-ms”格式。然后编写一个程序使用这些格式。

5. 定义一个宏，判别给定年份 year 是否为闰年，并在用于判别年份是否为闰年的程序中使用这个宏。

第9章 指针

本章介绍了指针的概念及使用。通过本章的学习应掌握指针与指针变量的概念；熟练使用指针与地址运算符；掌握变量、数组、字符串、函数、结构体的指针及指向变量、数组、字符串、函数、结构体的指针变量；通过指针引用以上各类型数据；掌握用指针作函数参数；掌握返回指针值的指针函数；掌握指针数组、指向指针的指针、main()函数的命令行参数等。

一、知识体系

本章的体系结构：

- 指针
  - 指针的概念
  - 数组的指针和指向数组的指针这量
    - 指向数组元素的指针
    - 通过指针引用数组元素
    - 用数组名作函数参数
    - 指向多维数组的指针和指针变量
  - 字符串的指针
  - 函数的指针和指向函数的指针变量
    - 用函数指针变量调用函数
    - 把指向函数的指针变量作函数参数
  - 指针数组的指向指针的指针
  - main函数的命令行参数

重点：指向变量的指针、数组的指针和指向数组的指针、字符串指针及利用指针处理字符串。

难点：本章是本书的难点。

二、复习纲要

9.1 相关概念

本节介绍了数据在内存中的存储及访问方式，主要介绍指针的概念。

9.1.1 变量的地址

如果在程序中定义了一个变量，在编译时就给这个变量分配内存单元。系统根据程序中定义的变量类型，分配一定长度的空间。按变量地址存取变量值的方式称为“直接访问”方式。还可以采用另一种“间接访问”的方式，将变量的地址存放在另一个变量中。按 C 语言的规定，可以在程序中定义整型变量、实型变量、字符变量等，也可以定义一种特殊的变量，它是用于存放地址的。

9.1.2 数据的访问方式

在程序中一般是通过变量名来对内存单元进行存取操作的。其实程序经过编译后已经将变量名转换为变量的地址，对变量值的存取都是通过地址进行的。这种按变量地址存取变量值的方式称为“直接访问”方式。

可以采用另一种“间接访问”的方式，将变量的地址存放在一种特殊的变量中，这种变量称为指针变量，是专门用来存放其他变量的地址。“间接访问”方式为：先找到存放要操作的变量的地址的变量，从中取出变量的地址，然后到此地址开始的单元中取出变量的值。

9.1.3 指针和指针变量

通过地址能找到所需的变量单元，我们可以说，地址指向该变量单元。

在 C 语言中，将地址形象化地称为“指针”。意思是通过它能找到以它为地址的内存单元。一个变量的地址称为该变量的“指针”。如果有一个变量专门用来存放另一变量的地址（即指针），则它称为“指针变量”。

9.2 指针变量的定义和使用

本节介绍了指针变量的定义、引用、赋值及指针的运算。

9.2.1 指针变量的定义

定义指针变量的一般形式为：

```
基类型    *指针变量名
```

9.2.2 指针变量的初始化和赋值

1. 通过求地址运算符（&）获得地址值

例如，有定义：

```
int k=1, *q;
```

则赋值语句：

```
q=&k;
```

把变量 k 的地址赋给了 q。

2. 通过指针变量获得地址值

通过赋值运算把一个指针变量的值赋给另一个指针变量，使这两个指针指向同一地址。

例如，有定义：int k,*p=&k, *q; 则语句 q=p;使指针变量 q 中也存放变量 k 的地址，即变量 p 和变量 q 都指向 k。

3. 通过调用库函数获得地址值

可以通过调用库函数 malloc 和 calloc 在内存中开辟的动态存储单元的地址赋给指针变量。

4. 给指针变量赋空值

当执行 p=NULL;后称 p 为空指针。p=NULL;等价于 p=0;或 p='\0';，这时，指针不指向地址为 0 的单元，而是有一个确定的值——空，不指向任何任何单元。

9.2.3 指针变量的引用

两个有关的运算符：

（1）&：取地址运算符。

（2）*：指针运算符（或称“间接访问”运算符）。

“&”和“*”两个运算符的优先级别相同，但按自右而左方向结合。

9.2.4 指针的运算

1. 在指针值上加减一个整数

指针变量的加减运算只能对指向数组或字符串的指针变量进行。指针变量加或减一个整数 *n* 的意义是把指针指向的当前位置（指向某数组元素）向前或向后移动 *n* 个位置。

2. 指针变量和指针变量的减法运算

指针变量和指针变量的减法运算规则如下：

```
指针变量 1-指针变量 2
```

只有指向同一数组的两个指针变量之间才能进行减法运算，否则运算毫无意义。

两指针变量相减所得之差是两个指针所指数组元素之间相差的元素个数。

3. 指针变量的关系运算

指向同一数组的两指针变量进行关系运算可表示它们所指数组元素之间的关系，指针变量和指针变量的关系运算规则如下：

```
指针变量 1 关系运算符 指针变量 2
```

9.3 指针变量作函数参数

本节介绍了指针变量作函数的参数，讲解了指针变量作函数的参数时参数的传递过程。

函数的参数不仅可以是整型、实型、字符型等数据，还可以是指针类型。它的作用是将一个变量的地址传送到另一个函数中。

一个函数只能带回一个返回值，如果想通过函数调用得到 *n* 个要改变的值，可以按如下方法操作：

（1）在主调函数中设 *n* 个变量。

（2）将这 *n* 个变量的地址作为实参传给所调用函数的形参。

（3）通过形参指针变量，改变该 *n* 个变量的值。

（4）主调函数中就可以使用这些改变了值的变量。

9.4 数组的指针和指向数组的指针变量

本节介绍数组指针的概念，介绍了指向数组元素的指针及通过指针引用数组元素，还介绍了用数组名作函数参数时的参数传递及用数组名作函数参数的使用。在此基础上介绍了指向多维数组的指针和指针变量的使用。

所谓数组的指针是指数组的起始地址，数组元素的指针是数组元素的地址。

引用数组元素可以用下标法（如 a[3]），也可以用指针法，即通过指向数组元素的指针找到所需的元素。使用指针法能使目标程序质量高（占内存少，运行速度快）。

9.4.1 指向数组元素的指针

定义一个指向数组元素的指针变量的方法，与以前介绍的指向变量的指针变量相同。

9.4.2 通过指针引用数组元素

有定义 int a[10],*p=&a;则如果 p 的初值为&a[0]，则：

（1）p+i 和 a+i 就是 a[i]的地址。

（2）*(p+i)或*(a+i)是 p+i 或 a+i 所指向的数组元素，即 a[i]。

（3）指向数组的指针变量也可以带下标，如 p[i]与*(p+i)等价。根据以上叙述，引用一个数组元素，可以用：

① 下标法，如 a[i]形式。

② 指针法，如*(a+i)或*(p+i)。

（4）当指针指向一串连续的存储单元时，可以对指针进行加上或减去一个整数的操作，这种操作称为指针的移动。例如 p++;或 p--;都可以使指针移动。移动指针后，指针不应超出数组元素的范围。

（5）指针不允许进行乘、除运算，移动指针时，不允许加上或减去一个非整数，对指向同一串连续存储单元的两个指针只能进行相减操作。

9.4.3 数组名作函数参数

把用变量名作函数参数和用数组名作函数参数作一下比较，如表 9-1 所示。

表 9-1　变量名和数组名作函数参数的比较

函数参数	变 量 名	数 组 名
要求形参的类型	变量名	数组名或指针变量
传递的信息	变量的值	数组的起始地址
通过函数调用能否改变实参的值	不能	能

在 C 语言中，调用函数时虚实结合的方法都是采用“值传递”方式，当用变量名作为函数参数时传递的是变量的值；当用数组名作为函数参数时，由于数组名代表的是数组起始地址，因此传递的值是数组首地址，所以要求形参为指针变量。

实参数组代表一个固定的地址，或者说是指针型常量，而形参数组并不是一个固定的地址值。作为指针变量，在函数调用开始时，它的值等于实参数组起始地址，但在函数执行期间，它可以再被赋值。

9.4.4 指向多维数组的指针与指针变量

用指针变量可以指向一维数组，也可以指向多维数组。但在概念上和使用上，多维数组的指针比一维数组的指针要复杂一些。

设已定义二维数组a：

```
int a[3][4]={{1,3,5,7},{9,11,13,15},{17,19,21,23}};
```

应清楚以下几点：

（1）a是二维数组名，是二维数组的起始地址（设地址为2000）。也可以说，a指向a数组第0行，a也是0行首地址。

（2）a+1是a数组第1行首地址，或者说a+1指向第1行（地址为2008）。

（3）a[0]，a[1]，a[2]是二维数组中三个一维数组（即三行）的名称，因此它们也是地址（分别是0行、1行、2行的首地址）。一定不要把它们错认为是整型数组元素。

例如，a[0]指向0行0列元素，a[0]的值为地址2000。

（4）a[i]+j是i行j列元素的地址，*(a[i]+j)是i行j列元素的值。如a[0]+2和*(a[0]+2)分别是0行2列元素的地址和元素的值。

（5）a[i]与*(a+i)无条件等价，这两种写法可以互换。如a[2]和*(a+2)都是2行首地址，即2行0列元素的地址，即&a[2][0]。

（6）a[i][j]，*(a[i]+j)，*(*(a+i)+j)都是i行j列元素的值。

（7）区别行指针与列指针的概念。例如，a+1和a[1]都代表地址2008。但a+1是行指针，它指向一个一维数组。a[1](即*(a+1))是列指针，它指向一个元素，它是1行0列元素的地址。

（8）可以定义指向一维数组的指针变量，如：

```
int (*p)[4];    /*称p为行指针*/
```

定义p为指向一个含4个元素的一维数组的指针变量。请区分指向数组元素的指针变量和指向一维数组的指针变量。

一维数组的地址可以作为函数参数传递，多维数组的地址也可作为函数参数传递。用指针变量作形参以接受实参数组名传递来的地址时，有两种方法：①用指向变量的指针变量；②用指向一维数组的指针变量。

9.5 字符串的指针和指向字符串的指针变量

本节介绍字符串的两种表示形式，并对使用字符指针变量与字符数组进行了讨论。还介绍了用字符指针作函数参数时的参数传递及用字符指针名作函数参数的使用。

9.5.1 字符串的表示形式

在C程序中，可以用两种方法实现一个字符串。

（1）用字符数组实现。

（2）用字符指针实现。

可以不定义字符数组，而定义一个字符指针。用字符指针指向字符串中的字符。

9.5.2 对使用字符指针变量与字符数组的讨论

虽然用字符数组和字符指针变量都能实现字符串的存储和运算,但它们两者之间是有区别的，不应混为一谈，主要区别有以下几点：

（1）字符数组由若干个元素组成，每个元素中存放一个字符，而字符指针变量中存放的是地址（字符串的首地址），绝不是将字符串放到字符指针变量中。

（2）字符数组只能对各个元素赋值，不能对字符数组赋值。而对字符指针变量，可以赋值，取得的是字符串的首地址。

（3）定义一个数组，在编译时即已分配内存单元，有固定的地址。而定义一个字符指针变量时，给指针变量分配内存单元，在其中可以存放一个地址值。也就是说，该指针变量可以指向一个字符型数据，但如果未对它赋以一个地址值，则它并未具体指向哪一个字符数据。

（4）指针变量的值是可以改变的。

（5）用指针变量指向一个格式字符串，可以用它代替 printf()函数中的格式字符串。

9.5.3 字符串指针作函数参数

将一个字符串从一个函数传递到另一个函数，可以用地址传递的方式，即用字符数组名或用指向字符串的指针变量作参数。和前面介绍的数组一样，函数的首部有三种说明形式，而且形参也是指针变量。在被调用的函数中可以改变字符串的内容，在主调函数中可以得到改变了的字符串。

9.6 函数的指针和指向函数的指针变量

本节介绍函数指针的概念，以及用函数指针变量调用函数的方法；还介绍了用指向函数的指针变量作函数参数的用法。

9.6.1 用函数指针变量调用函数

可以用指针变量指向整型变量、字符串、数组，也可以指向一个函数。一个函数在编译时被分配给一个入口地址。这个入口地址就称为函数的指针。可以用一个指针变量指向函数，然后通过该指针变量调用此函数。说明：

指向函数的指针变量的一般定义形式为：

```
数据类型标识符  (*指针变量名)(类型参数 1,类型参数 2…)；
```

9.6.2 指向函数的指针变量作函数参数

函数的指针变量也可以作为参数，以便实现函数地址的传递，也就是将函数名传给形参。

9.7 返回指针值的函数

本节介绍了返回指针函数的使用。

一个函数不仅可以带回简单类型的数据，而且可以带回指针型的数据，即地址。

9.8 指针数组和指向指针的指针

本节介绍指针数组的概念，指向指针的指针的使用及 main()函数的命令行参数。

9.8.1 指针数组的概念

一个数组，其元素均为指针类型数据，称为指针数组。也就是说，指针数组中的每一个元素都是指针变量，指针数组的定义形式为：

```
类型标识符  *数组名[数组长度说明]
```

9.8.2 指向指针的指针

指针变量也有地址，这地址可以存放在另一个指针变量中。如果变量 p 中存放了指针变量 q 的地址，那么 p 就指向指针变量 q。指向指针数据的指针变量，简称为指向指针的指针。定义一个指向某种数据类型的指针数据的指针变量，形式如下：

```
类型 **指针变量名;
```

9.8.3 main()函数的命令行参数

实际上，main()函数可以有参数，例如：

```
main(int argc,char **argv)
```

argc 和 argv 就是 main()函数的形参。main()函数是由系统调用的，当处于操作命令状态下，输入 main()函数所在的文件名（经过编译、连接后得到的可执行文件名），系统就调用 main()函数。它的实参从命令行得到。命令行的一般形式为：

命令名　参数 1　参数 2　…参数 *n*

三、本章常见错误小结

（1）把一个整数直接赋给一个指针变量。

（2）在没有对指针变量初始化，或没有将指针变量指向内存中某一个确定的存储单元时，就利用这个指针变量去访问它所指向的存储单元，从而造成非法内存访问。

（3）没有意识到某些函数形式参数是传地址调用，将变量的值而非变量的地址当做参数传递给形参。

（4）在不同基类型的指针变量之间赋值。

（5）将指针变量指向与其类型不同的变量。

（6）试图用一个 void 类型的指针变量去访问内存。

（7）试图以指针运算的方式来改写一个数组名所代表的地址。

四、实验环节

实验（一） 指针的使用

【实验目的和要求】

1. 理解指针的概念。
2. 掌握指针的定义和使用方法。
3. 理解字符串和数组的物理存储结构。
4. 能熟练使用指针进行与数组和字符串相关的编程。

【实验内容】

1. 分析题

（1）分析下面程序的输出结果，并验证分析结果是否正确。

```
main()
{  int a[]={1,2,3,4,5,6};
   int *p;
   p=a;
   printf("%d,",*p);
   printf("%d,",*(++p));
   printf("%d,",*++p);
   printf("%d,",*(p--));
   p+=3;
   printf("%d,%d\n",*p,*(a+3));
}
```

运行结果：1,2,3,3,5,4

（2）分析下面程序的输出结果，并验证分析结果是否正确。

```
main()
{  int x[5]={2,4,6,8,10},*p,**pp;
   p=x;
   pp=&p;
   printf("%d",*(p++));
   printf("%3d\n",**pp);
}
```

（3）分析下面程序的输出结果，并验证分析结果是否正确。

```
#include"stdio.h"
main()
{  char s[20]="goodgood",*sp=s;
   sp=sp+2;
   printf("%s",sp);
   sp="to";
   puts(s);
}
```

（4）分析下面程序的输出结果，并验证分析结果是否正确。

```
main()
{  static char a[]="language",b[]="program";
   char *ptr1=a,*ptr2=b;
   int k;
   for(k=0;k<7;k++)
      if(*(ptr1+k)==*(ptr2+k))
         printf("%c",*(ptr1+k));
}
```

2. 填空题

下面的程序从终端读入一行作为字符串放在字符数组中，然后输出。请从对应的一组选项中，选择正确的输入。

```
#include"stdio.h"
#include"ctype.h"
main()
{  char s[81],*sp;
   int  i;
   for(i=0;i<80;i++)
   {  s[i]=getchar();
      if(s[i]=='\n')
         break;
   }
   s[i]= __(1)__;
   sp= __(2)__;
   while(*sp)
      putchar(*sp __(3)__) ;
}
```

3. 改错题

（1）想输出a数组中的10个元素的值，用下面的程序行不行？请修改。

```
main()
{  static int a[10]={1,2,3,4,5,6,7,8,9,10};
   int k;
   for(k=0;k<10;k++,a++)
      printf("%3d",*a);
   printf("\n");
}
```

（2）想要输出字符c，用下面的程序行不行？请修改。

```
main()
{  char *s="abcde";
   s+=2;
   printf("%c",s);
}
```

4. 编程题

（1）编写一个程序，使用指针比较两个字符串的大小。

（2）编写一个程序，使用指针实现一个二维数组的行、列对调。

（3）已知两个数组中分别存放有序数列，试编程序，将这两个数列合并成一个有序数列。合并时不得使用重新排序的方法。

（4）输入一行文字，统计其中字母、数字以及其他字符各有多少？

（5）编一程序，输入月份号，输出该月的英文月份名。例如，输入3，则输出"March"，要求用指针数组处理。

实验（二） 指针作函数参数

【实验目的和要求】

1. 理解指针在函数中的应用。
2. 掌握函数的定义规则和调用规则，掌握函数的参数传递规则。

【实验内容】

1. 分析题

（1）分析下面程序的输出结果，并验证分析结果是否正确。

```
#include"stdio.h"
ptarr(int *data)
{  int i;
   int tdata[]={2,4,6,8,10};
   for(i=0;i<5;i++)
   {  printf("%d\t",data[i]);
      data[i]=tdata[i];
   }
}
main()
{  int i;
   int data[]={1,3,5,7,9};
   ptarr(data);
   for(i=0;i<5;i++)
      printf("%d\t",data[i]);
}
```

（2）分析下面程序的输出结果，并验证分析结果是否正确。

```
fun(int *p1,int *p2)
{  if(*p1>*p2)
      printf("%d\n",*p1);
   else printf("%d\n",*p2);
}
main()
{  int a=3,b=7;
   fun(&a,&b);
}
```

（3）下面的程序生成可执行文件e24.exe，写出DOS命令行e24 BASIC dBASE FORTRAN的运行结果。

```
main(int argc,char*argv)
{  while(argc-->1)
   printf("%s\n",*++argv);
}
```

（4）以下程序在屏幕上将输出的信息是________。

设程序的文件名为"c8.c"。

```
main(int argc,char *argv[])
{  while(argc>1)
   {  ++argv;
      printf("%s\n",*argv);
      --argc;
   }
}
```

编译后，在DOS命令状态下输入以下命令行：

```
c8 C Language
```

2. 填空题

下述程序在不移动字符串的条件下对 *n* 个字符指针所指的字符串进行升序排序。

```
#include"stdio.h"
void sort(chat *sa[],int n)
{  int i,j,k;
   for(i=0;i<n-1;i++)
   {  for(j=j+1;j<n;j++)
         if(  (1)  )
            k=j;
         if(i!=k)
         {  char *t=  (2)  ;
            (3)  ;
            sa[k]=t;
         }
   }
}
```

3. 改错题

（1）要输出字符串"Japan"，用下面的程序行不行？请修改。

```
main()
{  char s[]={"China","Japan","Franch","England"};
   char **p;
   int i;
   p=s+3;
   printf("s\n",*p);
}
```

（2）想使指针变量pt1指向a和b中的大者，pt2指向小者，以下程序能否实现此目的？

```
swap(int *p1,int *p2)
{
   int *p;
   p=p1;p1=p2;p2=p;
}
   main()
{
   int a,b;
   scanf("%d,%d",&a,&b);
   pt1=&a;pt2=&b;
```

```
    if(a<b)
        swap(pt1,pt2);
    printf("%d,%d\n",*pt1,*pt2);
  }
```

上机调试此程序。如果不能实现题目要求，指出原因，并修改。

4. 编程题

（1）在主函数中输入 10 个等长的字符串，用另一函数对它们排序，然后在主函数输出这 10 个已排好序的字符串。

（2）写一个函数，删除字符串中指定位置上的字符。删除失败时给出信息。

（3）写一个函数，判断一字符串是不是回文。若是返回 1；否则返回 0。回文是指顺读和倒读都一样的字符串。例如，level 是回文。

（4）写一个函数，将一个 3×3 的矩阵转置。

（5）编一程序，将字符串中的第 *m* 个字符开始的全部字符复制成另一个字符串。要求在主函数中输入字符串及 *m* 的值并输出复制结果，在被调用函数中完成复制。

实验（三） 综合试验

【实验目的和要求】

理解指针在函数中的应用，利用二维数组做函数参数、用二维数组的列指针做参数实现程序设计。

【实验内容】

学生成绩管理系统 V4.0。

某班不超过 50 人（具体人数由键盘输入）参加 7 门课的考试，此系统能把用户输入的数据存入二位数组，编写实现如下菜单功能的学生成绩管理系统。

1. 录入每位学生的学号、姓名和考试成绩；
2. 计算每门成绩的总分和平均分；
3. 求每个人的总分和平均分；
4. 按每人平均成绩由高到低排名次输出；
5. 按学号由小到大输出成绩表；
6. 按姓名的字典顺序输出成绩表；
7. 按学号查询学生排名及考试成绩；
8. 按姓名查询学生排名及考试成绩；
9. 按优秀(90 ~ 100)、良好(80 ~ 89)、中等(70 ~ 79)、及格(60 ~ 69)、不及格(0 ~ 59)五个段统计每段的百分比；
10. 输出每个学生的学号、成绩、排名、每门课的课程总分、平均分。

利用二维数组做函数参数、用二维数组的列指针做参数实现程序设计

五、测试练习

习 题 9

一、选择题

1. 以下程序的输出结果是（ ）

```
main()
{ int k=2,m=4,n=6;
  int *pk=&k,*pm=&m,*p;
  *(p=&n)=*pk*(*pm);
  printf("%d\n",n);
}
```

A. 4　　B. 6　　C. 8　　D. 10

2. 设有定义 int a=3,b,*p=&a; 则下列语句中使 b 不为 3 的语句是（ ）。

A. b=*&a;　　B. b=*p;　　C. b=a;　　D. b=*a;

3. 设指针 x 指向的整型变量值为 25，则 printf("%d\n",++*x);的输出量为（ ）。

A. 23　　B. 24　　C. 25　　D. 26

4. 若有说明：int i,j=7,*p=&i;则等价的语句是（ ）。

A. i=*p;　　B. *p=*&j;　　C. i=&j;　　D. i=**p;

5. 若有说明语句 int a[10],*p=a;对数组元素的正确引用是（ ）。

A. a[p]　　B. p[a]　　C. *(p+2)　　D. p+2

6. 若有以下定义，则不能表示 s 数组元素的表达式是（ ）。

```
int s[10]={1,2,3,4,5,6,7,8,9,10},*p=s;
```

A. *p　　B. s[10]　　C. *s　　D. s[p-a]

7. 若有如下定义和语句，则输出结果是（ ）。

```
int **pp,*p,a=10,b=20;
pp=&p;p=&a;p=&b;printf("%d,%d\n",*p,*pp);
```

A. 10,20　　B. 10,10　　C. 20,10　　D. 20,20

8. 若有定义：int x,*pb;则以下正确的赋值表达式是（ ）。

A. pb=&x　　B. pb=x　　C. *pb=&x　　D. *pb=*x

9. 以下程序的输出结果是（ ）。

```
main()
{ int **k,*a,b=100;
  a=&b;k=&a;
  printf("%d\n",**k);
}
```

A. 运行出错　　B. 100　　C. a 的地址　　D. b 的地址

10. 设有定义语句 int(*ptr)[10];其中的 ptr 是（ ）。

A. 10 个指向整型变量的指针

B. 指向 10 个整型变量的函数指针

C. 一个指向具有 10 个元素的一维数组的指针

D. 具有 10 个指针元素的一维数组

11. 若有以下定义，则数值为 4 的表达式是（　　）。

```
int w[3][4]={{0,1},{2,4},{5,8}},(*p)[4]=w;
```

A. *w[l]+1　　B. p++,*(p+1)　　C. w[2][2]　　D. p[1][1]

12. 若有下面的程序片段，则对数组元素的错误引用是（　　）。

```
int a[12]={0},*p[3],**pp,i;
for(i=0;i<3;i++) p[i]=&a[i*4];
  pp=p;
```

A. pp[0][1]　　B. a[l0]　　C. p[3][1]　　D. *(*(p+2)+2)

13. 若有以下定义和语句，则对 w 数组元素的非法引用是（　　）。

```
int w[2][3],(*pw)[3];pw=w;
```

A. *(w[0]+2)　　B. *pw[2]　　C. pw[0][0]　　D. *(pw[1]+2)

二、填空题

1. 以下程序段的输出结果是________。

```
int  *var,ab;
ab=100;
var=&ab;
ab=*var+10;
printf("%d\n",*var);
```

2. ________称为指针运算符，________称为取地址运算符。

3. 若两个指针变量指向同一个数组的不同元素，可以进行减法运算和________运算。

4. 若 d 是已定义的双精度变量，再定义一个指向 d 的指针变量 p 的语句是________。

5. 设有以下定义和语句，则*(*(p+2)+1)的值为________。

```
int a[3][2]={10,20,30,40,50,60},(*p)[2];
p=a;
```

6. 若有下列定义：

```
char  ch;
```

（1）使指针 p 可以指向变量 ch 的定义语句是________。

（2）使指针 p 指向变量 ch 的赋值语句是________。

（3）通过指针 p 给变量 ch 读入字符的 scanf 函数调用语句是________。

（4）通过指针 p 给变量 ch 赋字符的语句是________。

（5）通过指针 p 输出 ch 中字符的语句是________。

7. 有下列程序段：

```
int a[5]={10,20,30,40,50},*p=&a[1],*s,i,k=0;
```

（1）通过指针 p 给 s 赋值，使其指向最后一个存储单元 a[4]的语句是________。

（2）用以移动指针 s，使之指向中间的存储单元 a[2]的表达式是________。

（3）已知 k=2，指针 s 已指向存储单元 a[2]，表达式*(s+k)的值是________。

（4）指针s已指向存储单元a[2]，不移动指针s，通过s引用存储单元a[3]的表达式是________。
（5）指针s指向存储单元a[2]，p指向存储单元a[0]，表达式s-p的值是________。
（6）若p指向存储单元a[0]，则以下语句的输出结果是________。

```
for(i=0;i<5;i++)
   printf("%d",*(p+i));
printf(" \n");
```

三、程序分析题

1. 阅读下列程序，写出输出结果。

```
main()
{  char  *a[6]={"AB","CD","EF","GH","U","KL"};
   int i;
   for(i=0;i<6;i++)
      printf("%s",a[i]);
   printf("\n");
}
```

2. 阅读下列程序，写出程序的主要功能。

```
main()
{  int i,a[10],*p=&a[9];
   for(i=0;i<10;i++)
      scanf("%d",&a[i]);
   for(;p>=a;p--)
      printf("%d\t",*p);
}
```

3. 设有下列程序，试写出运行的结果。

```
main()
{  int i,b,c,a[]={1,10,-3,-21,7,13},*p_b,*p_c;
   b=c=1;p_b=p_c=a;
   for(i=0;i<6;i++)
   {  if(b<*(a+i))
      {  b=*(a+i);
         p_b=&a[i];
      }
      if(c>*(a+i))
      {  c=*(a+i);
         p_c=&a[i];
      }
   }
   i=*a;
   *a=*p_b;
   *p_b=i;
   i=*(a+5);
   *(a+5)=*p_c;
   *p_c=i;
   printf("%d,%d,%d,%d,%d,%d\n",a[0],a[1],a[2],a[3],a[4],a[5]);
}
```

4. 阅读下列程序，写出程序运行的输出结果。

```
char s[]="ABCD";
main()
```

```
{  char *p;
   for(p=s;p<s+4;p++)
      printf("%s\n",p);
}
```

四、问答题

1. 阅读程序回答问题。

```
void swap(int *a,int *b)
{  int *t;
   t=*a;
   *a=*b;
   b=t;
}
```

（1）此函数的功能是什么？

（2）如果把函数体改为：

```
int *t;
*t=*a;
*a=*b;
*b=*t;
```

是否正确？为什么？

2. 阅读程序回答问题。

```
#define N 30
main()
{  int s[N],m;float aver;
   for(m=0;m<N;m++)
      scanf("%d",&s[m]);
   aver=average(s,m);
   printf("average=%6. 1f\n",aver);
}
float average(int *s,int n)
{  float v;
   int k;
   v=0;
   for(k=0;k<n;k++)
   {  v+=*s;
      s++;
   }
   v/=n;
   return v;
}
```

（1）此程序的功能是什么？

（2）函数 average()中的 s 的作用是什么？

3. 阅读程序回答问题。

```
#define N 30
main()
{  int s[N][4],(*p)[4],m,n;float aver[N];
   p=s;
   for(m=0;m<N;m++)
      for(n=0;n<4;n++)
```

```
        scanf("%d",&s[m]);
    for(m=0;m<N;m++)
    {  aver[m]=average(p,4);
       p++;
    }
    for(m=0;m<N;m++)
    printf("average=%6. 1f\n",aver);
    {  for(n=0;n<4;n++)
          printf ("%4d",&s[m][n]);
       printf("6. 1f\n",aver[m]);
    }
}
float average(int *s,int n)
{  float v;
   int k;
   v=0;
   for(k=0;k<n;k++)
   {  v+=*s;
      s++;
   }
   v/=n;
   return v;
}
```

（1）在main()函数中定义的p是什么指针？作用是什么？

（2）此程序的功能是什么？

五、编程题（要求用指针方法实现）

1. 编写程序，输入15个整数存入一维数组，再按逆序重新存放后再输出。
2. 输入一个一维实型数组，输出其中的最大值、最小值和平均值。
3. 输入一个3×6的二维整型数组，输出其中最大值、最小值及其所在行、列下标。
4. 输入3个字符串，输出其中最大的字符串。
5. 输入两个字符串，将其连接后输出。
6. 比较两个字符串是否相等。
7. 输入一个字符串，存入数据中，然后按相反顺序输出其中的所有字符。
8. 输入3个整数，按从大到小的顺序输出。

第10章 结构体与共用体

本章主要介绍结构体、共用体、枚举类型的定义、使用，链表的定义及对链表的操作。通过本章的学习应掌握结构体和共用体类型数据的定义方法和引用方法，能够用指针和结构体构成链表，掌握单向链表的建立、输出、删除与插入的算法。

一、知识体系

本章的体系结构：

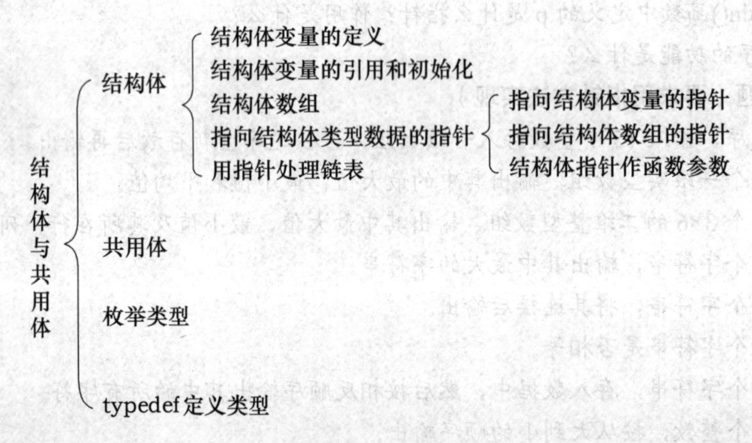

重点：结构体的定义和使用、结构体数组的使用、用指针处理结构体、链表的处理。

难点：用指针处理结构体、链表的处理。

二、复习纲要

10.1 结构体类型及变量的定义

本节介绍了结构体类型及变量定义的方法。

10.1.1 结构体类型的定义

定义一个结构体类型的一般形式为：

```
struct 结构体名
{  类型标识符 成员名 1;
   类型标识符 成员名 2;
   …;
   类型标识符 成员名 n;
};
```

其中，struct 是关键字，“结构体名”和“成员名”都是用户定义的标识符，成员表是由逗号分隔的类型相同的多个成员名。在花括号后的分号是不可少的。

10.1.2　结构体变量的定义

可以采取以下三种方法定义结构体类型变量。

1. 先声明结构体类型再定义变量名

声明一个结构体类型的一般形式为：

```
struct 结构体名
{  成员表列
};
```

对各成员都应进行类型声明，即：

```
类型名　成员名
```

2. 在声明类型的同时定义变量

这种形式的定义的一般形式为：

```
struct 结构体名
{  成员表列
}变量名表列;
```

3. 直接定义结构类型变量

其一般形式为：

```
struct
{  成员表列
}变量名表列;
```

即不出现结构体名。

10.2　结构体变量的引用和初始化

本节介绍了结构体变量的引用方法及初始化。

引用结构体变量中成员的方式为：

```
结构体变量名.成员名
```

和其他类型变量一样，对结构体变量可以在定义时指定初始值。

10.3 结构体数组

本节介绍了结构体数组的定义、初始化及使用。

10.3.1 定义结构体数组

和定义结构体变量的方法相仿，只需说明其为数组即可。

10.3.2 结构体数组的初始化

定义数组时，元素个数可以不指定，即写成以下形式：

```
数组名[]={…},{…},{…};
```

编译时，系统会根据给出初值的结构体常量的个数来确定数组元素的个数。

当然，数组的初始化也可以用以下形式：先声明结构体类型，然后定义数组为该结构体类型，在定义数组时初始化。

从以上可以看到，结构体数组初始化的一般形式是在定义数组的后面加上={初值表列};

10.4 指向结构体类型数据的指针

本节介绍了指向结构体变量的指针、指向结构体数组的指针的定义及使用；介绍了用结构体变量和指向结构体的指针作函数参数时的处理。

10.4.1 指向结构体变量的指针

以下三种形式等价：

（1）结构体变量.成员名。

（2）(*p).成员名。

（3）p->成员名。

10.4.2 指向结构体数组的指针

可以使用指向数组或数组元素的指针和指针变量。同样，对结构体数组及其元素也可以用指针或指针变量来指向。

10.4.3 结构体变量和指向结构体的指针作函数参数

将一个结构体变量的值传递给另一个函数，有三种方法：

（1）用结构体变量的成员作参数。

（2）用结构体变量作实参。

（3）用指向结构体变量（或数组）的指针作实参，将结构体变量（或数组）的地址传给形参。

10.5 用指针处理链表

本节介绍链表的概念、链表的基本操作及实现。介绍了 malloc()函数、calloc()函数和 free()函数的使用。

10.5.1 链表概述

链表是一种常用的重要的数据结构，它是动态地进行存储分配的一种结构。

10.5.2 处理动态链表所需的函数

链表结构采用动态分配存储的形式，即在需要时才开辟一个结点的存储单元。C 语言编译系统的库函数提供了以下有关函数。

1. malloc()函数

其函数原型为：

```
void  * malloc(unsigned int size);
```

其作用是在内存的动态存储区中分配一个长度为 size 的连续空间。此函数的值（即“返回值”）是一个指向分配域起始地址的指针（基类型为 void）。如果此函数未能成功地执行（例如，内存空间不足），则返回空指针（NULL）。

2. calloc()函数

其函数原型为：

```
void  *calloc(unsigned n,unsigned size);
```

其作用是在内存的动态存储区中分配 *n* 个长度为 size 的连续空间。函数返回一个指向分配域起始地址的指针；如果分配不成功，返回 NULL。

用 calloc()函数可以为一维数组开辟动态存储空间，*n* 为数组元素个数，每个元素长度为 size。

3. free()函数

其函数原型为：

```
void free(void*p);
```

其作用是释放由 p 指向的内存区，使这部分内存区能被其他变量使用。p 是调用 calloc()函数或 malloc()函数时返回的值。free()函数无返回值。

以前的 C 版本提供的 malloc()函数和 calloc()函数得到的是指向字符型数据的指针。ANSI C 提供的 malloc()函数和 calloc()函数规定为 void *类型。

10.5.3 链表的基本操作

（1）建立链表：所谓建立链表是指从无到有地建立起一个链表，即一个一个地输入各结点数据，并建立起前后相连接的关系。

（2）输出链表。

（3）对链表的插入。步骤如下：

① 查找插入位置；

② 插入新结点，即新结点与插入点前后的结点连接。

（4）对链表的删除。步骤如下：

① 查找删除结点的位置；

② 删除结点，即将该结点的前一个结点与后一个结点连接。

10.6 共 用 体

本节介绍了共用体的概念、定义的方法及引用。

有时需要使几种不同类型的变量存放到同一段内存单元中。这种使几个不同的变量共占同一段内存的结构，称为“共用体”类型的结构。

定义共用体类型变量的一般形式为：

```
union 共用体名
{  成员表列
}变量表列;
```

结构体变量所占内存长度是各成员占的内存长度之和。每个成员分别占有其自己的内存单元。

10.6.1 共用体变量的引用方式

只有先定义了共用体变量才能引用它。不能引用共用体变量，而只能引用共用体变量中的成员。

10.6.2 共用体类型数据的特点

在使用共用体类型数据时要注意以下一些特点：

（1）同一个内存段可以用来存放几种不同类型的成员，但在每一瞬时只能存放其中一种，而不是同时存放几种。也就是说，每一瞬时只有一个成员起作用，其他的成员不起作用，即不是同时都存在和起作用。

（2）共用体变量中起作用的成员是最后一次存放的成员，在存入一个新成员后原有的成员就失去作用。

（3）共用体变量的地址和它的各成员的地址都是同一地址。

（4）不能对共用体变量名赋值，也不能企图引用变量名来得到一个值，更不能在定义共用体变量时对它初始化。

（5）不能把共用体变量作为函数参数，也不能使函数带回共用体变量，但可以使用指向共用体变量的指针（与结构体变量这种用法相仿）。

（6）共用体类型可以出现在结构体类型定义中，也可以定义共用体数组。反之，结构体也可以出现在共用体类型定义中，数组也可以作为共用体的成员。

共用体与结构体有很多类似之处，但有本质区别。

10.7　枚 举 类 型

本节介绍了枚举体类型的定义及使用。

枚举类型是按照 ANSI C 新标准增加的。

如果一个变量只有几种可能的值，可以定义为枚举类型。所谓“枚举”是指将变量的值一一列举出来，变量的值只限于列举出来的值的范围内。声明枚举类型用 enum 开头。

枚举类型的定义：

```
enum 枚举类型名{枚举值表};
```

在枚举值表中应列举出所有的可能值，这些值称为枚举元素或枚举常量。

说明：

（1）对枚举元素按常量处理，故称枚举常量。它们不是变量，不能对它们赋值。

（2）枚举元素作为常量是有值的，C 语言编译按定义时的顺序使它们的值为 0，1，2，…。

（3）枚举值可以用来做判断比较。

（4）一个整数不能直接赋给一个枚举变量。

10.8　用 typedef 定义类型

本节介绍了用 typedef 定义类型的方法。

可以用 typedef 声明新的类型名来代替已有的类型名。

声明一个新的类型名的方法是：

（1）先按定义变量的方法写出定义体。

（2）将变量名换成新类型名。

（3）在最前面加 typedef。

（4）然后可以用新类型名去定义变量。

习惯上常把用 typedef 声明的类型名用大写字母表示，以便与系统提供的标准类型标识符相区别。

说明：

（1）用 typedef 可以声明各种类型名，但不能用来定义变量。用 typedef 可以声明数组类型、字符串类型，使用比较方便。

（2）用 typedef 只是对已经存在的类型增加一个类型名，而没有创造新的类型。

（3）typedef 与#define 有相似之处，它们二者是不同的。#define 是在预编译时处理的，它只能作简单的字符串替换。而 typedef 是在编译时处理的，它并不是作简单的字符串替换。

（4）当不同源文件中用到同一类型数据（尤其是像数组、指针、结构体、共用体等类型数据）时，常用 typedef 声明一些数据类型，把它们单独放在一个文件中，然后在需要用到它们的文件中，用#include 命令把它们包含进来。

（5）使用 typedef 有利于程序的通用与移植。有时程序会依赖于硬件特性，用 typedef 便于移植。

三、本章常见错误小结

（1）定义结构体类型或共用体类型时，忘记在最后的花括号｝后面加分号。

（2）将一种类型的结构体变量对另一种类型的结构体变量进行赋值。

（3）对两个结构体或共用体进行比较。

（4）将结构体指向运算符的两个组成-和>之间插入空格或写成→。

（5）直接使用结构体的成员变量名访问结构体成员。

（6）使用指向运算符访问结构体变量的成员。

四、实验环节

实验　结构体与共用体

【实验目的和要求】

1. 掌握结构体类型、结构体变量、结构体数组和结构体指针的定义与使用。
2. 理解共用体的结构特征，掌握其定义和使用方法。
3. 了解枚举类型和自定义类型。

【实验内容】

1. 分析题

（1）分析程序，写出程序的运行结果。

```
#include<stdio.h>
main()
{  struct cmplx
   {  int x;
      int y;
   }
   cnum[2]={1,3,2,7};
   printf("% d\n",cnum[0].X*cunm[1].x);
}
```

（2）分析程序的运行结果，掌握“->”和“*”运算符的优先级及++在前在后的含义。

```
#include<stdio.h>
struct x
{  int a;
   char *b;
}*p;
char y0[]="Li",y1[]="Wang";
struct x xw[]={{1,y0},{4,y1}};
main()
{  p=xw;
   printf("%c",++*p->b);
   printf("%d",(*p).a);
   printf("%d",++p->a);
   printf("%d",(++p)->a);
   printf("%c\n",*(p++)->b);
 }
```

（3）分析下面程序的输出结果，并验证分析结果是否正确。

```
#include"stdio.h"
struct dc
{  char first;
   char second;
};
union data
{  int i;
   struct dc d;
};
main()
{  union data  number;
   number.i=0x4241;
   printf("%c%c\n",number.d.first,number.d.second);
   number.d.first='a';
   number.d.second='b';
   printf("%x\n",number.i);
}
```

2. 填空题

（1）请完成程序。该程序计算 4 位学生的平均成绩，保存在结构体中，然后列表输出这些学生的信息。

```
#include<stdio.h>
struct STUDENT
{  char name[16];
   int math;
   int english;
   int computer;
   int average;
};
void GetAverage(struct STUDENT *pst)    /*计算平均成绩*/
{  int sum=0;
   sum=________;
   pst->average=sum/3;
}
void main()
{  int i;
   struct STUDENT st[4]={{"Jessica",98,95,90},{"Mike",80,80,90},
                         {"Linda",87,76,70},{"Peter",90,100,99}};
   for(i=0;i<4;i++)
   {  GetAverage(________);
   }
   printf("Name\tMath\tEnglish\tCompu\tAverage\n");
   for(i=0;i<4;i++)
   { printf("%s\t%d\t%d\t%d\t%d\n",st[i].name,st[i].math,st[i].english,
     st[i].computer,st[i].average);
   }
}
```

（2）以下函数 creat 用来建立一个带头结点的单向链表，新产生的结点总是插在链表的末尾，单向链表的头指针作为函数值返回。请填空。

```
#include"stdio.h"
struct list
{  char data;
   struct list  *next;
};
struct  list  *creat()
{  struct list *h,*p,*q;
   char ch;
   h=(_______) malloc(sizeof (struct list));
   p=q=h;
   ch=getchar();
   while(ch!='?')
   {  p=(_______) malloc(sizeof (struct list));
      p->data=ch;
      _______;
      q=p;
      ch=getchar();
   }
   p->next='\0';
   return  h ;
}
```

3. 编程题

（1）定义一个结构体变量（包括年、月、日）。计算该日在本年中是第几天，注意闰年问题。

（2）试利用结构体类型编制一程序，实现输入一个学生的数学期中和期末成绩，然后计算并输出其平均成绩。

（3）试利用指向结构体的指针编制一程序，实现输入3个学生的学号、数学期中和期末成绩，然后计算其平均成绩并输出成绩表。

4. 综合实验

学生成绩管理系统 V5.0

某班不超过50人（具体人数由键盘输入）参加7门课的考试，此系统能把用户输入的数据存入结构体数组，编写实现如下菜单功能的学生成绩管理系统。

①录入每个学生的学号、姓名和考试成绩；

②计算每门成绩的总分和平均分；

③求每个人的总分和平均分；

④按每人平均成绩由高到低排名次输出；

⑤按学号由小到大输出成绩表；

⑥按姓名的字典顺序输出成绩表；

⑦按学号查询学生排名及考试成绩；

⑧按姓名查询学生排名及考试成绩；

⑨按优秀(90～100)、良好(80～89)、中等(70～79)、及格(60～69)、不及格(0～59)五个段统计每段的百分比；

⑩输出每个学生的学号、成绩、排名、每门课的课程总分、平均分。

五、测试练习

习　题　10

一、选择题

1. 若有如下说明，则下列叙述正确的是（　　）（已知 int 类型占两个字节）。

```
struct s
{  int m;
   int n[2];
}m;
```

A. 结构体变量 m 与结构体成员 m 同名，定义是非法的

B. 程序只在执行到该定义时才为结构体 s 分配存储单元

C. 程序运行时为结构体 s 分配 6 字节存储单元

D. 类型名 struct s 可以通过 extern 关键字提前引用（引用在前，说明在后）

2. 若有以下结构体定义：

```
struct example
{  int x;
   int y;
}v1;
```

则下列引用或定义正确的是（　　）。

A. example.x=10　　B. example v2.x=10;

C. struct v2;v2.x=10;　　D. struct example v2={10};

3. 设有以下说明和定义：

```
typedef union
{  long i;
   int k[5];
   char e;
}DATE;
struct date
{  int cat;
   DATE cow;
   double dog;
}too;
DATE max;
```

则下列语句的执行结果是（　　）。

```
printf("%d",sizeof(struct date)+sizeof(max));
```

A. 26　　B. 30　　C. 18　　D. 8

4. 设有下列定义语句：

```
enum team{my,your=4,his,her=his+10};
printf("%d,%d,%d,%d\n",my,your,his,her);
```

其输出是（　　）。

A. 0,1,2,3　　B. 0,4,0,10　　C. 0,4,5,15　　D. 1,4,5,15

5. 根据下述定义，可以输出字符'A'的语句是（　　）。

```
struct person
{  char name[11];
   struct
   {  char narne[11];
      int age;
   }other[10];
};
struct person man[10]={{ "jone",{"Paul",20}},{"Paul",{"Mary",18}},
            {"Mary",{"Adam",23}},{"Adam",{"Jone",22}}};
```

A. `printf("%c",man[2].other[0].name[0]);`

B. `printf("%c",other[0].name[0]);`

C. `printf("%c",man[2].(*other[0]));`

D. `printf("%c",man[3].name);`

6. 已知形成链表的存储结构如下图所示，则下述类型描述中的空白处应填（　　）。

data	next

```
struct link
{  char data;
   _______;
}node;
```

A. `struct link next;`　　B. `link *next;`

C. `struct next link;`　　D. `struct link *next;`

7. 设有以下说明，则下面叙述不正确的是（　　）。

```
union data
{  int i;
   char c;
   float f;
}a;
```

A. a 所占的内存长度等于成员 f 的长度

B. a 的地址和它的各成员的地址都是同一地址

C. a 可以作为函数参数

D. 不能对 a 赋值，但可以在定义 a 时对它初始化

8. 若有以下定义，则选项中的语句正确的是（　　）。

```
union data
{  int i;
   char c;
   float f;
}a;
int n;
```

A. `s=5`　　B. `a={2,'a',1. 2}`

C. `printf("%d\n",a)`　　D. `n=a`

9. 设有定义语句：

```
struct
{  int x;
   int y;
```

```
}d[2]={{1,3},{2,7}};
printf("%d\n",d[0].y/d[0].x*d[1].x);
```

其输出是（　　）。

A. 0　　B. 1　　C. 3　　D. 6

10. 根据下面的定义，能打印出字母 M 的语句是（　　）。

```
struct person
{  char name[9];
   int age;
};
struct person class[10]={"John",15,"Paul",19,"Mary ",18,"Adam ",16};
```

A. `printf("%c\n",class[3].name)`

B. `printf("%c\n",class[3].name[1]);`

C. `printf("%c\n",class[2].name[1]);`

D. `printf("%c\n)",class[2].name[0]);`

11. 若有以下的说明：

```
struct person
{  char name[20];
   int age;
   char sex;
}a={"Li ning",20,'m'},*p=&a;
```

则对字符串"Li ning"的引用方式不可以是（　　）。

A. (*p).name　　B. p.name　　C. A. name　　D. p－>name

二、填空题

1. 把程序补充完整，完成链表的输出功能。

```
void print(head)
struct student  *head;
{  struct student *p;
   p=head;
   if(  (1)  )
      do
      {  printf("%d,%f\n",p->num,p->score);
         p=p->next;
      }
      while(  (2)  );
}
```

2. 把程序补充完整，该程序的功能是删除链表中的指定结点。

```
struct student*del(head,num)
struct  student  *head;
int num;
{  struct student  *pl,*p2;
   if(head==NULL)
   {  printf("\nlist null!\n");
      goto end:
   }
   pl=head;
   while(num!=pl->num&&pl->next!=NULL)
   {  p2=pl;
```

```
        pl=pl->next;
    }
    if( __(1)__ )
    {  if(pl==head)
           head=pl->next;
       else  __(2)__
           printf("delete:%d\n",num);
    }
    else printf("%d not been found !\n",num);
    end:
    return(head);
}
```

3. 以下min()函数的功能是：查找带有头结点的单向链表，将结点数据域的最小值作为函数值返回。补足所缺语句。

```
stuct node{int data;stuct nodc  *next;};
int min(struct node *first)
{  struct node  *p;
   int m;
   p=first;
   m=p->data;
   for(p=p->next;p!='\0';p= __(1)__ )
      if( __(2)__ )
         m=p->data;
   return m;
}
```

4. 以下函数creat()用来建立一个带头结点的单向链表，新产生的结点总是插在链表的末尾，单向链表的头指针作为函数值返回。请填空。

```
#include<stdio.h>
struct list
{  char data;
   struct  list  *next;
};
struct list  *creat()
{  struct list  *h,*p*q;
   h=( __(1)__ ) malloc(sizeof(struclist));
   p=q=h;
   ch=getchar();
   while(ch!='?')
   {  p=( __(2)__ ) malloc(sizeof(struclist));
      p->data=ch;
      q->next=p;
      q=p;
      ch=getchar();
   }
   p->next='\0';
   __(3)__ ;
}
```

5. 完成求指针P所指向的线性链表长度的函数len()。

```
#define NULL 0
struct link
{  int a;
```

```
    struct link  *next;
};
len(struct list *P)
{  int n=0;
   while(p!=NULL)
   {  __(1)__;
      __(2)__;
   }
   return n;
}
```

6. 函数 insert()用于完成在具有头结点的降序单链表中插入值为 x 的结点（如果 x 存在，则不插入）。

```
struct link
{  int data;
   struct link  *next;
};
struct link search(struct  link  *head,int x)
{  struct link  *p,*q;
   p=head->next;
   q=head;
   while(__(1)__)
   {  q=p;
      p=__(2)__;
   }
   return(q);
}
int insert(struct link *h,int x)
{  struct link *q,*s,*p;
   q=searh(h,x);
   if(__(3)__)
   {  s=(struct link*)malloc(sizeof(struct link));
      s->data=x;
      __(4)__;
      __(5)__;
   }
}
```

三、分析程序题

1. 分析程序，给出程序的运行结果。

```
#include<stdio.h>
union un
{  int i;
   char c[2];
};
void main()
{  union un x;
   x.c[0]=10;
   x.c[1]=1;
   printf("\n%d",x.i);
}
```

2. 分析程序，给出程序的运行结果。

```
#include<stdio.h>
```

```
void main()
{  struct st
   {  int x;
      unsigned a:2;
      unsigned b:2;
   };
   printf("\n%d",sizeof(struct st));
}
```

3. 分析程序，给出程序的运行结果。

```
union un
{  int i;
   double y;
};
struct st
{  char a[10];
   union un b;
};
main()
{  printf("%d",sizeof(struct st));
}
```

4. 分析程序，给出程序的运行结果。

```
#include<stdio.h>
#include<string.h>
main()
{  char *p1="abc",*p2="ABC',str[50]="xyz";
   strcpy(str+2,strcat(p1,p2));
   printf("%s\n",str);
}
```

5. 分析程序，给出程序的运行结果。

```
typedef union
{  long x[2];
   int y[4];
   char z[8];
}MYTYPE;
MYTYPE them;
main()
{  printf("%d\n",sizeof(them));}
```

6. 分析程序，给出程序的运行结果。

```
#include<stdio.h>
union p
{  int i;
   char c[2];
}x;
main()
{  x.c[0]=13;
   x.c[1]=0;
   printf("%d\n",x.i);
}
```

7. 分析程序，给出程序的运行结果。

```
#include<stdio.h>
main()
{  struct date
   { int year,month,day;
   }today;
   union
   {  long i;
      int k;
      char j;
   }maix;
   printf("%d\n",sizeof(struct date));
   printf("%d\n",sizeof(maix));
}
```

8. 分析程序，给出程序的运行结果。

```
main()
{  union u
   {  char *name;
      int age;
      int income;
   }s;
   s.name="WANGLING";
   s.age=28;
   s.income=1000;
   printf("%d\n",s.age);
}
```

9. 分析程序，给出程序的运行结果。

```
main()
{  enum em{em1=3,em2=1,em3};
   char *aa[3]={"aa","BB","CC"};
   printf("%s%s%s\n",aa[em1],aa[em2],aa[em3]);
}
```

10. 分析程序，给出程序的运行结果。

```
main()
{  struct student
   {  char name[10];
      float k1;
      float k2;
   }a[2]={{"zhang",100,70},{"wang",70,80}},*p=a;
   int i;
   printf("\n name:%s total=%f",p->name,p->k1+p->k2);
   printf("\n name:%s total=%f\n",a[1].name,a[1].k1+a[1].k2);
}
```

11. 分析程序，给出程序的运行结果。

```
main()
{  union
   {  char c;
      char i[4];
   }z;
   z.i[0]=0x39;
   z.i[1]=0x35;
   printf("%c\n",z.c);
```

```
}
```

12. 分析程序，给出程序的运行结果。

```
#include<stdio.h>
union
{  short int i;
   char c[2];
}a;
void main()
{  a.c[0]='A';
   a.c[1]='a';
   printf("a.i=%d\n",a.i);
   printf("a.c[0]=%c\n",a.c[0]);
   printf("a.c[1]=%c\n",a.c[1]);
}
```

13. 分析程序，给出程序的运行结果。

```
#include<stdio.h>
main()
{  union{int i[2];long k;}r,*s=&r;
   s->i[0]=0x39;
   s->i[1]=0x38;
   printf("%lx\n",s->k);
}
```

14. 分析程序，给出程序的运行结果。

```
#include<stdio.h>
main()
{  struct example
   {  union{int x; int y;}in;
      int a;int b;
   }e;
   e.a=1;e.b=2;
   e.in.x=e.a*e.b;
   e.in.y=e.a+e.b;
   printf("%d,%d",e.in.x,e.in.y);
}
```

四、编程题

1. 有 10 个学生，每个学生的数据包括学号、姓名、3 门课的成绩，从键盘上输入 10 个学生数据，要求打印出 3 门课总平均成绩，以及最高分的学生的数据（包括学号、姓名、3 门课成绩、平均分数）。

2. 已建立学生“英语”课程的成绩链表（成绩存于 score 域中，学号存于 num 域中），编写函数用于查询某个学生的成绩并输出。

3. 编写一个函数用于在结点类型为 ltab 的非空链表中插入一个结点（由形参指针变量 p0 指向），链表按照结点数据成员 no 的升序排列。

4. 已知 head 指向一个带头结点的单向链表，链表中每个结点包含数据区域（data）和指针域（next），数据域为整型。请分别编写函数，在链表中查找数据域值最大的结点。

第 11 章 位运算

C 语言既具有高级语言的特点，又具有低级语言的功能，因而具有广泛的用途和很强的生存力。本章介绍了位运算及位段的使用。通过本章学习应了解位运算符的含义及使用方法；能够进行简单的位运算；了解位段的概念和使用方法。

一、知识体系

本章的体系结构：

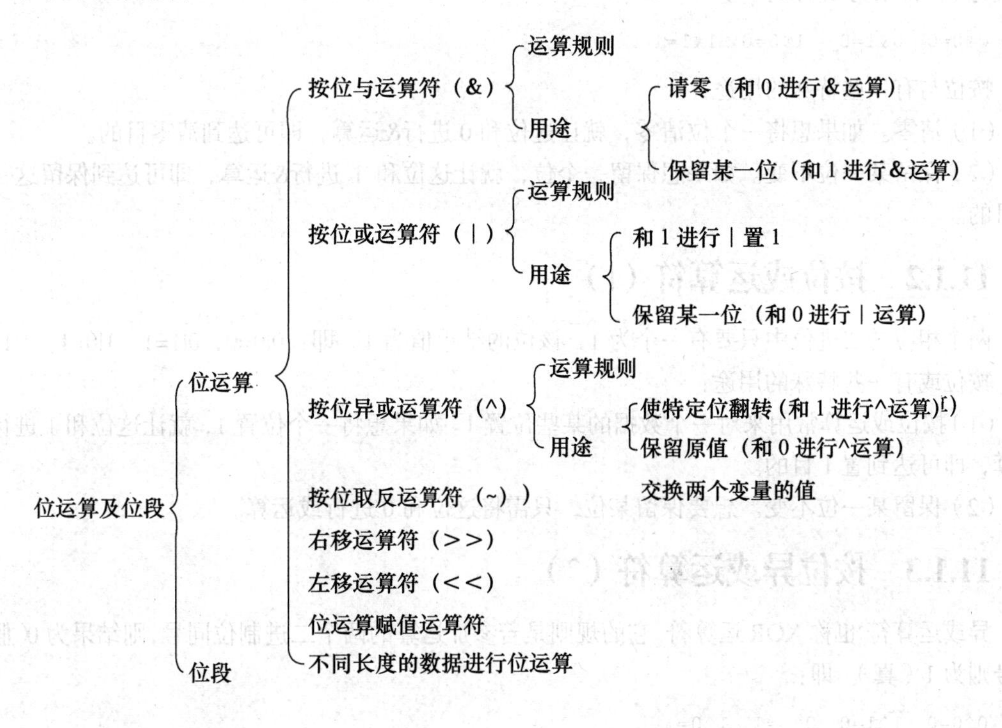

重点：位运算及使用。

二、复习纲要

11.1 位运算符与位运算

本节主要介绍了各种位运算的运算规则与用途。

所谓位运算是指进行二进制位的运算。在系统软件中，常要处理二进制位的问题。C 语言提供如表 11-1 所列出的位运算符。

表 11-1 位运算符及含义

<table>
<tr><th>运 算 符</th><th>含 义</th><th>运 算 符</th><th>含 义</th></tr>
<tr><td>&</td><td>按位与</td><td>~</td><td>取反</td></tr>
<tr><td>|</td><td>按位或</td><td><<</td><td>左移</td></tr>
<tr><td>^</td><td>按位异或</td><td>>></td><td>右移</td></tr>
</table>

11.1.1 按位与运算符（&）

参加运算的两个数据，按二进制位进行“与”运算。如果两个相应的二进制位都为 1，则结果值为 1，否则为 0。即：

```
0&0=0  0&1=0   1&0=0  1&1=1
```

按位与有一些特殊的用途：

（1）清零。如果想将一个位清零，就让这位和 0 进行&运算，即可达到清零目的。

（2）保留某一位不变。如果想保留一个位，就让这位和 1 进行&运算，即可达到保留这一位的目的。

11.1.2 按位或运算符（|）

两个相应的二进位中只要有一个为 1，该位的结果值为 1。即：0|0=0，0|1=1，1|0=1，1|1=1。

按位或有一些特殊的用途：

（1）按位或运算常用来对一个数据的某些位置 1。如果想将一个位置 1，就让这位和 1 进行或运算，即可达到置 1 目的。

（2）保留某一位不变。想要保留某位，只需将这位和 0 进行或运算。

11.1.3 按位异或运算符（^）

异或运算符^也称 XOR 运算符。它的规则是若参加运算的两个二进制位同号，则结果为 0（假）；异号则为 1（真）。即：

```
0^0=0  1^1=0  0^1=1  1^0=1
```

^运算符的应用：

（1）使特定位翻转，和 1 进行^运算。

（2）与 0 异或，保留原值。

（3）交换两个变量的值，不用临时变量。

11.1.4 按位取反运算符（~）

~是一个单目（元）运算符，用来对一个二进制数按位取反，即将 0 变 1，1 变 0。

~运算符的优先级别比算术运算符、关系运算符、逻辑运算符和其他位运算符都高。

11.1.5 左移运算符（<<）

用来将一个数的各二进位全部左移若干位。

左移 1 位相当于该数乘以 2，左移 2 位相当于该数乘以 2^2=4。

11.1.6 右移运算符（>>）

右移一位相当于除以 2，右移 n 位相当于除以 2^n。

在右移时，需要注意符号位问题。对无符号数，右移时左边高位移入 0；对于有符号数，如果原来符号位为 0（该数为正），则左边也是移入 0，如果符号位原来为 1（即负数），则左边移入 0 还是 1，要取决于所用的计算机系统。有的系统移入 0，有的移入 1。移入 0 的称为“逻辑右移”，即简单右移。移入 1 的称为“算术右移”。

11.1.7 位运算赋值运算符

位运算符与赋值运算符可以组成复合赋值运算符。

11.1.8 不同长度的数据进行位运算

如果两个数据长度不同（例如，long 型和 int 型）进行位运算时（如 a&b，而 a 为 long 型，b 为 int 型），系统会将二者按右端对齐。如果 b 为正数，则左侧 16 位补满 0；若 b 为负数，左端应补满 1。如果 b 为无符号整数型，则左侧添满 0。

11.2 位 段

本节主要介绍了各种位段的概念、定义和引用及使用时的注意事项。

C 语言允许在一个结构体中以位为单位来指定其成员所占的内存长度，这种以位为单位的成员称为“位段”或“位域”(bit field)。利用位段能够用较少的位数存储数据。

三、实验环节

实验 位 运 算

【实验目的和要求】

1. 掌握位运算符的含义及使用。
2. 学会简单的位运算操作。

【实验内容】

1. 分析题

（1）分析下面程序的运行结果。

```
main()
{   unsigned a=0112,x,y,z;
    x=a>>3;
    printf("%o\n",x);
    y=~(~0<<4);
    printf("%o\n",y);
    z=x&y;
    printf("%o\n",z);
}
```

（2）分析下面程序的运行结果。

```
main()
{   char a=0x95,b,c;
    b=(a&0xf)<<4;
    c=(a&0xf0)>>4;
    a=b|c;
    printf("%x\n",a);
}
```

（3）分析下面程序的运行结果。

```
main()
{  unsigned char a,b;
   a=0x1b;
   printf("0x%x\n",b=a<<2);
}
```

（4）输入下面程序，运行该程序并对结果进行分析。

```
main()
{  short char a=0234;
   char c='A';
   printf("1:%o\n",a<<2);
   printf("2: %o\n",a>>2);
   printf("3: %o\n",c<<3);
   printf("4: %o\n",c>>3);
   printf("5: %o\n", (a<<1)+8);
   printf("6: %o\n", (a>>1)-8);
}
```

（5）分析下面程序的运行结果。

```
main()
{   unsigned short  a=0123,x,y;
    x=a>>8;
    printf("%0,",x);
    y=(a<<8)>>8;
    printf("%o\n",y);
}
```

2. 编程题

（1）编一个程序，检查一下自己所用的计算机系统的 C 编译在执行右移时，是遵循逻辑位移的原则还是算术右移原则？如果是逻辑右移，请编一函数实现算术右移；如果是算术右移，请编写一函数以实现逻辑右移。

(2) 编一个程序，输入一个八进制短整型数据，将其低位字节清零后输出。

四、测试练习

习 题 11

一、选择题

1. 若有以下程序段:

```
int a=3,b=4;
a=a^b;
b=b^a;
a=a^b;
```

则执行以上语句后，a 和 b 的值分别是（　　）。

A. a=3,b=4　　B. a=4,b=3　　C. a=4,b=4　　D. a=3,b=3

2. 若 x=10010111，则表达式(3+(int)(x))&(~3)的运算结果是（　　）。

A. 10011000　　B. 10001100　　C. 10101000　　D. 10110000

3. 若有下面的说明和语句，则输出结果为（　　）。

```
char  a=9,b=020;
printf("%o\n",~a&b<<1);
```

A. 0377　　B. 040　　C. 32　　D. 以上答案均不正确

4. 下面程序的输出结果是（　　）。

```
main()
{  unsigned int a=3,b=10;
   printf("%d\n",a<<2| b>>1);
}
```

A. 1　　B. 5　　C. 12　　D. 13

5. 请读程序片段:

```
char x=56;
x=x&056;
printf("%D. %o\n",x,x);
```

以上程序片段的输出结果是（　　）。

A. 56,70　　B. 0,0　　C. 40,50　　D. 62,76

6. 若 x=2，y=3 则 x&y 的结果是（　　）。

A. 0　　B. 2　　C. 3　　D. 5

7. 在执行完以下 C 语句后，B 的值是（　　）。

```
char z='A';
int b;
b=((241&15)&&(z|'a'));
```

A. 0　　B. 1　　C. TRUE　　D. FALSE

8. 表达式 a<b||~c&d 的运算顺序是（　　）。

A. ~，&，<，||　　B. ~，&，||，<

C. ~，||，&，<　　D. ~，<，&，||

9. 以下叙述中不正确的是（　　）。

A. 表达式 a&=b 等价于 a=a&b　　B. 表达式 a|=b 等价于 a=a|b

C. 表达式 a!=b 等价于 a=a!b　　D. 表达式 a^=b 等价于 a=a^b

10. 表达式 0x13&0x17 的值是（　　）。

A. 0x17　　B. 0x13　　C. 0xf8　　D. 0xec

11. 在位运算中，操作数每右移一位，其结果相当于（　　）。

A. 操作数乘以 2　　B. 操作数除以 2

C. 操作数除以 4　　D. 操作数乘以 4

12. 在位运算中，操作数每左移一位，其结果相当于（　　）。

A. 操作数乘以 2　　B. 操作数除以 2

C. 操作数除以 4　　D. 操作数乘以 4

13. 交换两个变量的值，应该使用下列位运算中的（　　）。

A. ~　　B. &　　C. ^　　D. |

14. 以下程序的输出结果是（　　）。

```
main()
{  char   x=040;
   printf("%d\n",x<<1);
}
```

A. 100　　B. 160　　C. 120　　D. 64

15. 以下程序的输出结果是（　　）。

```
main()
{  int  a=5,b=6,c=7,d=8,m=2,n=2;
   printf("%d\n", (m=a>b)&(n=c>d));
}
```

A. 0　　B. 1　　C. 2　　D. 3

16. 以下程序段中，C 的二进制值是（　　）。

```
main()
{  char  a=3, b=6,c;
   c=a^ b<<2;
}
```

A. 00011011　　B. 00010100　　C. 00011100　　D. 00011000

17. 以下程序的输出结果是（　　）。

```
main()
{  int x=35;  char  z='A';
   printf("%d\n",(x&15)&&(z<'a'));
}
```

A. 0　　B. 1　　C. 2　　D. 3

18. 请读程序：

```
struct bit
```

```
{    unsigned a:2;
     unsigned b:2;
     unsigned c:1;
     unsigned d:1;
     unsigned e:2;
     unsigned word:8;
};
main()
{
  struct bit *p;
  unsigned int modeword;
  printf("Enter the mode word(HEX): ");
  scanf("%x",&modeword);
  p=(struct bit*)&modeword;
  printf("\n");
  printf("a:% d\n",p->a);
  printf("b:% d\n",p->b);
  printf("c:% d\n",p->c);
  printf("d:% d\n",p->d);
  printf("e:% d\n",p->e);
}
```

若运行时从键盘输入：96<回车>

则以上程序的运行结果是_____。

A. a:1 b:2 c:0 d:1 e:2

B. a:2 b:1 c:0 d:1 e:2

C. a:2 b:1 c:1 d:0 e:2

D. a:1 b:1 c:2 d:0 e:1

19. 设有以下说明：

```
struct packed
{  unsigned one:1;
   unsigned two:2;
   unsigned three:3;
   unsigned four:4;
}data;
```

则以下位段数据的引用中，不能得到正确数值的是_____。

A. data.one=4　　B. data.two=3

C. data.thtee=2　　D. data.four=1

20. 设位段的空间分配由右到左，则以下程序的运行结果是_____。

```
struct packed_bit
 {  unsigned a:2;
    unsigned b:3;
    unsigned c:4;
    int l;
}data;
main()
{  data.a=8;data.b=2;
   printf("%d\n",data.a+data.b);
}
```

A. 语法错　　　B. 2　　　C. 5　　　D. 10

二、填空题

1. 以下函数的功能是计算所用计算机中 int 型数据的字长（即二进制位）的位数。（注：不同类型计算机上 int 型数据所分配的长度是不同的，该函数有可移植性）。请在横线处填入正确内容。

```
wordlength()
{  int i;
   unsigned int v=__(1)__;              /*将 int 型单元各二进制位置 1*/
   for(i=1;(v=v>>1)>0;i++);              /*计算 int 单元中的位数*/
      return(__(2)__);
}
```

2. 请读以下函数：

```
getbits(unsigned x,unsigned p,unsigned n)
{  x=((x<<(p+1-n))&~((unsigned)~0>>n));
   return(x);
}
```

假设机器的无符号整数字长为 16 位。若调用此函数时 x=0115032，p=7，n=4，则函数返回值的八进制数是________。

3. 设有 char a,b;若要通过 a&b 运算屏蔽掉 a 中的其他位，只保留第 2 和第 8 位（右起为第 1 位），则 b 的二进制数是________。

4. 测试 char 型变量 a 第 6 位是否为 1 的表达式是________（设最右位是第 1 位）。

5. 设二进制数 x 的值是 11001101，若想通过 x&y 运算使 x 中的低 4 位不变，高 4 位清零，则 y 的二进制数是________。

6. 请阅读程序片段：

```
unsigned a=16;
printf("%d,,%d,%d\n",a>>2,a=a>>2,a);
```

以上程序片段的输出结果是________。

7. 若 x=0123，则表达式 5+(int)(x)&(~2)的值是________。

8. 设 x=10100011，若要通过 x^y 使 x 的高 4 位取反，低 4 位不变，则 y 的二进制数是____。

9. 与表达式 a&=b 等价的另一书写形式是________。

10. 与表达式 x^=y-2 等价的另一书写形式是________。

11. 下面程序的功能是实现左右循环移位，当输入位移的位数是一正整数时，循环右移；输入一负整数时，循环左移。请在横线处填入正确内容。

```
main()
{  unsigned a;
   int n;
   printf("请输入一个八进制数:");
   scanf("%o",&a);
   printf("请输入位移的位数: ");
   scanf("%d",&n);
   if__(1)__
   {  moveringht(a,n);
      printf("循环右移的结果为:%o\n",moveright(a,n));
```

```
    }
    else
    {  (2) ;
       moveleft(a,n);
       printf ("循环左移的结果为:%o\n",moveleft(a,n));
    }
}
moveright(unsigned value,int n)
{  unsigned z;
   z=(value>>n)|(value<<(16-n));
   return(z);
}
moveletf(unsigned value,int n)
{  unsigned z;
    (3) ;
   return(z);
}
```

12. 能将两字节变量x的高8位置全1，低字节保持不变的表达式是________。

13. a为任意整数，能将变量a中的各二进制位均置成1的表达式是________。

14. a为任意整数，能将变量a清零的表达式是________。

15. 运用位运算，能将八进制数012500除以4，然后赋给变量a的表达式是________。

三、分析程序题

1. 下列程序的运行结果是________。

```
main()
{  int x,y,z;
   x=2,y=3,z=0;
   printf("%d\n",x=x&&y||z);
   printf("%d\n",x||!y&&z);
   x=y=1;
   z=x++-1;
   printf("%d%d\n",x,z);
}
```

2. 下列程序的运行结果是________。

```
main()
{  unsigned  a=0112,x,y,z;
   x=a>>3;
   printf("x=%o,",x);
   y=~(~0<<4);
   printf("y=%o,",y);
   z=x&y;
   printf("z=%o\n",z);
}
```

3. 下列程序的运行结果是________。

```
main()
{ int x,y,z;
  x=y=z=2;
  ++x||++y&&++z;
  printf("%d %d %d\n",x,y,z);
  x=y=z=2;
  ++x&&++y||++z;
```

```
    printf("%d %d %d\n",x,y,z);
    x=y=z=2;
    ++x&&++y&&++z;
    printf("%d %d %d\n",x,y,z);
}
```

4. 下列程序的运行结果是________。

```
main()
{   char a=0x95,b,c;
    b=(a&0xf)<<4;
    c=(a&0xf0)>>4;
    a=b|c;
    printf("%x\n",a);
}
```

5. 下列程序的运行结果是________。

```
main()
{   char a=-8;
    unsigned char b=248;
    printf("%d,%d",a>>2,b<<2);
}
```

6. 下列程序的运行结果是________。

```
main()
{   unsigned char a,b;
    a=0x1b;
    printf("0x%x\n",b=a<<2);
}
```

7. 下列程序的运行结果是________。

```
main()
{   unsigned a,b;
    a=0x9a;
    b=~a;
    printf("a=%x\nb=%x\n",a,b);
}
```

四、编程题

1. 编写一个函数 getbit()，从一个 16 位的单元中取出某几位（即该几位保留原值，其余位为 0）。函数调用形式为 getbits(value,n1,n2)。value 为该 16 位（两个字节）中的数据值，n1 为欲取出的起始位，n2 为欲取出的结束位。如：八进制 101675 这个数，取出它的从左面起第 5 位到第 8 位。

2. 写一函数，对一个 16 位的二进制数取出它的奇数位（即从左边起第 1、3、5、…、15 位）。

3. 编一程序，在执行右移时，检查一下自己所用的计算机系统的 C 编译是遵循逻辑右移的原则还是算术右移原则？如果是逻辑右移，请编写一函数实现算术右移；如果是算术右移，请编写一函数以实现逻辑右移。

4. 编一函数用来实现左右循环移位。函数名为 move，调用方法为 move(value,n)，其中 value 为要循环位移的数，*n* 为位移的位数。如 *n*<0 表示为左移；*n*>0 为右移。如 *n*=4，表示要右移 4 位；*n*=-4，表示要左移 4 位。

第 12 章 文　件

本章主要介绍C语言文件的概念，及C语言文件的建立和使用。通过本章的学习，应了解C语言文件的概念，熟练掌握C语言文件操作函数及读写函数，掌握C语言文件的建立和使用。

一、知识体系

本章的体系结构：

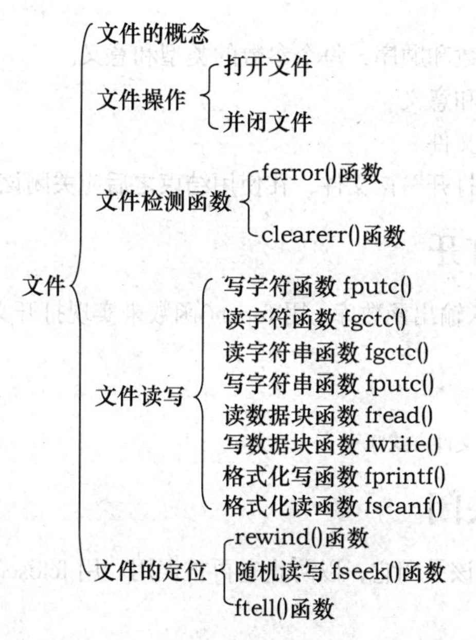

重点：C语言文件的建立和使用，C语言文件操作函数及读写函数的使用。

难点：C语言文件操作函数及读写函数的使用。

二、复习纲要

12.1　文件的概念

本节介绍了文件的概念、文件中数据的组织形式、文件指针的概念及定义方法。

文件一般指存储在外部介质上的一组相关数据的集合。

（1）C语言中文件不是由记录组成，而被看作是一个字符（字节）的序列，称为流文件。

（2）文件根据数据的组织形式，可分为ASCII文件和二进制文件。

（3）C语言对文件的处理方法有缓冲文件系统和非缓冲文件系统。ANSI C标准采用缓冲文件系统。

（4）缓冲文件系统是靠“文件指针”与相应文件建立联系的。如果有 *n* 个文件，一般应设 *n* 个文件指针变量，使它们分别指向 *n* 个文件，以实现对文件的访问。

（5）文件指针的定义形式为：

```
FILE  *文件指针变量;
```

12.2 文件操作函数

本节介绍了fopen()函数及fclose()函数的使用及注意事项，并对打开方式做了详细介绍。

C语言对文件的操作由库函数来实现，在使用系统提供的标准库函数时，根据库函数的概念，必须要了解以下四个方面，并灵活运用。

（1）函数的功能。

（2）函数形式参数的个数和顺序，每个参数的类型和意义。

（3）函数返回值的类型和意义。

（4）函数原型所在的头文件。

对文件读写之前应该“打开”该文件，在使用结束之后应关闭该文件。

12.2.1 文件的打开

ANSI C规定了标准输入输出函数库，用fopen()函数来实现打开文件。fopen()函数的调用方式通常为：

```
FILE  *fp;
fp=fopen("文件名","使用文件方式");
```

12.2.2 文件的关闭

在使用完一个文件后应该关闭它，以防止它再被误用。用fclose()函数关闭文件。fclose()函数调用的一般形式为：

```
fclose(文件指针);
```

fclose()函数也带回一个值，当顺利地执行了关闭操作，则返回值为0；否则返回EOF。EOF是在stdio.h文件中定义的符号常量，值为1。

12.3 文件检测函数

（1）文件结束检测函数一般形式为：

```
feof(文件指针)
```

此函数用来判断文件是否结束，如果文件结束，返回值为 1，否则为 0。

（2）读写文件出错检测函数的一般调用形式为：

```
ferror(文件指针)
```

如果返回值为 0，表示未出错，如果返回一个非零值，表示出错。

在执行 fopen()函数时，ferror()函数的初始值自动置为 0。

（3）清除文件错误标志和文件结束标志置 0 的函数的一般调用形式为：

```
clearerr(文件指针)
```

此函数用于清除出错标志和文件结束标志，使 feof 和 clearerr 的值变成 0。

（4）流式文件中的当前位置检测函数的一般调用形式为：

```
ftell(文件指针)
```

ftell()函数的作用是得到流式文件中的当前位置，用相对于文件开头的位移量来表示。如果 ftell()函数返回值为 1L，表示出错。例如：

```
k=ftell(fp);
if(k==1L)
   printf("error\n");
```

变量 k 存放当前位置，如调用函数出错（如不存在此文件），则输出"error"。

12.4　常用的读写函数

文件打开后，就可以对它进行读写了。文件的读写包括字符读写、数据读写、格式化读写、字读写和字符串读写等，它们都是通过函数来实现的。本节对常用的读写作了详细介绍。

12.4.1　读写字符函数

1. 写字符函数 fputc()

把一个字符写到磁盘文件上去。其一般调用形式为：

```
fputc(ch,fp);
```

其中 ch 是要输出的字符，它可以是一个字符常量，也可以是一个字符变量。fp 是文件指针变量。fputc(ch,fp)函数的作用是将字符（ch 的值）输出到 fp 所指向的文件中去。

fputc()函数也带回一个值，如果输出成功则返回值就是输出的字符；如果输出失败，则返回一个 EOF（–1）。

2. 读字符函数 fgetc()

从指定的文件读入一个字符，该文件必须是以读或读写方式打开的。fgetc()函数的调用形式为：

```
ch=fgetc(fp);
```

fp 为文件型指针变量，ch 为字符变量。fgetc()函数带回一个字符，赋给 ch。如果在执行 fgetc()函数读字符时遇到文件结束符，函数返回一个文件结束标志 EOF（–1）。

12.4.2　读写字符串函数

文件的字符串读写包括 fgets()函数和 fputs()函数。

1. 读字符串函数 fgets()

fgets()函数的作用是从指定文件读入一个字符串。其一般调用形式为：

```
fgets(str,n,fp);
```

n 为要求得到的字符个数，但只从 fp 指向的文件输入 *n*–1 个字符，然后在最后加一个'\0'，因此得到的字符串共有 *n* 个字符。把它们放到字符数组 str 中。如果在读完 *n*–1 个字符之前遇到换行符或 EOF，读入即结束。fgets()函数返回值为 str 的首地址。

2. 写字符串函数 fputs()

fputs()函数的作用是向指定的文件输出一个字符串。其一般调用形式为：

```
fputs(str,fp);
```

把字符串表达式 str 输出到 fp 指向的文件，str 可以是数组名也可以是字符串常量或字符型指针。若输出成功，函数值为 0；失败时，为 EOF。

12.4.3　读写数据块函数

用 getc()函数和 putc()函数可以用来读写文件中的一个字符。但是常常要求一次读入一组数据（例如，一个实数或一个结构体变量的值），ANSI C 标准提出设置两个函数（fread 和 fwrite）用来读写一个数据块。

1. 读数据块函数 fread()

它的一般调用形式为：

```
fread(buffer,size,count,fp);
```

这个函数从 fp 所指向的文件读入 count 次（每次 size 个字节）数据，存储到数组 buffer 中。

2. 写数据块函数 fwrite()

它的一般调用形式为：

```
fwrite(buffer,size,count,fp);
```

函数从数组 buffer 中读 count 次（每次 size 个字节）数据写入 fp 所指向的文件中。

如果 fread 或 fwrite 调用成功，则函数返回值为 count 的值，即输入或输出数据项的完整个数。

12.4.4　格式化读写函数：fprintf()函数和 fscanf()函数

fprintf()函数、fscanf()函数与 printf()函数、scanf()函数作用相仿，都是格式化读写函数。只有一点不同：fprintf()函数和 fscanf()函数的读写对象不是终端而是磁盘文件。一般调用方式为：

```
fprintf(文件指针,格式字符串,输出表列);
fscanf(文件指针,格式字符串,输入表列);
```

12.5　文件的定位

本节介绍定位函数 rewind()函数、fseek()函数及 ftell()函数的使用。

12.5.1　rewind()函数

rewind()函数的作用是使位置指针重新返回文件的开头。此函数没有返回值。

12.5.2　随机读写和 fseek()函数

用 fseek()函数可以实现改变文件的位置指针。

fseek()函数的调用形式为：

```
fseek(文件类型指针,位移量,起始点)
```

“起始点”用 0、1 或 2 代替，0 代表“文件开始”，1 为“当前位置”，2 为“文件末尾”。

“位移量”指以“起始点”为基点，向前移动的字节数。

利用 fseek()函数就可以实现随机读写了。

表 12-1 列出常用的缓冲文件系统函数。

表 12-1　常用的缓冲文件系统函数

分　类	函 数 名	功　　能
打开文件	fopen()	打开文件
关闭文件	fclose()	关闭文件
文件定位	fseek()	改变文件位置的指针位置
	rewind()	使文件位置指针重新置于文件开头
	ftell()	返回文件位置指针的当前值
文件读写	fgetc(),getc()	从指定文件取得一个字符
	fputc(),putc()	把字符输出到指定文件
	fgets()	从指定文件读取字符串
	fputs()	把字符串输出到指定文件
	getw()	从指定文件读取一个字（int 型）
	putw()	把一个字（int 型）输出到指定文件
	fread()	从指定文件中读取数据项
	fwrite()	把数据项写到指定文件
	scanf()	从指定文件按格式输入数据
	fprintf()	按指定格式将数据写到指定文件中
文件状态	feof()	若到文件末尾，函数值为“真”（非 0）
	ferror()	若对文件操作出错，函数值为“真”（非 0）

三、本章常见错误小结

（1）打开文件时，没有检查文件是否成功。

（2）打开文件时，文件名中的路径少写了一个反斜杠。

（3）读文件时，使用的文件打开方式与建立文件时不一致。

（4）从文件读数据与建立文件时写数据的方式不一致。

四、实验环节

实验　文件操作

【实验目的和要求】

1. 掌握文件的概念，了解数据在文件中的存储方式。
2. 掌握文件操作的基本步骤以及错误处理。
3. 掌握文件操作的相关函数。

【实验内容】

1. 分析题

分析下面程序的输出结果，并验证分析结果是否正确，再写出该程序的功能。

```
#include<stdio.h>
#define LEN 20
main()
{  FILE *fp;
   char sl[LEN],s0[LEN];
   if((fp=fopen("t.txt","r"))==NULL)
   {  printf("cannot open file.\n");
      exit(0);
   }
   printf("fputs string:");
   gets(s1);
   fputs(sl,fp);
   if(ferror(fp));
      printf("\n errors processing file t.txt\n");
   fclose(fp);
   fp=fopen("t.tex","r");
   fgets(s0,LEN,fp);
   printf("fgets string:%s\n",s0);
   fclose(fp);
}
```

2. 填空题

请补充main()函数，该函数的功能是，将保存在磁盘文件中的10个学生的数据中的第1、3、5、7、9个学生的数据输入计算机，并在屏幕上显示出来。

```
#include<stdio.h>
struct student
{  char name[10];
   int num;
   int age;
   char sex;
}stud[10];
main()
{  int i;
   FILE *fp;
```

```
    if((fp=fopen("stuD. dat","rb"))==NULL)
    {  printf("can not open fileha");
       exit(0);
    }
    for(i=0;i<10;i+=__(1)__)
    {  fseek(fp,__(2)__* sizeof(struct student),0);
       fread(__(3)__,sizeof(struct student),1,fp);
       printf("%s%d%d%c\n",stud[i].name,stud[i].num,stud[i].age, stud[i].sex);
    }
    fclose(fp);
}
```

3. 编程题

建立两个磁盘文件 f1.dat 和 f2.dat，编程序实现以下功能：

① 从键盘输入 20 个整数，分别存放在两个磁盘文件中（每个文件中放 10 个整数）；

② 从 f1.dat 读入 10 个数，然后存放到 f2.dat 文件原有数据的后面；

③ 从 f2.dat 中读入 20 个整数，将它们按从小到大的顺序存放到 f1.dat（不保留原来的数据）。

4. 综合实验

学生成绩管理系统 V6.0

某班不超过 50 人（具体人数由键盘输入）参加 7 门课的考试，此系统能把用户输入的数据存盘，下次运行时读出，编写实现如下菜单功能的学生成绩管理系统。

① 建立学生文件，录入每个学生的学号、姓名和考试成绩，将每个学生的记录信息写入文件；

② 从文件中读出每个学生记录信息并显示；

③ 计算每门成绩的总分和平均分；

④ 求每个人的总分和平均分；

⑤ 按每人平均成绩由高到低排名次输出；

⑥按学号由小到大输出成绩表；

⑦ 按姓名的字典顺序输出成绩表；

⑧ 按学号查询学生排名及考试成绩；

⑨ 按姓名查询学生排名及考试成绩；

⑩ 按优秀（90~100）、良好（80~89）、中等（70~79）、及格（60~69）、不及格（0~59）五个段统计每段的百分比；

⑪ 输出每个学生的学号、成绩、排名、每门课的课程总分、平均分。

五、测试练习

习 题 12

一、选择题

1. 若 fp 是指某文件的指针，且已读到文件的末尾，则表达式 feof(fp)返回值是（　　）。

A. EOF　　B. 1　　C. 非零值　　D. NULL

2. 下述关于 C 语言文件操作的结论中，正确的是（　　）。

A. 对文件操作必须是先关闭文件

B. 对文件操作必须是先打开文件

C. 对文件操作顺序无要求

D. 对文件操作前必须先测试文件是否存在，然后再打开文件

3. C语言可以处理的文件类型是（　　）。

A. 文本文件和数据文件　　B. 文本文件和二进制文件

C. 数据文件和二进制文件　　D. 数据代码文件

4. C语言库函数fgets(str,n,fp)的功能是（　　）。

A. 从文件fp中读取长度n的字符串存入str指向的内存

B. 从文件fp中读取长度不超过n-1的字符串存入str指向的内存

C. 从文件fp中读取n个字符串存入str指向的内存

D. 从str读取至多n个字符到文件fp

5. C语言中文件的存取方式（　　）。

A. 只能顺序存取

B. 只能随机存取（也称直接存取）

C. 可以是顺序存取，也可以是随机存取

D. 只能从文件的开头存取

6. 阅读下述程序（左边是附加的行号）:

```
#include<stdio.h>
struct rec
{  int a;
   int b;
}
```

```
1  void main()
2  {  struct rec r;
3     FILE  *n;
4     r.a=100;
5     r.b='G'-32;
6     fl=fopen("fl","w");
7     fwrite(&r,sizeof(r),2,fl);
8     fclose(fl);
9  }
```

该程序（　　）。

A. 没有错误　　B. 第5行含有错误

C. 第6行含有错误　　D. 第7行含有错误

7. fgets(str,n,fp)函数从文件中读入一个字符串，以下正确的叙述是（　　）。

A. 字符串读入后不会自动加入'\0'

B. fp是file类型指针

C. fgets()函数将从文件中最多读入n-1个字符

D. fgets()函数将从文件中最多读入n个字符

8. 已知函数fread()的调用形式为fread(buffer,size,count,fp)，其中buffer代表的是（　　）。

A. 存放fgets读入数据项的存储区

B. 一个指向所读文件的文件指针

C. 存放读入数据的地址或指向此地址的指针

D. 一个整型变量，代表要读入的数据项总数

9. 函数调用语句fseek(fp,10L,2);的含义是（　　）。

A. 将文件位置指针移动距离文件头10个字节处

B. 将文件位置指针从当前位置向文件尾方向移动10个字节

C. 将文件位置指针从当前位置向文件头方向移动10个字节

D. 将文件位置指针从文件末尾处向文件头方向移动10个字节

10. 以下程序将一个名为f1.dat的文件复制到一个名为f2.dat的文件中。请选择正确的答案填入对应的横线上。

```
#include<stdio.h>
main()
{  char c;
   FILE  *fpl,*fp2;
   fpl=fopen("f1.dat", __(1)__ );
   fp2=fopen("f2.dat", __(2)__ );
   c=getc(fpl);
   while(c!=EOF)
   {  putc(c,fp2);
      c=getc(fpl);
   }
   fclose(fpl);
   fclose(fp2);
   return;
}
```

（1）A. "a"　　B. "rb"　　C. "rb+"　　D. "r"

（2）A. "wb"　　B. "wb+"　　C. "w"　　D. "ab"

11. 在C语言中，从计算机的内存中将数据写入文件中，称为（　　）。

A. 输入　　B. 输出　　C. 修改　　D. 删除

二、填空题

1. 用fopen()函数打开一个文本文件，在使用方式这一项中，为输出而打开需要填入__（1）__，为输入而打开需要填入__（2）__，为追加而打开需要填入__（3）__。

2. Feof()函数可以用于__（1）__文件和__（2）__文件，它用来判断即将读入的是否为__（3）__。若是，函数值为__（4）__，否则为__（5）__。

3. C语言中调用__（1）__函数打开文件，调用__（2）__函数关闭文件。

4. 若ch为字符变量，fp为文本文件，请写出从fp所指文件读入一个字符时，可用的两种不同的文件输入语句__（1）__、__（2）__，请写出把一个字符输出到fp所指文件中可用的两种不同的文件输出语句__（3）__、__（4）__。

5. 若要使文件中的位置指针重新回到文件的开头位置，可调用__（1）__函数，若需要将文件中的位置指针指向文件中的倒数第20个字符处，可调用__（2）__函数。

6. sp=fgets(str,n,fp);函数调用语句从__（1）__指向的文件输入__（2）__个字符，并把它们放到字符数组str中，sp得到__（3）__的地址。__（4）__函数的作用是向指定的文件输出一个字符串，输出成功，函数值为__（5）__。

7. 在C程序中，可以对文件进行的两种存取方式是__（1）__、__（2）__。

8. 在C文件中，数据存放的两种代码形式是__（1）__、__（2）__。

9. 函数调用语句fgets(str,n,fp);表示从fp指向的文件中读入__（1）__字符放到str数组中，函数值为__（2）__。

10. 在C中，文件指针变量的类型只能是________。

11. 请补充 main()函数，该函数的功能是：先以只写方式打开文件 out.dat，再把字符串 str 中的字符保存到这个磁盘文件中。仅在横线上填入所编写的若干表达式或语句，勿改动函数中的其他内容。

```
#include<stdio.h>
#define N 80
main()
{  FILE *fp;
   int i=0;
   char ch;
   charstr[N]="I'm astudent!";
   if((fp=fopen(__(1)__))==NULL)
   {  printf("cannot open out.dat\n");
      exit(0);
   }
   while(str[i])
   {  ch=str[i];
      __(2)__;
      putchar(ch);
      i++;
   }
   __(3)__;
}
```

12. 请补充 main()函数，该函数的功能是把文本文件 B 中的内容追加到文本文件 A 的内容之后。

例如，文件 B 的内容为"I'm a teacher!"，文件 A 的内容为"I'm a students!"，追加之后文件 A 的内容为"I'm a students! I'm a teacher!"

```
#include<stdio.h>
#define N 80
main()
{  FILE *f1,*fpl,*fp2;
   int i;
   char c[N],t,ch;
   if((fp=fopen("A.dat","r"))==NULL)
   {  printf("file A cannot be opened\n");
      exit(0);
   }
   printf("\n  A contents are:\n\n");
   for(i=0;(ch=fgetc(fp))!=EOF;i++)
   {  c[i]=ch;
      putchar(c[i]);
   }
   fclose(fp);
   if((fp=fopen("B.dat","r"))==NULL)
   {  printf("file B cannot be opened\n");
      exit(0);}
   printf("\n\n B contents are:\n\n");
   for(i=0;(ch=fgetc(fp))!=EOF;i++)
   {  c[i]=ch;
      putchar(c[i]);
   }
   fclose(fp);
   if((fpl =fopen("A.dat",a))__(1)__(fp2=fopen("B.dat","r")))
```

```
  { while((ch=fgetc(fp2))!=EOF)
     (2)  ;
  }
  else
  { printf("Can not openA B!\n");
  }
  fclose(fp);
  fclose(fpl);
  printf("\n*********new A contents*********\n\n");
  if((fp=fopen("A.dat","r"))==NULL)
  { printf("file A cmmot be opened\n");
    exit(0);
  }
  for(i=0;(ch=fgetc(fp))!=EOF;i++)
  { c[i]=ch;
    putchar(c[i]);
  }
   (3)  ;
}
```

13. 下面是一个文本文件修改程序，程序的每次循环读入一个整数，该整数表示相对文件头的偏移量。然后，程序按此位置显示文件中原来的值并询问是否修改；若修改，则输入新的值，否则进行下一次循环。若输入值为-1，则结束循环。

```
#include<stdio.h>
#include<conio.h>
void main(int arge,char*argv[])
{ FILE*fp;
  long off;
  char ch;
  if(argc!=2)
  return;
  if((fp=fopen(argv[1],   (1)   ))==NULL)
    return;
  do
  { printf("\nlnput a byte num to display:");
    scanf("%ld",&off);
    if(off==-1L)
      break;
    fseek(fp,off,SEEK_SET);
    ch=fgetc(fp);
    if(  (2)  )                                /*输入值过大*/
      continue;
    printf("\nThe byte is:%c",ch);
    printf("\nModify?");                      /*询问是否修改*/
    ch=getche();
    if(ch=='y '|| ch=='Y')
    { printf("\nlnput the char:");
      ch=getche();                            /*输入新的字节内容*/
      fseek(  (3)  );
      fputc(  (4)  );
    }
  }while(1);
  fclose(fp);
}
```

14. 以下程序由终端键盘输入一个文件名，然后把终端键盘输入的字符依次存放到该文件中，以#作为结束输入的标志。

```
#include<stdio.h>
main()
{  FILE  *fp;
   char  fnarne[10];
   printf("Input name of file\n");
   gets(fname);
   if((fp=__(1)__)==NULL)
   {  printf("Cannot open\n");exit(0);
   }
   printf("Enter data\n");
   while((ch=getchar())!='#')
      fputc(__(2)__,fp);
   close(fp);
}
```

15. 假设文件 A.DAT 和 B.DAT 中的字符都按降序排列。下述程序将这两个文件合并成一序排列的文件 C.DAT。

```
#indude<stdio.h>
void main()
{  FILE*inl,*in2,*out;
   int flagl=1,flag2=1;
   char a,b,c;
   inl=fopen("A.DAT","r");
   in2=fopen("B.DAT","r");
   out=fopen("C.DAT',"W");
   if(!inl||!in2||!out)
   {  printf("Can't open file.");
      return;
   }
   do
   {  if(!feof(inl)&&__(1)__)
      {  a=fgetc(inl);
         if(__(2)__)
            break;
         if(!feof(in2)&&flag2)
         {  b=fgetc(in2);
            if(__(3)__)
               break;
            if(a>b)
            {  c=a;flagl=1;
               flag2=0;
            }
            else
            {  c=b;
               flagl=0;
               flag2=1;
            }
            fputc(__(4)__);
         }
   while(1);
   fclose(inl);
```

```
    fclose(in2);
    fclose(out);
}
```

16. 下述程序实现文件的复制，文件名来自main()中的参数。

```
#include<stdio.h>
void fcopy(FILE*fout,FILE*fin)
{  char k;
   do
   {  k=fgetc(__(1)__);
      if(feof(fin))
         break;
      fputc(__(2)__);
   }while(1);
}
void main(int argc,char*argv[])
{  FILE *fin,*fout;
   if(argc!=3)
      return;
   if((fin=fopen(argv[2],"rb"))==NULL)
      return;
   fout=__(3)__;
   fcopy(fout,fin);
   fclose(fin);
   fclose(fout);
}
```

17. 下述程序用于统计文件中的字符个数，请填空。

```
#include<stdio.h>
void main()
{  FILE *fp;
   long num=0;
   if((fp=fopen("TEST","r+"))==NULL)
   {  printf("Can't open file.");
      return;
   }
   while(__(1)__)
      num++;
      __(2)__;
   printf("num=%ld",num);
}
```

三、问答题

阅读下列程序回答问题。

```
#include"stdio.h"
main()
{  FILE *fp1,*fp2;
   if((fp1=fopen("f1.txt","r"))==NULL)
   {  printf("connot open\n");
      exit(0);
   }
   if((fp2=fopen("f2.txt","w"))==NULL)
   {  printf("connot open\n");
      exit(0);
   }
```

```
    while(!feof(fp1))
    fputc(fgetc(fp1),fp2);
    fclose(fp1);
    fclose(fp2);
}
```

（1）程序的功能是什么？

（2）将画线处的循环条件用另一种方法表示，使程序的功能不变。

四、编程题

1. 编一个程序，从键盘输入200个字符，存入名为D:\aB.txt的磁盘文件中。

2. 从上一题中建立的名为D:\aB.txt的磁盘文件中读取120个字符，并显示在屏幕上。

3. 编写一个程序，将磁盘中当前目录下名为cD.txt的文本文件复制在同一目录下，文件名改为cew2.txt。

4. 从键盘输入若干行字符（每行长度不等），输入后将它们存储到一个磁盘文件中。再从文件中读入这些数据，将其中的小写字母转换成大写字母后在显示屏上输出。

5. 有5个学生，每个学生有3门课的成绩，从键盘输入以上数据（包括学生号、姓名、3门课成绩），计算出平均成绩，将原有数据和计算出的平均分数存放在磁盘文件stud中。

第 13 章 实用项目开发技术简介

本章将以 Turbo C 2.0 为例，介绍使用 C 语言开发图形软件的基本知识与方法。通过本章的学习，掌握图形的应用和菜单设计技术，了解程序的组织与管理。

一、知识体系

本章的体系结构：

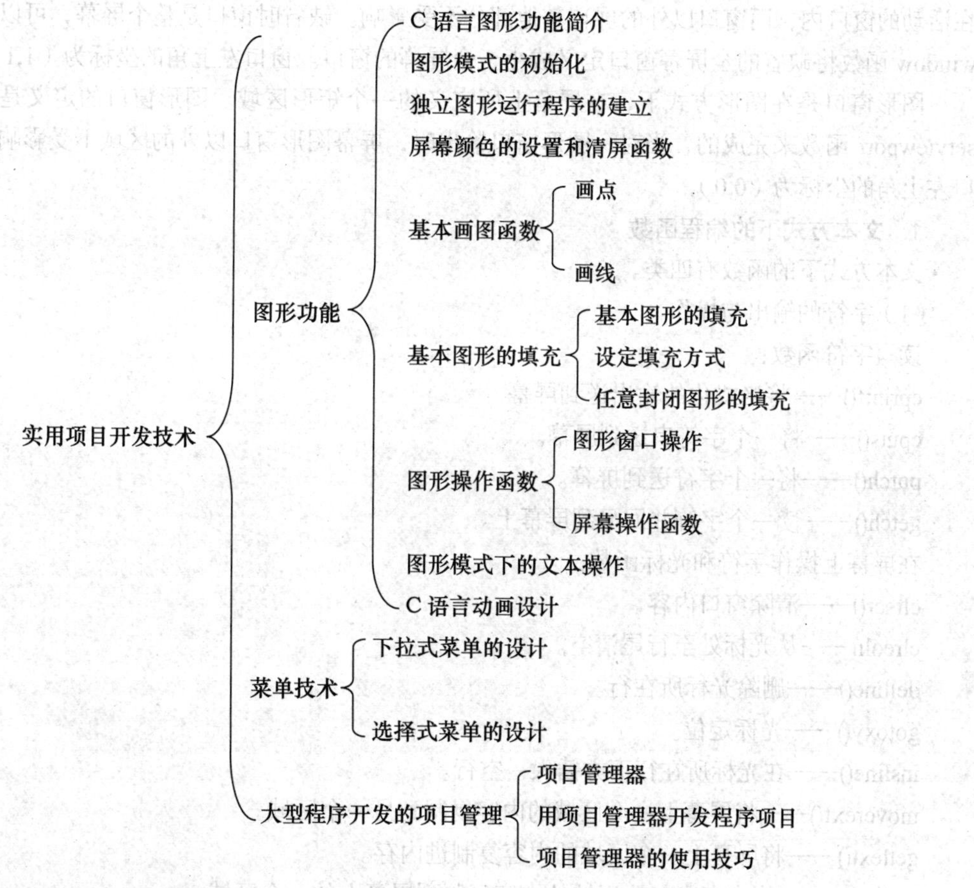

重点难点：图形功能的实现。

二、复习纲要

13.1 C 语言图形功能简介

本节对 C 语言图形函数及图形设计步骤作了简要介绍。

C 语言提供了非常丰富的图形函数，所有图形函数的原型均在 graphics.h 中，使用图形函数时，要确保有显示器图形驱动程序*.BGI，同时将集成开发环境 options/Linker 中的 Graphics lib 选为 on，只有这样才能保证正确使用图形函数。

13.1.1 图形与硬件

图形与计算机系统硬件有着密切的关系。显示器的工作方式有两种：一是文本方式，二是图形方式。要在计算机屏幕上显示图形，就必须在图形方式下进行。显示器一定和图形功能卡（又叫图形适配器）配套使用才能发挥它的图形功能。VGA / EGA 是当前最流行的图形适配器。

13.1.2 文本与图形

窗口是文本方式下在屏幕上所定义的一个矩形区域。当程序向屏幕写入时，它的输出被限制在活动的窗口内，而窗口以外的屏幕其他部分不受影响。缺省时窗口是整个屏幕，可以通过调用 window 函数将缺省的全屏幕窗口定义成小于全屏幕的窗口。窗口左上角的坐标为（1,1）。

图形窗口是在图形方式下，在屏幕上所定义的一个矩形区域。图形窗口的定义是通过调用 setviewport 函数来完成的，当对一图形窗口输出时，屏幕图形窗口以外的区域不受影响。图形窗口左上角的坐标为（0,0）。

1. 文本方式下的编程函数

文本方式下的函数有四类。

（1）字符的输出与操作。

读写字符函数：

cprintf()——将格式化的输出送到屏幕。

cputs()——将一个字符串送到屏幕。

putch()——将一个字符送到屏幕。

getch()——读一个字符并回显到屏幕上。

在屏幕上操作字符和光标函数：

clrscr()——清除窗口内容。

clreoln——从光标处至行尾清空。

delline()——删除光标所在行。

gotoxy()——光标定位。

insline()——在光标所在行下方插入一空行。

moverext()——将屏幕上一个区域的内容复制到另一个区域。

gettext()——将屏幕上一个区域的内容复制进内存。

putttexl()——将内存中一块区域的内容复制到屏幕上的一个区域。

（2）窗口和方式控制函数。

rexlcmode()——将屏幕设置成字符方式。

window()——定义一个窗口(文本)。

（3）属性控制函数。

textccolor()——设置文本前景颜色。

textbackground()——设置文本背景颜色。

textattr()——同时设置文本的前景与背景颜色。

highvideo()——将字符设置成高亮度。

lowvideo()——将字符设置成低亮度。

normvideo()——将字符设置成正常亮度。

（4）状态查询函数。

wherex()——取当前对象所在的 x 坐标值。

wherey()——取当前对象所在的 y 坐标值。

所有这些函数原型说明都在 conio.h 包含文件中。

2. 图形方式下的编程函数

Turbo C 提供了一个具有几十个图形函数的函数库 graphics.1ib。其原型都在包含文件 graphics.h 中列出。除了这两个文件，Turbo C 还提供了一组图形设备驱动程序（*.BGI）和一组矢量字体文件（*.CHR）。

图形库只有一个，它适用于 Turbo C 的所有六种存储模式。因此，graphics.1ib 库中的每一个函数都是 far 函数，图形函数所用的指针也都是 far 指针。为使这些函数能正常工作，需要在每个使用图形函数的模块前面加上包含预处理语句：

```
#include<graphics.h>
```

Turbo C 图形函数库中所提供的函数包括七类。

（1）图形系统控制函数。

closegraph()——关闭图形状态，返回文本状态。

detectgraph()——测试硬件，决定使用哪一个图形驱动器和使用哪种图形方式。

graphdefaults()——重置所有图形系统变量为默认的设置。

getgraphmode()——返回当前的图形方式。

initgraph()——初始化图形系统，将硬件设置成图形方式。

restorecrtmode()——恢复 initgraph 之前的屏幕方式。

setgraphbufsize()——声明内部图形缓冲区的大小。

setgraphmode()——选择指定的图形方式，清除屏幕，恢复所有的默认值。

（2）画线与填充函数。

arc()——画一个圆弧。

circle()——画一个圆。

drawpoly()——画一个多边形。

ellipse()——画一个椭圆。

line()——画一条直线。

lineto()——从当前图形坐标位置开始到坐标(x,y)处结束画一条直线。

moveto()——将像素坐标移到(x,y)处。

moverel()——将当前像素坐标移动一个相对距离。

rectangle()——画一个矩形。

fillpoly()——画并填充一个多边形。

pieslice()——画并填充一个扇形。

floofill()——填充一个封闭区域。

bar()——画并填充一个矩形。

bar3d()——画并填充一个三维矩形。

setfillstyle()——设置填充图案和颜色。

setlinestyle()——设置当前画线宽度和式样。

getarccords()——返回上次调用 arc 或 ellipse 的坐标。

getaspectratio()——返回当前图形方式的长宽比。

getlinesettings()——返回当前的画线式样、画线模式和画线宽度。

getfillpattem()——返回用户定义的填充图案。

getflllsettings()——返回有关当前填充图案和填充颜色的信息。

（3）管理屏幕和图形窗口函数。

cleardevice()——清除屏幕。

setactivepage()——设置图形输出的活动页。

setvisualpage()——设置可见图形页面。

clearviewport()——清除当前图形窗口。

getviewsettings()——返回关于当前图形窗口的信息。

setviewport()——为图形的输出设置当前输出图形窗口。

getimage()——将指定区域的位图像存入内存。

imagesize()——返回保存屏幕的一个矩形区域所需的字节数。

putimage()——将用 getimage()保存的位图像放到屏幕上。

getpixel()——取得(x,y)处的像素颜色。

putpixel()——在(x,y)处画一像素。

（4）图形方式下的字符输出函数。

gettextsettings()——返回当前字体、方向、大小和对齐方式。

outtext()——在当前位置输出一个字符串。

outtextxy()——在指定位置输出一个字符串。

registerbgifout()——登录连接进来的或用户装入的字体文件*.BGI。

settextjusti 句()——设置 outtext 和 outtextxy 所用的对齐方式编码值。

settexttstyle()——设置当前字体、式样和字符放大因子。

setusercharsize()——设置当前矢量字体宽度和高度的比例。

textheight()——返回以像素为单位的字符串高度。

textwidth()——返回以像素为单位的字符串宽度。

（5）颜色控制函数。

getbkcolor()——返回当前背景颜色。

getcolor()——返回当前画线颜色。

getmaxcolor()——返回当前图形方式下最大的可用颜色值。

getpalette()——返回当前调色板及其尺寸。

setaltpalette()——按指定颜色改变所有调色板的颜色。

setbkcolor()——设置当前背景颜色。

setcolor()——设置当前画线颜色。

setpalette()——按参数所指定的颜色改变一个调色板的颜色。

（6）图形方式下的错误处理函数

grapherrormsg()——返回指定的 errorcode 错误信息字符串。

graphresult()——返回上一次遇到问题的图形操作错误代码。

（7）状态查询函数

getaspectratio()——返回图形屏幕的长宽比。

getmaxx()——返回当前 x 的分辨率。

getmaxy()——返回当前 y 的分辨率。

geyx()——返回当前像素 x 坐标。

gety()——返回当前像素 y 坐标。

13.1.3　图形设计

使用 Turbo C 图形系统的步骤。

1. 设置图形方式

initgraph()是图形方式初始化函数，用于初始化图形系统，这是图形设计的第一步。

2. 绘制图形

在图形方式下，使用各种绘图函数绘制图形，这是图形设计的第二步。

3. 关闭图形方式

closegraph()函数用来关闭图形方式返回文本方式，这是图形设计的第三步。

13.2　图形模式的初始化

本节对图形模式的初始化作了详细介绍。

设置屏幕为图形模式，可用下列图形初始化函数：

```
void far initgraph(int far *gdriver,int far *gmode,char *path);
```

参数说明：

（1）gdriver 指定图形方式的代码，可以直接指定一种图形方式，也可以让系统自动去测试所使用的机器环境提供的是哪一种图形适配器，这时需要将 gdriver 设置成 DETECT。

（2）gmode 用来设置分辨率。如果 gdriver 设置成 DETECT，则 gmode 将自动根据 gdriver 测试出的图形适配器选择并指定一个适合于这种图形适配器的最高分辨率。

（3）path 用来指定图形驱动程序所在的路径，即指定*.BGI 存放的路径。

图形驱动程序的扩展名为.BGI，包括 ATT.BGI、CGA.BGI、EGAVGA.BGI、HERC.BGI、IBM8514.BGI 和 PC3270.BGI，共六个文件。在 TURBO C 2.0 中，这六个文件就在 TURBO C 2.0 的安装目录中，由于 initgraph 函数会自动到安装目录中去搜索图形驱动程序，所以该函数的第三个参数可以设置为空，用一对空的引号表示（“”）。

有关图形驱动器、图形模式的符号常数及对应的分辨率如表 13-1 所示。

表 13-1 形驱动器、模式的符号常数及数值

符号常数	数　值	符号常数	数　值
CGA 1 CGAC0	0	C0	320×200
CGACl	1	C1	320×200
CGAC2	2	C2	320×200
CGAC3	3	C3	320×200
CGAHI	4	2 色	640×200
MCGA 2 MCGAC0	0	C0	320×200
MCGACl	1	C1	320×200
MCGAC2	2	C2	320×200
MCGAC3	3	C3	320×200
MCGAMED	4	2 色	640×200
MCGAHI	5	2 色	640×480
EGA 3 EGALO	0	16 色	640×200
EGAHI	1	16 色	640X350
EGA64 4 EGA64LO	0	16 色	640×200
EGA64HI	1	4 色	640×350
EGAMON 5 EGAMONHI	0	2 色	640×350
IBM8514 6 IBM8514LO	0	256 色	640×480
IBM8514HI	1	256 色	1024×768
HERC 7 HERCMONOHI	0	2 色	720×348
ATT400 8 ATT400CO	0	C0	0×200
ATT400C1	1	C1	20×200
ATT400C2	2	C2	20×200
ATT400C3	3	C3	320×200
ATT400MED	4	2 色	320×200
ATT400HI	5	2 色	320×200
VGA 9 VGAL0	0	16 色	640×200
VGAMED	1	16 色	640×350
VGAHI	2	16 色	640×480
PC3270 10 PC3270HI	0	2 色	720×350
DETECT	0	用于硬件测试	

有时编程者并不知道所用的图形显示器适配器种类，或者需要将编写的程序用于不同图形驱

动器，C语言提供了一个自动检测显示器硬件的函数，其调用格式为：

```
void far detectgraph(int  *gdriver,*gmode);
```

C语言提供了退出图形状态的函数closegraph，其调用格式为：

```
void far closegraph(void);
```

调用该函数后可退出图形状态而进入文本方式（C语言默认方式），并释放用于保存图形驱动程序和字体的系统内存。

13.3　独立图形运行程序的建立

本节介绍了独立图形运行程序的建立。

C语言对于用initgraph函数直接进行的图形初始化程序，在编译和链接时并没有将相应的驱动程序*.BGI装入到执行程序，当程序进行到intitgraph语句时，再从该函数中第3个形式参数char*path中所规定的路径中去找相应的驱动程序。若没有驱动程序，则在安装目录中去找，如仍没有，将会出现错误：

```
BGI Error: Graphics not initialized(use 'initgraph')
```

因此，为了使用方便，应该建立一个不需要驱动程序就能独立运行的可执行图形程序，C语言中规定用下述步骤（这里以EGA、VGA显示器为例）：

（1）在C:\TURBO C子目录下输入命令：BGIOBJ EGAVGA

此命令将驱动程序EGAVGA.BGI转换成EGAVGA.OBJ的目标文件。

（2）在C:\TURBO C子目录下输入命令：TLIB LIB \ GRAPHICS.LIB+EGAVGA。

此命令的意思是将EGAVGA.OBJ的目标模块装到GRAPHICS.LIB库文件中。

（3）在程序中initgraph函数调用之前加上一句：

```
registerbgidriver(EGAVGA_driver);
```

该函数告诉连接程序在连接时把EGAVGA的驱动程序装入到用户的执行程序中。

经过上面处理，编译链接后的执行程序可在任何目录或其他兼容机上运行。

13.4　屏幕颜色的设置和清屏函数

本节介绍了屏幕颜色的设置和清屏函数。

对于图形模式的屏幕颜色设置，同样分为背景色的设置和前景色的设置。在C语言中，分别用下面两个函数。

设置背景色：void far setbkcolor(int color);

设置作图色：void far setcolor(int color);

其中color为图形方式下颜色的规定数值。

EGA，VGA显示器适配器，有关颜色的符号常数及数值如表13-2所示。

表 13-2　有关屏幕颜色的符号常数表

符号常数	数 值	含 义	符号常数	数 值	含 义
BLACK	0	黑色	DARKGRAY	8	深灰
BLUE	1	蓝色	LIGHTBLUE	9	深蓝
GREEN	2	绿色	LIGHTGREEN	10	淡绿
CYAN	3	青色	LIGHTCYAN	11	淡青
RED	4	红色	LIGHTRED	12	淡红
MAGENTA	5	洋红	LIGHTMAGENTA	13	淡洋红
BROWN	6	棕色	YELLOW	14	黄色
LIGHTGRAY	7	淡灰	WHITE	15	白色

对于CGA适配器，背景色可以为表13-3中所示16种颜色中的任意一种，但前景色依赖于不同的调色板。共有4种调色板，每种调色板上有4种颜色可供选择。不同调色板所对应的原色如表13-3所示。

表 13-3　CGA 调色板与颜色值表

调 色 板		背 景		
符号常数	数 值	1	2	3
C0	0	绿	红	黄
C1	1	青	洋红	白
C2	2	淡绿	淡红	黄
C3	3	淡青	淡洋	红白

清除图形屏幕内容，使用清屏函数：

```
void  far cleardevice(void);
```

C语言也提供了几个获得现行颜色设置情况的函数。

```
int far getbkcolor(void);        /*返回现行背景颜色值*/
int far getcolor(void);          /*返回现行作图颜色值*/
int far getmaxcolor(void);       /*返回最高可用的颜色值*/
```

13.5 基本画图函数

本节介绍了基本图形函数包括画点、线以及其他一些基本图形的函数。

13.5.1 画点

1. 画点函数

```
void far putpixel(int x,int y,int color);
```

该函数表示由指定的象元画一个按color所确定颜色的点。对于颜色color的值可从表13-3中获得，而x,y是指图形象元的坐标。

在图形模式下，是按象元来定义坐标的。C语言的图形函数都是相对于图形屏幕坐标，即象元来说的。

关于点的另外一个函数是:int far getpixel(int x,int y);它获得当前点(*x*,*y*)的颜色值。

2. 有关坐标位置的函数

```
int far getmaxx(void);          /*返回想 x 轴的最大值*/
int far getmaxy(void);          /*返回 y 轴的最大值*/
int far getx(void);             /*返回游标在 x 轴的位置*/
int far gety(void);             /*返回游标在 y 轴的位置*/
void far moveto(int x,int y);   /*移动游标到(x, y)点，不是画点，在移动过程中亦画点*/
void far moverel(int dx,int dy); /*移动游标从现行位置(x, y)移动到(x+dx, y+dy)的位置，移动过程*/
                                 /*中不画点*/
```

13.5.2 画线

1. 画线函数

C 语言提供了一系列画线函数，下面分别叙述：

【语法格式】void far line(int x0,int y0,int xl,int y1);

【功能】画一条从点(*x*0,*y*0)到(*x*l,*y*1)的直线。

【语法格式】void far lineto(int x,int y);

【功能】画一条从现行游标到点(*x*,*y*)的直线。

【语法格式】void far linerel(int dx,int dv);

【功能】画一条从现行游标(*x*,*y*) 到按相对增量确定的点(*x*+dx，*y*+d*y*)的直线。

【语法格式】void far circle(int x,int y,int radius);

【功能】以(*x*,*y*)为圆心，radius为半径画一个圆。

【语法格式】void far arc(int x,int y,int stangle,int endangle,int radius);

【功能】以(*x*,*y*)为圆心，radius为半径，从stangle开始到endangle结束用度表示，画一段圆弧线。

在C语言中规定*x*轴正向为0°，逆时针方向旋转一周，依次为90°，180°，270°和360°（其他有关函数也按此规定，不再重述）。

【语法格式】void ellipse(int x,int y,int stangle,int endangle,int xradius,int yradius);

【功能】以(*x*,*y*)为圆心，xradius，yradius为*x*轴和*y*轴半径，从stangle开始到endangle结束画一段椭圆线，当stangle=0，endangle=360时，画出一个完整的椭圆。

【语法格式】void far rectangle(int xl,int yl,int x2,int y2);

【功能】以(*x*1,*y*1)为左上角，(*x*2，*y*2)为右下角画一个矩形框。

【语法格式】void far drawpoly(int numpoints,int far *polypoints);

【功能】画一个顶点数为numpoints，各顶点坐标由polypoints给出的多边形。polypoints整型数组必须至少有2倍顶点数个元素。每一个顶点的坐标都定义为*x*,*y*，并且*x*在前。值得注意的是：当画一个封闭的多边形时，numpoints的值取实际多边形的顶点数加1，并且数组polypoints中第一个和最后一个点的坐标相同。

2. 设定线型函数

在没有对线的特性进行设定之前，C语言用其默认值，即一点宽的实线，但C语言也提供了可以改变线型的函数。

线型包括：宽度和形状。其中宽度只有两种选择：一点宽和三点宽。而线的形状则有五种。下面介绍有关线型的设置函数。

【语法格式】void far setlinestyle (int linestyle,unsigned upattern,int hickness);

【功能】该函数用来设置线的有关消息，其中linestyle是线形状的规定，见表13-4。

表 13-4 有关线的形状（linestyle）

符 号 常 数	数 值	含 义
ISOLID_LINE	0	实线
DOTTED_LINE	1	点线
CENTER_LINE	2	中心线
DASHED_LINE	3	点画线
USERBIT_LINE	4	用户定义线

表 13–5 有关线的宽度（thickness）

符 号 常 数	数 值	含 义
NORM_WIDTH	1	一点宽
THIC_WIDTH	3	三点宽

对于 upattern，只有 linestyle 选择 USERBIT_LINE 时才有意义（选其他线性，upattern 取 0 即可）。此时 upattern 的 16 位二进制数的每一位代表一个象元，如果该位为 1，则该象元打开，否则该象元关闭。

【语法格式】void far getlinesettings (struct linesettingstypefar *lineinfo);

【功能】该函数将有关线的信息存放到由lineinfo指向的结构中。其中linesettingstype的结构定义如下：

```
struct linesettingstype
{ int linestyle;
  unsigned upattern;
  int thickness; }
```

【语法格式】void far setwritemode(int mode);

【功能】该函数规定画线的方式。如果mode=0，则表示画线时将所画位置的原来信息覆盖了（这是C语言的默认方式）。如果mode=l，则表示画线时用现在特性的线与所画之处原有的线进行异或（XOR）操作，实际上画出的线是原有线与现在规定的线进行异或后的结果。因此，当线的特性不变，进行两次画线操作相当于没有画线。

13.6 基本图形的填充

本节介绍了基本图形的填充。

填充就是用规定的颜色和图模填满一个封闭图形。

13.6.1 基本图形的填充

C语言提供了一些先画出基本图形轮廓，再按规定图模和颜色填充整个封闭图形的函数。在没有改变填充方式时，C语言以默认方式填充。

【语法格式】void far bar(int x1,int y1,int x2,int y2);

【功能】确定一个以(x1,y1)为左上角，(x2,y2)为右下角的矩形窗口，再按规定图模和颜色填充。此函数不画出边框，所以填充色为边框。

【语法格式】void far bar3d(int x1,int y1,int x2,int y2,int depth,int topflag);

【功能】当topflag为非0时，画出一个三维的长方体。当topflag为0时，三维图形不封项，实际上很少这样使用。

【说明】bar3d函数中，长方体第三维的方向不随任何参数而变，即始终为45°的方向。

【语法格式】void far pieslice(int x,inty,int stangle,int endangle,int radius);

【功能】画一个以(x,y)为圆心，radius为半径，stangle为起始角度，endang1e为终止角度的扇形，再按规定方式填充。当stangle=0，endangle=360时变成一个实心圆，并在圆内从圆点沿x轴正向画一条半径。

【语法格式】void far sector(int x,int y,int stanle,int endangle,int xradius,int yradius);

【功能】画一个以(x,y)为圆心分别以xradius，yradius为x轴和y轴半径，stangle为起始角，endangle为终止角的椭圆扇形，再按规定方式填充。

13.6.2 设定填充方式

C语言有四个与填充方式有关的函数。

【语法格式】void far setfillstyle(int pattern,int color);

【功能】color的值是当前屏幕图形模式时颜色的有效值。pattern的值及与其等价的符号常数如表13-6所示。

表 13-6 关于填充式样 pattern 的规定

符号常数	数值	含义
EMPTY_FILL	0	以背景颜色填充
SOLID_FILL	1	以实线填充
LINE_FILL	2	以直线填充
LTSLASH_FILL	3	以斜线填充（阴影线）
SLASH_FILL	4	以粗斜线填充（粗阴影线）
BKSLASH_FILL	5	以粗反斜线填充（粗阴影线）
LTBKSLASH_FILL	6	以反斜线填充（阴影线）
HATURBO H_FILL C	7	以直方网格填充
XHATURBO H_FILL C	8	以斜网格填充
INTTERLEAVE_FILL	9	以间隔点填充
WIDE_DOT_ILL	10	以稀疏点填充
CLOSE_DOS_FILL	11	以密集点填充
USER_FILL	12	以用户定义式样填充

除USER_FILL（用户定义填充式样）以外，其填充式样均可由setfillstyle函数设置。当选用USER_FILL时，该函数对填充图模和颜色不作任何改变。之所以定义USER_FILL主要在获得有关填充信息时用到此项。

【语法格式】void far setfillpattem(char *upattern,int color);

【功能】设置用户定义的填充图模的颜色以供对封闭图形填充。其中upattern是一个指向8个字节的指针。这8个字节定义了8×8点阵的图形。每个字节的八位二进制数表示水平8点，8个字节表示8行，然后以此为模型向个封闭区域填充。

【语法格式】void far getfillpattem(char*upattern);

【功能】该函数将用户定义的填充图模存入upattern指针指向的内存区域。

【语法格式】void far getfillsetings(struct fillsettingstype far *fillinfo);

【功能】获得现行图模的颜色并将存入结构指针变量fillinfo中。其中fillsettingstype结构定义如下：

```
struct fillsettingstype
{  int pattern;         /*现行填充模式*/
   int color;)}         /*现行填充模式*/
   ;
```

13.6.3 任意封闭图形的填充

C语言还提供了一个可对任意封闭图形进行填充的函数。

【语法格式】void far floodfill(int x, int y,int border);

【功能】其中x,y为封闭图形内的任意以border为边界的颜色，也就是封闭图形轮廓的颜色。调用了该函数后，将用规定的颜色和图模填满整个封闭图形。

（1）如果x或y取在边界上，则不进行填充。

（2）如果不是封闭图形则填充会从没有封闭的地方溢出去，填满其他地方。

（3）如果x或y在图形外面，则填充封闭图形外的屏幕区域。

（4）由border指定的颜色值必须与图形轮廓的颜色值相同，但填充色可选任意颜色。

13.7 图形操作函数

本节介绍了图形操作函数及利用这些函数对图形窗口和屏幕进行相关操作。

通过图形操作函数，可以对图形窗口和屏幕进行相关操作。

13.7.1 图形窗口操作

和文本方式下可以设定屏幕窗口一样，图形方式下也可以在屏幕上某一区域设定窗口，只是设定的为图形窗口而已，其后的有关图形操作都将以这个窗口的左上角(0,0)作为坐标原点，而且可以通过设置使窗口之外的区域为不可接触区。这样，所有的图形操作就被限定在窗口内进行。

【语法格式】void far setviewport(int x1,int y1,int x2,int y2,int clipflag);

【功能】设定一个以(x1,y1)象元点为左上角，(x2,y2)象元为右下角的图形窗口。其中x1，y1，x2，y2是相对于整个屏幕的坐标。若clipflag为非0，则设定的图形以外部分不可接触；若clipflag为0，则图形窗口以外可以接触。

【语法格式】void far clearviewport(void);

【功能】清除现行图形窗口的内容。

【语法格式】void far getviewsettings(struct viewporttype far *viewport);

【功能】获得关于现行窗口的信息，并将其存于viewporttype定义的结构变量viewport中，其中viewporttype的结构说明如下：

```
struct viewporttype
{  int left,top,right,bottom;
   int cliplag;};
```

（1）窗口颜色的设置与前面讲过的屏幕颜色设置相同，但屏幕背景色和窗口背景色只能是一种颜色。如果窗口背景色改变，整个屏幕的背景色也将改变，这与文本窗口不同。

（2）可以在同一个屏幕上设置多个窗口，但只能有一个现行窗口工作，要对其他窗口操作，通过将定义的那个窗口工作的 setviewport 函数再用一次即可。

（3）前面讲过图形屏幕操作的函数均适合于对窗口的操作。

13.7.2　屏幕操作函数

除了清屏函数以外，关于屏幕操作还有以下函数：

```
void far setactiVepage(int pagenum);
void far setvisualpage(int pagenum);
```

这两个函数只用于EGA，VGA以及HERCULES图形适配器。

setctivepage函数是为图形输出选择激活页。

所谓激活页是指后续图形的输出被写到函数选定的pagenum页面，该页面并不一定可见。

setvisualpage函数可使pagenum所指定的页面变成可见页。页面从0开始（C语言默认页）。

如果先用setactivepage函数在不同页面上画出一幅幅图像，再用setvisualpage函数交替显示，就可以实现一些动画的效果。

```
void far getimage(int xl,int yl,int x2,int y2,void far *8mapbuf);
void far putimge(int x,int y, void *mapbuf,int op);
unsined far imagesize(int xl,int yl,int x2,int y2);
```

这三个函数用于将屏幕上的图像复制到内存，然后再将内存中的图像送回到屏幕上。首先通过函数imagesize测试，要保存左上角为(*x*1,*y*1)，右上角为(*x*2,*y*2)的图形屏幕区域内的全部内容需多少个字节，然后再给mapbuf分配一个所测数字节内存空间的指针。通过调用getimage函数就可将该区域内的图像保存在内存中，需要时可用putimage函数将该图像输出到左上角为点(*x*,*y*)的位置上，其中getimage函数中的参数op规定如何释放内存中的图像。关于这个参数的定义参见表13-7。

表 13-7　putimage 函数中的 op 值

符号常数	数　值	含　义
COPY_PUT	0	复制
XOR_PUT	1	与屏幕图像异或后复制
OR_ PUT	2	与屏幕图像或后复制
AND_UT	3	与屏幕图像与后复制
NOT_PUT	4	复制反像的图形

对于imagesize函数，只能返回字节数小于64KB的图像区域，否则将会出错，出错时返回-1。

13.8 图形模式下的文本操作

本节介绍了图形模式下对文本的操作。

在C语言的图形模式下，可以通过相关函数输出并设置文本。

13.8.1 文本的输出

在图形模式下，只能用标准输出函数输出文本到屏幕。除此之外，其他输出函数（如窗口输出函数）不能使用，即使可以输出的标准函数，也只以前景色为白色，按80列、25行的文本方式输出。

C语言也提供了一些专门用于在图形显示模式下的文本输出函数。

【语法格式】void far outtext(char far *textstring);

【功能】输出字符串指针textstring所指的文本在现行位置。

【语法格式】void far outtextxy(int x, int y,char far *textstring);

【功能】输出字符串指针textstring所指文本在规定的(x, y)位置。其中x和y为象元坐标。

【说明】这两个函数都是输出字符串，但经常会遇到输出数值或其他类型的数据，此时就必须使用格式化输出函数sprintf。

sprintf函数的调用格式为：int sprintf(char* str,char *format,variable_1ist);它与printf函数不同之处是将按格式化规定的内容写入str指向的字符串中，返回值等于写入的字符个数。

13.8.2 文本字体、字型和输出方式的设置

有关图形方式下的文本输出函数，可以通过set color函数设置输出文本的颜色。另外，也可以改变文本字体大小以及选择是水平方向输出还是垂直方向输出。

【语法格式】void far settexjustify(int horiz,int vert);

【功能】该函数用于定位输出字符串。

对使用outtextxy(int x,int y,char far *str textstring)函数所输出的字符串，其中哪个点对应于定位坐标(x,y)在Turbo C 2.0中是有规定的。如果把一个字符串看成一个长方形的图形，在水平方向显示时，字符串长方形按垂直方向可分为顶部、中部和底部三个位置，水平方向可分为左、中、右三个位置，两者结合就有9个位置。

settextjustify函数的第一个参数horiz指出水平方向三个位置中的一个，第二个参数vert指出垂直方向三个位置中的一个，两者就确定了其中一个位置。当规定了这个位置后，用outtextxy函数输出字符串时，字符串长方形的这个规定位置就对准函数中的(x,y)位置。而用outtext函数输出字符串时，这个规定的位置就位于现行游标的位置。有关参数horiz和vert的取值参见表13-8。

表 13-8 参数 horiz 和 vert 的取值

符号常数	数值	用于
LEFT_TEXT	0	水平
BOTTOM_TEXT	0	垂直
TOP_TEXT	2	垂直

【功能】该函数用来设置输出字符的字形（由font确定）、输出方向（由direction确定）和字符大小（由charsize确定）等特性。

C语言对函数中各个参数的规定如表13-9至表13-11所示。

表 13-9　font 的取值

符号常数	数　值	含　义
DEFAULT_FONT	0	8×8 点阵字（缺省值）
TRIPLEX_FONT	1	三倍笔画字体
SMALL_FONT	2	小号笔画字体
SANSSERIF_FONT	3	无衬线笔画字体
GOTHIC_FONT	4	黑体笔画字体

表 13-10　direction 的取值

符号常数	数　值	含　义
HOR]Z_DIR	0	从左到右
VERT_DIR	1	从底到顶

表 13-11　charsize 的取值

符号常数或数值	含　义
1	8×8 点阵
2	16×16 点阵
3	24×24 点阵
4	32×32 点阵
5	40×40 点阵
6	48×48 点阵
7	56×56 点阵
8	64×64 点阵
9	72×72 点阵
10	80×80 点阵
USER_CHAR_SIZE=0	用户定义的字符大小

13.8.3　用户对文本字符大小的设置

前面介绍的settextstyle函数，可以设定图形方式下输出文本字符的字体和大小，但对于笔画型字体（除8×8点阵字以外的字体），只能在水平和垂直方向以相同的放大倍数放大。

为此，C语言又提供了另外一个setusercharsize函数，对笔画字体可以分别设置水平和垂直方向的放大倍数。

【语法格式】void far setusercharsize(int mulx, intdivx,int muly,int divy);

该函数用来设置笔画型字和放大系数，它只有在settextstyle函数中的charsize为0（或USER_CHAR_SIZE)时才起作用，并且字体为函数settextstyle规定的字体。

调用函数setusercharsize后，每个显示在屏幕上的字符都以其默认大小乘以mulx/divx为输出字符宽，乘以muly/divy为输出字符高。

13.9 C 语言动画设计

本节介绍了两种动画设计方法。

1. 用随机函数实现动画的技巧

在一些特殊的 C 语言动画技术中，可以利用随机函数 int random(int num)取一个 0 ~ num 范围内的随机数，经过某种运算后，再利用 C 语言的作图语句产生各种大小不同的图形，也能产生很强的移动感。

2. 用 putimage 函数实现动画的技巧

计算机图形动画显示的是由一系列静止图像在不同位置上的重现。计算机图形动画技术一般分为画擦法和覆盖刷新法两大类。画擦法是先画 T 时刻的图形，然后在 T+△T 时刻将它擦掉，改画新时刻的图形（由点、线、圆等基本图元组成）。这种一画一擦的方法对于实现简单图形的动态显示是比较有效的。而当需要显示比较复杂的图形时，由于画擦图形时间相对较长，致使画面在移动时出现局部闪烁现象，使得动画视觉效果变差。所以，为提高图形的动态显示效果，在显示比较复杂的图形时多采用覆盖刷新的方法。

在 Turbo C 的图形函数中，有几个函数可完成动画的显示：

（1）getimage(int left,int top,int right,int bottom,void far *bur)函数将屏幕图形部分复制到由 buf 所指向的内存区域。

（2）imagesize 函数用来确定存储图形所需的字节数，所定义的字节数根据实际需要可以定义得多一些。

（3）putimage 函数可以将 getimage 函数存储的图形重写在屏幕上。利用 putimage 函数中的 COPY_PUT 项，在下一个要显示的位置上，于屏幕中重写图像。如此重复、交替地显示下去，即可达到覆盖刷新的目的，从而实现动画显示。由于图形是一次性覆盖到显示区的，并在瞬间完成，其动态特性十分平滑，因而动画效果较好。

13.10 菜单设计技术

本节介绍了下拉菜单和选择式菜单的设计方法。

菜单在用户编写的程序中占据相当一部分内容。设计一个高质量的菜单，不仅能使系统美观，更主要的是能够使操作者使用方便，避免一些误操作带来的严重后果。

13.10.1 下拉式菜单的设计

下拉式菜单是一个窗口菜单，它具有一个主菜单，其中包括几个选择项，主菜单的每一项又可以分为下一级菜单，这样逐级下分，用一个个窗口的形式弹出在屏幕上，一旦操作完毕又可以从屏幕上消失，并恢复到原来的屏幕状态。

设计下拉式菜单的关键就是在下级菜单窗口弹出之前，要将被该窗口占用的屏幕区域保存起来，然后产生这一级菜单窗口，并可用方向键选择菜单中各项，用回车键来确认。如果某选择项还有下级菜单，则按同样的方法再产生下一级菜单窗口。

用 Turbo C 在文本方式时提供的函数 gettext0 来存放屏幕规定区域的内容，当需要时用 puttext() 释放出来，再加上键盘管理函数 bioskey0，就可以完成下拉式菜单的设计。

13.10.2　选择式菜单的设计

所谓选择式菜单，就是在屏幕上出现一个菜单，操作者可根据菜单上提供的数字或字母按相应的键去执行特定的程序，当程序执行完后又回到主菜单上。

这种菜单编制简单，操作方便，使用灵活，尤其适用于大型管理程序。如果在自动批处理文件上加入这种菜单后，操作者可根据菜单上的提示，进行相应的操作，这样可以简化许多步骤，对一般微机用户来说是比较适合的。

13.11　大型程序开发的项目管理

本节介绍了项目管理器及用项目管理器开发程序项目的步骤和项目管理器的使用技巧。

13.11.1　项目管理器

程序项目是指由多个文件组成的大程序。在编制稍大些的程序时，常常会碰到一个程序包含几个甚至多个文件，而又常常要不断地对其中的一些文件进行调试、编译、连接等。

为了节省时间、提高效率，最好只编译、连接那些修改过的文件。C 语言编辑环境提供的程序项目管理器（Project）用于对由多个文件组成的程序进行编译与连接的管理。当程序项目中的某些文件发生修改后，程序项目管理器能自动地识别出哪些文件需要重新编译，可以减少编译过程中不必要的麻烦。

有关项目管理器的各项功能在 C 语言的编译环境里选择 Project 主菜单下的各项子菜单命令即可。

13.11.2　用项目管理器开发程序项目的步骤

1．程序项目文件的组成和命名

项目管理器把组成项目的多个文件作为一个整体来处理，这个整体就是项目文件。因此，在组装程序项目文件之前要先给项目文件命名。通常，项目文件扩展名为.prj。例如，命名一个项目文件名为 myprog.prj，则该程序项目的可执行文件名为 myprog.exe，如果选择生成映像文件，映像文件名为 myprog.map。

2．选择项目管理器的各项功能进行项目管理

按 Alt+P 组合键弹出 Project 主菜单。Project 菜单中的命令如图 13-1 所示。Project 菜单中各命令作用如表 13-12 所示。

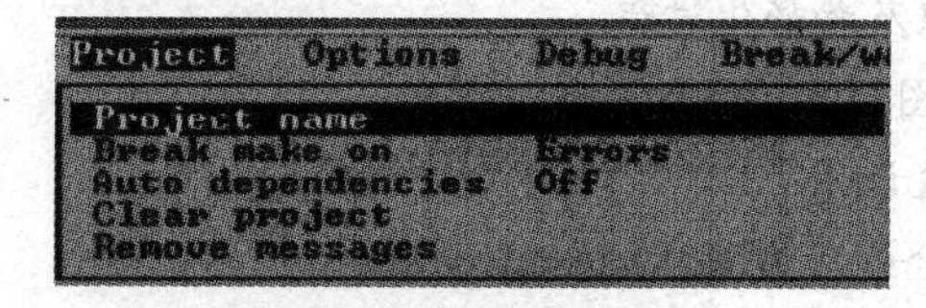

图 13-1　Project 菜单

表 13-12　　Project 菜单中各命令的用途

命　令	作　用
Project name	弹出对话框，要求输入.PRJ 文件名
Break make On	弹出一个菜单，继续提供四个中止 Make 的条件选项 • Warning：设定遇到警告错误时，中止 Make； • Error：设定遇到错误时，中止 Make； • Fatal Error：设定遇到致命错误时，中止 Make； • Link：设定在链接前，中止 Make
Auto dependencies	TC 在编译时，将.C 文件的日期和时间放在了.obj 文件中。这条命令用于设置是否要检查.C 文件与相应的.obj 文件的日期和时间关系 • on：自动检查。不一致，就重新编译； • off：不检查
Clear project	清除 Project name 并重置消息窗口
Remove messages	清除消息窗口中的错误信息

13.11.3　项目管理器的使用技巧

为提高编译效率，可以采用如下方法组成项目文件。

① 将经过反复调试运行已经成熟的常用函数编译成.lib 文件，放进自己的库文件，再把该库文件列入程序项目文件中。

② 将常用的、暂不需修改的文件编译成.obj（目标）文件，代替其源文件列入程序项目文件中。

③ 将正在调试或有可能还需要改动的文件的.C（源）文件列入程序项目文件中。

应当注意以下几点：

① 程序项目文件含有环境信息。当环境（如盘号、路径、设置的参数）等改变时，应重新建立程序项目文件，否则可能出现莫名其妙的错误。

② 一个程序项目文件要涉及许多头文件，因此要注意它们之间的一致性。

③ 一个程序项目文件有且仅有一个主函数。

三、实验环节

实验　C 语言的图形功能

【实验目的和要求】

1. 了解 C 语言的图形功能。
2. 掌握 TC 图形设置以及初始化过程。
3. 使用基本的 C 语言图形函数绘制简单的图形。
4. 了解 Turbo C 图形设计；
5. 了解较大程序的综合处理方法；
6. 了解 Turbo C 的工程文件的编写和应用。

【实验内容】

1. 图形函数的使用

```
#include<graphics.h>
#include<conio.h>
main()
{
    int driver=DETECT,mode;              /*指定图形适配器和分辨率为自动测试*/
    initgraph(&driver,&mode,"");         /*初始化图形系统*/
    setviewport(100,100,500,500,0);      /*设置可视图形窗口大小*/
    setcolor(RED);                       /*设置当前画线颜色为红色*/
    outtextxy(280, 160,"HELLO!");        /*在指定位置输出一个字符串*/
    line(200,300,300,400);               /*从点(200,300)到点(300,400)之间画一条直线*/
    line(300,400,400,300);
    line(400,300,300,200);
    line(300,200,200,300);
    setbkcolor(BLUE);                    /*设置当前背景颜色为蓝色*/
    setoolor(WHITE);                     /*设置当前画线颜色为白色*/
    moveto(200,200);                     /*将像素坐标移到点(200,200)处*/
    lineto(200,400);                     /*从点(200, 200)开始到点(200, 400)之间画一条直线*/
    lineto(400,400);
    lineto(400,200);
    lineto(200,200);
    getch();                             /*接收任意按键*/
    clearviewport();                     /*清除当前图形窗口*/
    setcolor(YELLOW);                    /*设置当前背景颜色为黄色*/
    circle(300,300,100);                 /*画一圆*/
    setfillstyle(8,RED);                 /*设置填充图案和颜色*/
    bar(200,100,400,150);                /*画并填充一个二维条形*/
    getch();                             /*接收任意按键*/
    closegraph();                        /*关闭图形状态，返回文本状态*/
}
```

2. 简易通讯录管理程序

试建立一个工程文件 c132.prj 将磁盘上的文件 c132head.h、c132main.c、c132inout.c 及 c132s1.obj 合成一个可执行文件 c12.exe，并尝试运行它。

文件 c132head.h 程序清单如下:

```
#include<coino.h>
#include <stdio.h>
#include<ctype.h>
#include<stririg.h>
#include<stdlib.h>
#define SIZE 100
struct addr
  {
    char name[40];
    char street[40];
    char city[30];
    char state[3];
```

```
    char zip[10];
    };
extern struer addr addr info[SIZE];
void enter(void);
void init_list(void);
void display(void);
void save(void);
void load(void);
int menu(void);
```

文件 c132main.c 程序清单如下:

```
/*A simple mailing list that uses an array of structures. */
#include"c12head.h"
struct addr addr info[SIZE];
main(void)
{char choice;
  init list();
  for(;;)
  {choice=raerlll();
   switch(choice)
   {case 'e':enter();break;
   case 'd':display(); break;
   case 'l':load();break;
   case 's':save();break;
   case 'q':return 0;
   }
  }
}
void init_list(void)
{ register int t;
  for(t=0;t<SIZE;t++)*addr_info[t].name='\0';
}
menu(void)
{char ch;
  do
  {
   printf("(E)nter\n");
   printf("(p)isplay\n");
   printf("(L)oad\n");
   printf("(S)ave\n");
   printf("(Q)uit\n\n");
   printf("choose one: ");
   ch=getche();
   printf("\n");
  }
   while(!strchr("edlsq",tolower(ch)));
   return tolower(ch);
```

文件 C132inout.c 程序清单如下:

```
/*input names into the list*/
#include "c132head.h"
void enter(void)
{ register int i;
  for(i=0;  i<SIZE;  i++)
    if(!*addr_info[i].name)break;
```

```
    if(i==SIZE)
    {printf("list full\n");
   return;
 }
 /*enter the information*/
 printf("\n");
 printf("name:");
 gets(addr_info[i].name);
 printf("street:");
 gets(addr_info[i].
 printf("city:");
 gets(addr_info[i].city);
 printf("state:");
 gets(addr_info[i].state);
 printf("zip:");
 gets(addr_info[i].zip);
 /*Display the list*/
 void display(void)
 {register int t;
   for(t=0;t<SIZE;t++)
   {if(*addr_info[t].name)
     {printf("\n");
     printf("%s\n",addr_info[t].name);
     printf("%s\n",addr_info[t].street);
     printf("%s\n",addr_info[t].city);
     printf("%s\n",addr-info[t].state);
     printf("%s\n\n",addr_info[t].zip);
     }
 }
```

文件c132s1.obj是由下面的源程序c132s1.c编译生成的目标文件。

```
 #include "c132head.h"
 save the list
 void save(void)
 {FILE *fp;
   register int i;
   if((fp=fopen("maillist","wb"))==NULL)
   { printf("cannot open file\n");
     return;
   }
     for(i=0;i<SIZE;i++)
     if(*addr_info[i].name)
     if(fwrite(&addr_info[i],sizeotf(struct addr),1,fp)!=1)
     printf("file write error\n");
   fclose(fp);
 }
 /*Load  the file*/
 void load(void)
 {FILE *fp;
   register int I;
   if((fp=fopen("maillist","rb"))==NULL)
   {printf("cannot open file\n");
     return;
 }
 init_list()
```

```
for(i=0;  i<SIZE;  i++)
if(fread(&addr_info[i],sizeof(struct addr),1,fp)!=1)
{if(feof(fp))
  { fclose(fp);
    return;
  }
printf("file write error\n");
}
}
```

编写出程序 c132.prj 的清单

3. 绘制一个“勾三股四弦五”的三角形

程序分析:

(1)定义相关变量进行图形函数初始化。

(2)以 3 : 4 : 5 的比例通过画线函数绘制三角形。

4. 绘制一个正方形及其外接圆

程序分析:

(1)定义相关变量进行图形函数初始化。

(2)使用相关函数绘制正方形。

(3)计算正方形外接圆的圆心位置和半径并画圆。

5. 综合程序设计

学生成绩管理系统 V7.0

某班不超过 50 人(具体人数由键盘输入)参加 7 门课的考试,此系统能把用户输入的数据存盘,下次运行时读出,编写实现如下菜单功能的学生成绩管理系统。

① 建立学生文件,录入每个学生的学号、姓名和考试成绩,将每个学生的记录信息写入文件;

② 从文件中读出每个学生记录信息并显示;

③ 计算每门成绩的总分和平均分;

④ 求每个人的总分和平均分;

⑤ 按每人平均成绩由高到低排名次输出;

⑥ 按学号由小到大输出成绩表;

⑦ 按姓名的字典顺序输出成绩表;

⑧ 按学号查询学生排名及考试成绩;

⑨ 按姓名查询学生排名及考试成绩;

⑩ 按优秀(90~100)、良好(80~89)、中等(70~79)、及格(60~69)、不及格(0~59)五个段统计每段的百分比;

⑪ 输出每个学生的学号、成绩、排名、每门课的课程总分、平均分;

⑫ 在文件中添加数据;

⑬ 按输入的姓名删除相应数据;

⑭ 按输入的学号删除相应数据。

要求利用本章的技术设计良好的界面。

四、测试练习

习 题 13

一、填空题

1. putpixel(int x,int y,int color)表示在屏幕中_____位置画点，点的颜色由参数______决定，当它等于______ 时，点的颜色为红色。

2. line(int x0,int y0,int xl,int y1)可以画出一条线段，线段两端点的坐标分别是______和____。

3. lineto(int x,int y)可以画出一条线段，线段的起点为_____，终点坐标为______。

4. circle(int x,int y,int radius)是典型的画圆函数，圆心坐标为_____，半径为______。

5. ellipse(int x,int y,int stangle,int endanger,int xradius,int yradius)是画椭圆函数椭圆的中心在_____，x轴方向上的半径为_____，y轴方向上的半径为____，如果要画出完整的椭圆，参数stangle=______，endang1e=___。

6. rectangle(int x1,int yl,int x2,int y2)可以画矩形，四个顶点的坐标分别为_______、_______、_____和_____。

7. 在C语言中使用____进行程序项目的管理。

8. 如果命名一个项目文件名为mypro1.prj，则该程序项目的可执行文件名为______。

二、编程题

1. 画一个正三角形。

2. 画一个红五角星。

附录A 习题参考答案

习题1 参考答案

一、选择题

1. C 2. D 3. B 4. B 5. C 6. B 7. C

二、填空题

1. main()函数 2. 函数首部、函数体 3. { } 4. ; 5. ;

6. /* 、*/ 7. main() 8. 函数 9. 编译

三、判断题

1. √ 2. × 3. × 4. × 5. √

四、分别用传统流程图和结构化流程图表示以下问题的算法（左边为传统流程图，右边为结构化流程图）

1.

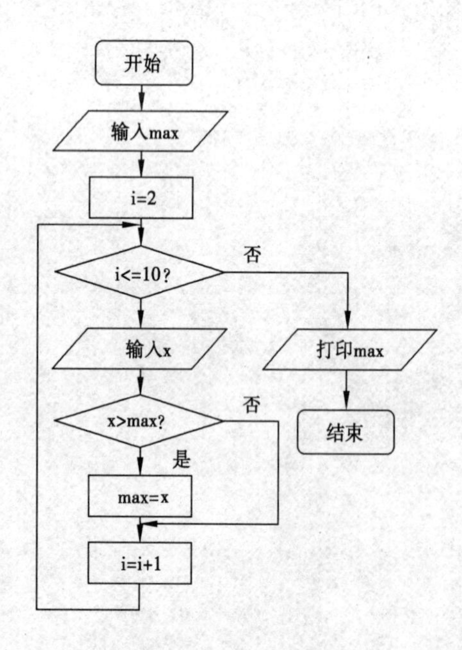

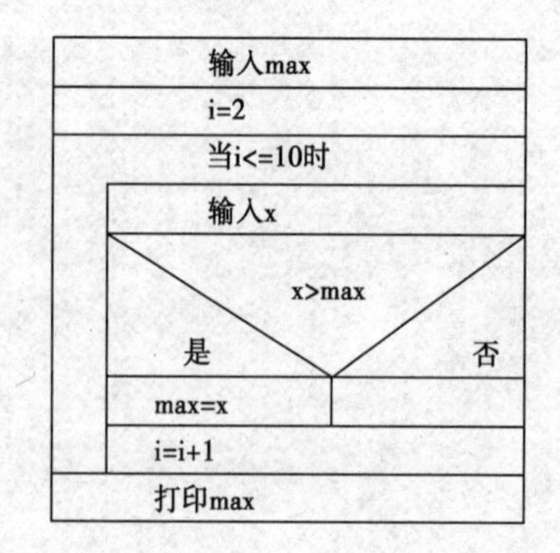

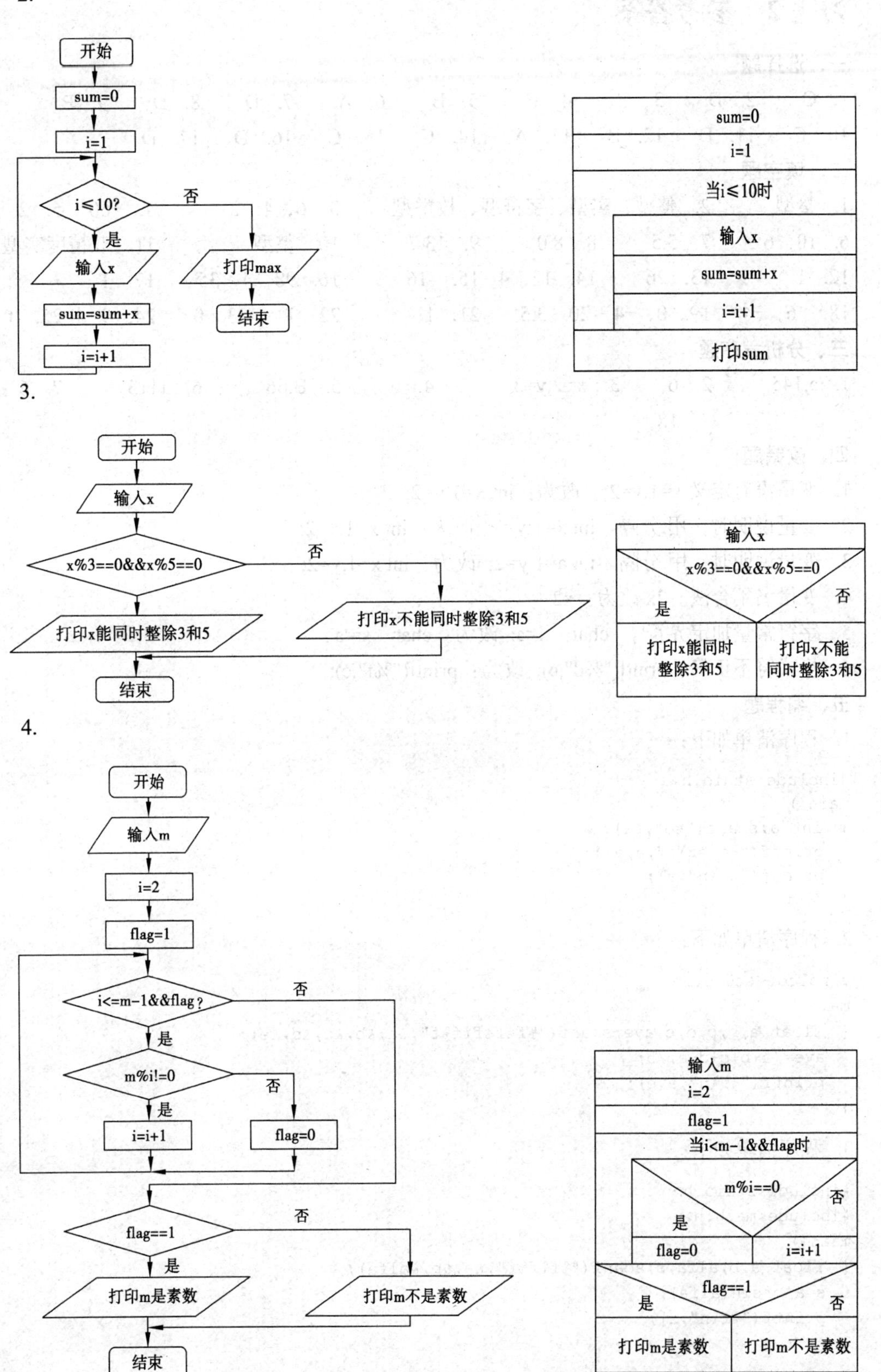
2.
开始
sum=0
i=1
i≤10?
否
是
输入x
打印max
sum=sum+x
结束
i=i+1
sum=0
i=1
当i≤10时
输入x
sum=sum+x
i=i+1
打印sum
3.
开始
输入x
x%3==0&&x%5==0
否
是
打印x能同时整除3和5
打印x不能同时整除3和5
结束
输入x
x%3==0&&x%5==0
是
否
打印x能同时整除3和5
打印x不能同时整除3和5
4.
开始
输入m
i=2
flag=1
i<=m-1&&flag？
否
是
m%i!=0
否
是
i=i+1
flag=0
flag==1
否
是
打印m是素数
打印m不是素数
结束
输入m
i=2
flag=1
当i<m-1&&flag时
m%i==0
是
否
flag=0
i=i+1
flag==1
是
否
打印m是素数
打印m不是素数

习题 2 参考答案

一、选择题

1. C 2. D 3. C 4. B 5. B 6. A 7. D 8. D 9. B
10. C 11. D 12. B 13. A 14. C 15. C 16. D 17. D

二、填空题

1. 整型 2. 整型、实型、字符型、枚举型 3. 6，4，2 4. -60 5. 2
6. 10，6 7. 5.5 8. 8.0 9. 13.7 10. 整型 11. 双精度实型
12. 1 13. 26 14. 12，4 15. -16 16. 98，4，35 17. 1
18. -6，-4 19. 0，-4 20. 3.5 21. 1 22. 1 23. 0 24. 9 25. 'f'

三、分析程序题

1. a,145 2. 6
18
3. x=2,y=3 4. 6 5. B,66 6. 1113 7. 6

四、改错题

1. 变量没有定义 x=1;y=2;。改为：int x=1,y=2;
2. 变量说明时，用,分隔。int x=1;y=2; 改为：int x=1,y=2;
3. 变量说明时，用,分隔。int a=1 y=2; 改为：int x=1,y=2;
4. 变量名不合法。2x 改为：x2
5. 字符常量加定界符'。 char x=a; 改为：char x='a';
6. 格式符不正确。printf("%d",c); 改为：printf("%f",c);

五、编程题

1. 程序清单如下：

```
#include<stdio.h>
main()
{  int a;scanf("%d",&a);
   printf("%o,%x\n",a,a);
   printf("%d\n",a);
}
```

2. 程序清单如下：

```
#include<stdio.h>
main()
{  float a,b,c,d,e,ave;scanf("%f%f%f%f%f",&a,&b,&c,&d,&e);
   ave=(a+b+c+d+e)/5;
   printf("%f\n",ave);
}
```

3. 程序清单如下：

```
#include<stdio.h>
#include<math.h>
main()
{  float a,b,alfa,s;scanf("%f%f%f",&a,&b,&alfa);
   s=a*b*sin(alfa);
   printf("%f\n",s);
}
```

习题 3 参考答案

一、选择题

1. A	2. D	3. A，B，B	4. C	5. B	6. C	7. B
8. C	9. B	10. D	11. B	12. A	13. C	14. B
15. C	16. D	17. D	18. B，C	19. D	20. A	21. AC
22. B，B	23. D	24. B	25. D	26. B	27. A	28. D
29. B	30. A	31. B	32. B	33. B	34. A	35. D

二、填空题

1. a=1,b=12.34；a=1,b=12.340000
2. a
3. scanf("%d%f%f%c%c",a,b,c,c1,c2);

   1□1.5□12.3Aa
4. b，b，b
5. -14
6. 不借助任何中间变量把 a、b 中的值进行交换
7. 格式控制符与变量类型不匹配；未指明变量 k 的地址

[scanf 语句的正确形式应该是：scanf("%f",&k);]

8. a=3□b=7x=8.5□y=71.82c1=A□c2=a<回车>

三、分析题

1. a=□□□□4,b=5□□□□□□□□,c=□□1.50,d=123.79,e=□□□□456.12
2. u1=65535,u2=10000

   m=-1,n=10000
3. 原样输出；1.000000%
4. decimal=-31,hex=ffe1,octal=177741,unsigned=852
5. x+y+z=39
6. i:dec=-4,oct=177774,hex=fffc,unsigned=65532
7. *3.140000,3.142*
8. c: dec=120,oct=170,hex=78,ASCII=x
9. *d(l)=-2*d(2)= □-2*d(3)=-2□*

   *d(4)=177776*d(5)= □177776o*d(6)=177776□*
10. （1）输出数据左对齐

    （2）□□□□12##

    12□□□□##

    □□3.1415926000##

    1415926000□□##
11. a=+00325□□□x=+3.14159e+00
12. a=374□□a=0374

    a=fc□□a=0xfc

四、编程题

1. 程序清单如下：

```
#include<stdio.h>
main()
{  char a,b;
   a='b'; b='o';
   putchar(a); putchar(b);
   putchar('y'); putchar('\n');
}
```

或：

```
#include<stdio.h>
main()
{  putchar('b');
   putchar('o');
   putchar('y');
   putchar('\n');
}
```

2. 程序清单如下：

```
#include<stdio.h>
main()
{  char ch;
   ch=getchar();
   putchar(ch);
   putchar('\n');
}
```

3. 程序清单如下：

```
#include<stdio.h>
main()
{  char  a,b,c;
   a=getchar();
   b=getchar();
   c=getchar();
   putchar(a);
   putchar(b);
   putchar(c);
   putchar('\n');
}
```

4. 程序清单如下：

```
#include<stdio.h>
main()
{  char ch;
   ch=getchar();
   putchar(ch-32);
}
```

5. 程序清单如下：

```
main()
{  int a=3,b=4,c=5;
   long int u=51274,n=128765;
```

```
    float x=1.2,y=2.4,z=-3.6;
    char c1='a',c2='b';
    printf("a=%2d  b=%2d  c=%2d\n",a,b,c);
    printf("x=%f,y=%f,z=%f\n",x,y,z);
    printf("x+y=%5.2f  y+z=%5.2f  z+x=%5.2f\n",x+y,y+z,z+x);
    printf("u=%6ld n=%9ld\n",u,n);
    printf("%s %s %d%s\n","c1=\'a\'","or",c1,"(ASCII)");
    printf("%s %s %d%s\n","c2=\'a\'","or",c2,"(ASCII)");
}
```

6. 程序清单如下：

```
#include<math.h>
main()
{  float a,b,c,s,area;
   scanf("%f, %f, %f",&a,&b,&c);
   s=0.5*(a+b+c);
   area=sqrt(s*(s-a)*(s-b)*(s-c));
   printf("a=%.2f, b=%.2f, c=%.2f\n",a,b,c);
   printf("area=%.2f\n",area);
}
```

7. 程序清单如下：

```
/*功能：设计一个顺序结构程序，求三个整数的和及平均值。*/
main()
{  int num1,num2,num3,sum;
   float aver;
   printf("Please input three numbers:");
   scanf("%d,%d,%d",&num1,&num2,&num3);          /*输入三个整数*/
   sum=num1+num2+num3;                           /*求累计和*/
   aver=sum/3.0;                                 /*求平均值*/
   printf("num1=%d,num2=%d,num3=%d\n",num1,num2,num3);
   printf("sum=%d,aver=%7.2f\n",sum,aver);
}
```

8. 程序清单如下：

```
#include"math.h"
main()
{  float a,b,c,t,disc,twoa,term1,term2;
   printf("enter a,b,c:");
   scanf("%f%f%f",&a,&b,&c);
   if(a==0)
       if(b==0)
          printf("no answer due to input error\n");
       else printf("The single root is%f\n",-c/b);
   else
   {  disc=b*b-4*a*c;
      twoa=2*a;
      term1=-b/twoa;
      t=abs(disc);
      term2=sqrt(t)/twoa;
      if(disc<0)
         printf("complex root\n real part=%f imag part=%f\n",term1,term2);
      else
         printf("real roots\n root1=%f root2=%f\n",term1+term2,term1-term2);
```

```
    }
}
```

习题 4　参考答案

一、选择题

1. B　2. D　3. B　4. D　5. C　6. A　7. C　8. B　9. C

10. A　11. B　12. D　13. C　14. B　15. C　16. B　17. B　18. B

二、填空题

1. 非 0，0，1，0

2. （1）0　（2）1　（3）1　（4）0　（5）1

3. （1）u,v　（2）x>y　（3）u>z

4. （1）y<z　（2）x<z　（3）x<y

5. （1）x<y　（2）x=y; y=z;

6. （1）c=c+5　（2）c=c-21

7. （1）y%4==0&&y%100!=0　（2）f=0

8. （1）a<d　（2）b<c

三、分析程序题

1. DF　2. -10　3. 5　4. a=11,b=11　5. 0.100000　6. F

7. 20

8. 5
5
1

9. -1

10. 0.600000

11. 60—69
<60
error!

12. **1**
3

13. #&　14. a=2,b=1

四、编程题

1. 程序清单如下：

```
main()
{  float x,y;
   scanf("%f",&x);
   if(x<10)
      y=x-1;
   else if(x<25)
      y=x*x-9;
   else
      y=x*x+9;
   printf("y=%f\n",y);
}
```

2. 程序清单如下：

```
main()
{  long int k;
   float bonus,bon1,bon2,bon4,bon6,bon10;
   int c;
   bon1=100000*0.1;
   bon2=bon1+100000*0.075;
   bon4=bon2+200000*0.05;
   bon6=bon4+200000*0.03;
   bon10=bon6+400000*0.015;
   scanf("%ld",&k);
   if(k<=100000)
      bonus=k*0.1;
   else if(k<=200000)
      bonus=bon1+(k-100000)*0.075;
```

```
    else if(k<=400000)
      bonus=bon2+(k-200000)*0.05;
    else if(k<=600000)
      bonus=bon4+(k-400000)*0.03;
    else if(k<=1000000)
      bonus=bon6+(k-600000)*0.015;
    else
      bonus=bon10+(k-1000000)*0.01;
    printf("bonus=%10.2f\n",bonus);
}
```

或：

```
main()
{  long int k;
   float bonus,bon1,bon2,bon4,bon6,bon10;
   int c;
   bon1=100000*0.1;
   bon2=bon1+100000*0.075;
   bon4=bon2+200000*0.05;
   bon6=bon4+200000*0.03;
   bon10=bon6+400000*0.015;
   scanf("%ld",&k);
   c=k/100000;
   if(c>10) c=10;
   switch(c)
   {  case 0:bonus=k*0.1;break;
      case 1:bonus=bon1+(k-100000)*0.075;break;
      case 2:
      case 3:bonus=bon2+(k-200000)*0.05;break;
      case 4:
      case 5:bonus=bon4+(k-400000)*0.03;break;
      case 6:
      case 7:
      case 8:
      case 9:bonus=bon6+(k-600000)*0.015;break;
      case 10:bonus=bon10+(k-1000000)*0.01;
   }
   printf("bonus=%10.2f\n",bonus);
}
```

3. 程序清单如下：

```
main()
{  int a,x,x1,x2,x3,x4;
   printf("x=");
   scanf("%d",&x);
   x1=x%10;x=x/10;
   x2=x%10;x=x/10;
   x3=x%10;
   x4=x/10;
   printf("\nd=%d%d%d%d",x1,x2,x3,x4);
}
```

4. 程序分析：以 3 月 5 日为例，应该先把前两个月的天数加起来，然后再加上 5 天即本年的第几天。特殊情况，闰年且输入月份大于 2 时需考虑多加一天。程序清单如下：

```
main()
{  int day,month,year,sum,leap;
   printf("\nplease input year,month,day\n");
   scanf("%d,%d,%d",&year,&month,&day);
   switch(month)/*先计算某月以前月份的总天数*/
   {  case 1: sum=0; break;
      case 2: sum=31; break;
      case 3: sum=59; break;
      case 4: sum=90; break;
      case 5: sum=120; break;
      case 6: sum=151; break;
      case 7: sum=181; break;
      case 8: sum=212; break;
      case 9: sum=243; break;
      case 10: sum=273; break;
      case 11: sum=304; break;
      case 12: sum=334; break;
      default: printf("data error"); break;
   }
   sum=sum+day;                                      /*再加上某天的天数*/
   if(year%400==0||(year%4==0&&year%100!=0))         /*判断是不是闰年*/
      leap=1;
   else     leap=0;
   if(leap==1&&month>2)                /*如果是闰年且月份大于 2，总天数应该加一天*/
      sum++;
   printf("It is the %dth day.",sum);
}
```

或：

```
main()
{  int  y,m,d,s=0;
   printf("输入某一天的日期(格式：年-月-日):");
   scanf("%d-%d-%d",&y,&m,&d);
   switch(m)
   {  case 12:  s+=30;                                 /*加 11 月份天数*/
      case 11: s+=31;
      case 10: s+=30;
      case  9: s+=31;
      case  8: s+=31;
      case  7: s+=30;
      case  6: s+=31;
      case  5: s+=30;
      case  4: s+=31;
      case  3: if(y%4==0&&y%100!=0||y%400==0) s+=29; else s+=28;
      case  2: s+=31;
      case  1: s+=d; printf("%d-%d-&d是该年第%d天\n",y,m,d,s);
      break;
      default: printf("输入日期有错! ");
   }
}
```

5. 程序清单如下：

```
main()
```

```
{  float score;
   scanf("%f",&score);
   if(score<60.0) printf("score=%5.1f---Fail\n",score);
   if(score>=60.0) printf("score=%5.1f---Pass\n",score);
}
```

或：

```
main()
{  float score;
   scanf("%f",&score);
   if(score<60.0) printf("score=%5.1f---Fail\n",score);
   else printf("score=%5.1f---Pass\n",score);
}
```

6. 程序清单如下：

```
#include<stdio.h>
main()
{  char ch;
   printf("请输入一个字符： ");
   /*在双引号内的字符串中，可以出现汉字,不影响程序运行*/
   ch=getchar();
   if((ch>='a'&&ch<='z')||(ch>='A' && ch<='Z'))
   printf("\n 它是一个字母!\n");                    /*注意前后的\n，养成良好的编辑习惯*/
   else  if(ch>='0'&&ch<='9')
      printf("\n 它是一个数字!\n");
   else
      printf("\n 它是一个特殊字符!\n");
}
```

7. 程序清单如下：

```
main()
{  int x,y;
   printf("input x:");
   scanf("%d",&x);
   if(x<1)
   {  y=x;
      printf("x=%3d,       y=x=%d\n",x,y);
   }
   else if(x<10)
   {  y=2*x-1;
      printf("x=%3d,       y=2*x-1=%d\n",x,y);
   }
   else
   {  y=3*x-11;
      printf("x=%3d,       y=3*x-11=%d\n",x,y);
   }
}
```

习题 5　参考答案

一、选择题

1. C　　2. A　　3. C　　4. B　　5. A　　6. D　　7. A

8. C　　9. B　　10. B

二、填空题

1.（1）x!=0 （2）x<min 或 min>x　　2.（1）i<=20 （2）f2=f1+f2 （3）i%2==0

3.（1）b （2）a-=b 或 a=a-b　　4.（1）i==j （2）i!=k&&j!=k

5.（1）sum=0 （2）x>100 （3）x%3!=0

6.（1）i<=9 或 i<10 （2）j%3!=0　　7.（1）p+j （2）s+p

8.（1）t>1e-6 （2）t/=n 或 t=t/n　　9.（1）t=1 （2）s+=t 或 s=s+t

三、分析程序题

1. u
w
xs

2. 6

3. 23

4. 4

5. 1 4 9 16 25 36 49 64 81 100
total is 385

6. i=8i=9i=10

7. 25

8. x=0:y=5

9. i=1
i=3
i=4

10.
```
*
**
***
*
**
***
```

11. m=7

12. 54321

13. 228,64,354

14.
```
*****
*
****
***
**
*
```

15. 15,5
20,15

16. s=110

17. s=12

四、改错题

1. 此程序中有两处错误：一是 sum 没有定义，二是在循环中 x 没有变化，从而构成死循环。程序可以改为：

```
main()
{  int x=1,sun;
   sum=1;
   while(x<=10);
   {  sum=sum*x;
      x++;
   }
   printf("%d",sum);
}
```

2. 此程序中有一处逻辑错误：没有输出 20。程序可以改为：

```
main()
{  int n=1;
   while(n<=20)
      printf("%d",n++);
}
```

3. 此程序中有一处逻辑错误和一处语法错误。语法错误为：x++后没有分号

本程序求的是 2+…+11 的和。程序可以改为：

```
main()
```

```
{  int x=1,sum;
   sum=0;
   while(x<=10);
   {  sum+=x;
      x++;
   }
}
```

4. 此程序中有一处逻辑错误。由于 n 的初始值是 1，而在循环中执行 n=n+2;所以没有产生偶数，不能求出偶数值。程序可以改为：

```
main()
{  int n=2;
   do
   {  printf("%d\n",n);
      n+=2;
   }while(n<100);
}
```

或：

```
main()
{  int n=1;
   do
   {  if(n%2==0)
      printf("%d\n",n);
      n++;
   }while(n<100);
}
```

5. 此程序中有一处逻辑错误。如果按原来的程序段，将构成死循环。程序可以改为：

```
for(i=99;i>=1;i-=2)
   printf("%d\n",i);
```

6. 根据题目分母 b 应该为原来的分子 a 的值，即现在 c 中的值，故应把 b+=c;改为 b=c;k 的初始值应为 0。

```
main()
{  int a=2,b=1,c,k=0,n;
   float s=0;
   printf("input n");
   scanf("%d",&n);
   while(k<=n)
   {  s=s+1.0*a/b;
      c=a;
      a+=b;
      b=c;
      k++;
   }
      printf("s=%f\n",s);
}
```

7. 在执行循环前已经输入了一个成绩，所以循环的次数应该是 29 次，在新成绩和 max 比较时，若 max>x 时 max=x; 在新成绩和 min 比较时，若 min<x 时 min=x;所以把 max>x 改为 max<x，把 min<x 改为 min>x。

```
main()
```

```
{  int  max,min,x,k;
   float sum,ave;
   scanf("%d",&x);
   max=min=sum=x;
   for(k=2;k<30;k++)
   {  scanf("%d",&x);
      sum+=x;
      if(max<x)
         max=x;
      else if(min>x)
         min=x;
   }
   ave=sum/30;
   printf("average=%6. 2f\nmax=%d\nmin=%d\n",ave,max,min);
}
```

五、问答题

1. （1）求10以内的素数之和。　　（2）17

2. （1）利用梯形法求$\int_0^1 \sin x dx$的近似值。　　（2）n值越大，积分值s越精确。

六、编程题

1. 程序清单如下：

```
main()
{  float x,max;
   int zs=0,fs=0;
   scanf("%f",&x);
   max=x;
   scanf("%f",&x);
   while(x!=0)
   {  if(x>max)
         max=x;
      if(x>0)
         zs++;
      else fs++;
      scanf("%f",&x);
   }
   print("max=%f,zs=%d,fs=%d\n",max,zs,fs);
}
```

2. 程序清单如下：

```
main()
{  int  k;
   float s=0;
   for(k=1;k<=20;k++)
      s+=1.0*k/(k+1)
   printf("%f\n",s);
}
```

3. 程序清单如下：

```
#include<stdio.h>
main()
{  int no,nl,nn;
   char c;
```

```
  no=nl=nn=0;
  while((c=getchar())!='*')
    if(c=>'a'&&c<='z'||c>'A'&&c<='Z')
      nl++;
    else if(c>='0'&7c<='9')
      nn++;
    else no++;
  printf("letter=%d,number=%d,other=%d\n",nl,nn,no);
}
```

4. 程序清单如下：

```
#include<stdio.h>
main()
{  int m,k=0;
   for(m=500;m<=600;m++)
   if(m%5==0&&m%7==0)
   {  printf("%d  ",m);
      k++;
   }
   printf("%d\n",k);
}
```

5. 程序清单如下：

```
#include<stdio.h>
main()
{  int g,m,x;
   for(g=1;g<=19;g++)
      for(m=1;m<=33;m++)
      {  x=100-g-m;
         if(5*g+3*m+x/3==100&&x%3==0)
            printf("%3d%3d%3d\n",g,m,x);
      }
}
```

6. 程序清单如下：

```
#include<stdio.h>
#include<math.h>
main()
{  float x,t,f=1,s=0;
   int n=1;
   scanf("%f",&x);
   t=x;
   do
   {  s+=t;
      n++;
      f=-f;
      t=f*t*x*x/(2*n-1);
   }while(fabs(t)<1e-6);
   printf("%f",s);
}
```

7. 程序清单如下：

```
#include<stdio.h>
main()
{  int m,n,m1,n1,r;
```

```
    scanf("%%d",&m,&n);
    m1=m;
    n1=n;
    r=m%n;
    while(r!=0);
    {  m=n;
       n=r;
       r=m%n;
    }
    printf("最大公约数是%d 最小公倍数是%d",n,m1*n1/n);
}
```

8. 程序清单如下：

```
#include<stdio.h>
main()
{  long f,s;
   int k;
   s=0;
   f=1;
   for(k=1;k<=10;k++)
   {  f*=k;
      s+=f;
   }
   printf("sum=%ld\n",s);
}
```

9. 程序清单如下：

```
#include<stdio.h>
main()
{  int k,m;
   for(k=1;k<=4;k++)
   {  for(m=0;m<=k-1;m++)
         printf(" ");
      for(m=1;m<=5;m++)
         printf("*");
      printf("\n);
   }
   for(k=1;k<=3;k++)
   {  for(m=0;m<=3-k;m++)
         printf(" ");
      for(m=1;m<=5;m++)
         printf("*");
      printf("\n);
   }
}
```

10. 程序清单如下：

```
main()
{  int m,n,s;
   for(m=1;m<=1000;m++)
   {  s=1;
      for(n=2;n<=m-1;n++)
         if(m%n==0)
            s+=n;
```

```
        if(s==m)
          printf("%d ",m);
    }
}
```

11. 程序清单如下：

```
main()
{  long m,n;
   int k,
   scanf("%ld",&m);
   k=n=0;
   while(m!=0)
   {  n=n*10+m%10;
      k++;
      m/=10;
   }
   printf("%d %ld\n",k,n);
}
```

习题 6 参考答案

一、选择题

1. C　2. B　3. B　4. B　5. C　6. C　7. D
8. A　9. B　10. A

二、填空题

1. （1）0　（2）连续　数组名　（3）越界
2. （1）int a[10]={ 9,4,12,8,2,10,7,5,1,3}　（2）0　9　（3）a[8] 1 a[2]　12　（4）8　2
3. （1）gets(temp)　（2）strcpy(temp,str)
4. （1）i+1　（2）i--　（3）i
5. （1）a[i]　（2）i++;　（3）b[j]　（4）j++
6. （1）strcpy(sp,str[0])　（2）strcpy(sp,str[i])　（3）sp
7. （1）sum2=0　（2）i==j　（3）i+j=3
8. （1）i=j+1(2)　（2）found=1
9. （1）b[i][j+1]=a[i][j]　（2）i=0;i<2　（3）printf("\n")
10. （1）j<3　（2）b[j][i]=a[i][j]　（3）i<3
11. （1）i<n-1　（2）a[j+1]　（3）a[j+1]
12. （1）'\0'　（2）'\0'　（3）s1[i]
13. （1）0　（2）j 或 j!=0　（3）10　（4）10　（5）ch[0]==ch[4]&&ch[1]==ch[3]

三、分析程序题

1.
```
0  1  2
0  1  3
0  2  2
```
2. 4　6　8　10

3. countryside

四、问答题

1. （1）此程序的功能是矩阵的转置，第一个双重循环不能实现此功能。

（2）此程序的输出结果是：

1 2 3

4 5 6

7 8 9

1 4 7

2 5 8

3 6 9

2.（1）求 a 数组中 *n* 个数的平均值。

（2）la 用于记录大于平均值的元素个数，lb 用于记录小于等于平均值的元素个数。

3.（1）输出的结果是 1 3 6 10 15 21 28 36 45 45。

（2）b 数组中的元素 b[n]的值是 a 数组中前 *n* 个元素之和。

4.（1）对每列的元素进行降序排列。

（2）用的是顺序排序方法。

（3）此程序的输出结果是：

```
79  83  89  97  101
59  61  67  71  73
37  41  43  47  53
17  19  23  29  31
3   5   7   11  13
```

5.（1）sum 数组中的元素 sum[k]的值是 a 数组中所有 k=i+j 其中 i=0，…，*n*-1，j=0，…，*n*-1 的元素之和。

（2）1 7 18 34 33 27 16

（3）不变。

6.（1）基数位的数按升序排列，偶数位的数按降序排列。

（2）0 2 4 6 8 9 7 5 3 1

五、编程题

1. 程序清单如下：

```
main()
{  int a[5][5],i,k,sum=0,max,r,c;  long mul=1;
   for(i=0;i<5;i++)
      for(k=0;k<5;k++)
         scanf("%d",&a[i][k]);
   for(i=0;i<5;i++)
   {  sum+=a[i][i];
      mul*=a[i][4-i];
   }
   max=a[0][0];
   r=0;
   c=0;
   for(i=0;i<5;i++)
      for(k=0;k<5;k++)
         if(a[i][k]>max)
         {  max=a[i][k];
            r=i;c=k;
         }
   printf("sum=%d;mul=%ld;max=%d;row=%d;col=%d\n",sum,mul,max,r,c);
}
```

2. 程序清单如下：

```
#include<string.h>
#include<stdio.h>
main()
{  char s[80],c,max;
   int i,k;
   gets(s);c=getchar();
   for(max=s[0],k=i=0;s[i];i++)
      if(s[i]>max)
      {  max=s[i];
         k=i;
      }
   for(i=strlen(s);i>k;i--)
      s[i+1]=s[i];
   s[k+1]=c;
   puts(s);
}
```

3. 程序清单如下：

```
main()
{  int a[10],j,k;
   for(k=0;k<10;k++)
      scanf("%d",&a[k]);
   j=a[9];
   for(k=9;k>3;k--)
      a[k]=a[k-1];
   a[3]=j;
   for(k=0;k<10;k++)
      printf("%d",a[k]);
}
```

4. 程序清单如下：

```
main()
{  int a[10],j,k,min;
   for(k=0;k<10;k++)
      scanf("%d",&a[k]);
   min=a[0];j=0;
   for(k=0;k<10;k++)
      if(a[k]<min)
      {  min=a[k];
         j=k;
      }
   printf("%d",j);
}
```

5. 程序清单如下：

```
#define N 10
main()
{  int a[N],b[N],c[2*N],j,k,m;
   for(k=0;k<N;k++)
      scanf("%d",&a[k]);
   for(k=0;k<N;k++)
      scanf("%d",&b[k]);
   j=k=m=0;
```

```
  while(j<N&&k<N)
    if(a[j]<b[k])
    {  c[m]=a[j];
       m++;
       j++;
    }
    else
    {  c[m]=b[k];
       m++;
       k++;
    }
  while(j<N)
  {  c[m]=a[j];
     m++;
     j++;
  }
  while(k<N)
  {  c[m]=b[k];
     m++;
     k++;
  }
  for(k=0;k<2*N;k++)
    printf("%d",c[k]);
}
```

6. 程序清单如下:

```
main()
{  int a[5][5],i,j,k,l,n=0,m,max;
   for(i=0;i<5;i++)
     for(k=0;k<5;k++)
       scanf("%d",&a[i][k]);
   for(i=0;i<5;i++)
   {  max=a[i][0];
      k=0;
      for(j=0;j<5;j++)
        if(max<a[i][j])
        {  max=a[i][j];
           k=j;
        }
   m=i;
   for(l=0;l<5;l++)
     if(a[l][k]<max)
       m=l;
   if(m==i)
   {  n++;
      printf("%d:%d,%d,%d\n",n,i,k,a[i][k]);}
   }
   if(n==0)
     printf("没有鞍点\n");
}
```

7. 程序清单如下:

```
#include<stdio.h>
#include<string.h>
main()
```

```
{  char s[3][80],c;
   int n1,n2,n3,k,m;n1=n2=n3=0;
   for(k=0;k<3;k++)
     gets(s[k]);
   for(k=0;k<3;k++)
     for(m=0;m<80;m++)
     {  c=s[k][m];
        if(c>='a'&&c<='z'||c>='A'&&c<='Z')
          n1++;
        else if(c>='0'&&c<='9')
          n2++;
        else  n3++;
     }
     printf("letter=%dnumber=%dother=%d\n",n1,n2,n3);
}
```

8. 程序清单如下：

```
main()
{  int i,k;
   for(i=0;i<5;i++)
   {  for(k=0;k<5;k++)
        printf("*");
      printf("\n");
   }
}
```

9. 程序清单如下：

```
#include<string.h>
#include<stdio.h>
main()
{  char s[80],c[80];
   int k;
   gets(s);
   for(k=0;s[k];k++)
   {  if(s[k]>='a'&& s[k]<='z')
        c[k]=97+(122-s[k]);
      else if(s[k]>='A'&&s[k]<='Z')
        c[k]=65+(90-s[k]);
      else c[k]=s[k];
   }
   puts(s);
   puts(c);
}
```

10. 程序清单如下：

```
#define N 10
main()
{  int a[N],j,k,m,n;
   for(k=0;k<N;k++)
     scanf("%d",&a[k]);
   n=N;
   k=0;
   while(k<n-1)
   {  m=k+1;
      while(m<n)
```

```
        if(a[m]==a[k])
        {  for(j=m;j<n-1;j++)
             a[j]=a[j+1];
             n--;
        }
        else m++;
      k++;
    }
    for(k=0;k<n;k++)
       printf("%d",a[k]);
}
```

习题 7　参考答案

一、选择题

1. B　2. B　3. C　4. B　5. B　6. D　7. B
8. A　9. C　10. D　11. B　12. A　13. B　14. D
15. A　16. B　17. B　18. B　19. B　20. B

二、填空题

1.（1）'\0'　（2）str[i]　（3）num++

2.（1）i<2　（2）j<4　（3）arr[i][j]

3.（1）int sum(int len);（2）int total;　（3）int j,s=0　（4）j<5;（5）s+=a[j]

4.（1）func(n)　（2）int m　（3）func(m/10)　（4）m%10

三、分析程序题

1. a=3,b=4
   a=3,b=5

2. i=3;j=4;x=8
   i=1;j=3;x=2

3. #x=1 y=2 z=0
   *x=1 y=4 z=3
   @x=1 y=2 z=0

4. x=6　x=5　x=4　x=3　x=2　x=1　x=0
   x=91

5. 1021

6. 10+2+1=13
   20+2+2=24
   30+2+3=35
   40+2+4=46
   50+2+5=57

7. 111211311411511　8. 54　9. -4321　10. 4

四、问答题

1.（1）函数 flag()的作用是判断 *m* 是否为素数，若为素数返回 1，否则返回 0。

（2）此程序的功能是求 10 ~ 40 之间所有素数之和。

（3）程序的输出结果是 180。

2.（1）函数的功能是判断 *n* 是否为回文数。

（2）此程序的功能是找出 11 ~ 100 之间满足条件该数、该数的 2 倍以及该数的平方同为回文数的数。

3.（1）函数 c10to8()的功能是将 10 进制数转换成 8 进制数。

（2）输入-1 程序才能结束。

（3）运行时输入 100 则输出结果是：100(10)=144(8)

4.（1）sort()函数的功能是选择法排序。

（2）程序的运行结果：-6 -3 0 1 2 4 5 7 8 9

（3）程序的运行结果：-6 -3 0 1 2 4 5 7 8 9

5.（1）程序的功能是将十进制数转换为二进制数。

（2）若输入30后，程序的运行结果为：11110

五、改错题

1. 错误部分为（1）应改为 float add(float a,float b)
2. 错误部分为（2）应改为 int f=1,k;

六、编程题（利用函数实现）

1. 程序清单如下：

```
#include<stdio.h>
#include<math.h>
double mypow(double x,int n)
{  return pow(n,x);
}
void main()
{  double a=5.0,int n=5;
   printf("%f",mypow(a,n));
}
```

2. 程序清单如下：

```
#include<stdio.h>
int myfun(int a,int n)
{  int i,num=0,s=0;
   for(i=1;i<=n;i++)
   {  num=num*10+a;
      s+=num;
      if(i<n)
           printf("%d+",num);
      else printf("%d=",num);
   }
   return s;
}
void main()
{  int a,n;
   printf("input a,n:\n");
   scanf("%d,%d",&a,&n);
   printf("%d\n",myfun(a,n));
}
```

3. 程序清单如下：

```
#include<stdio.h>
int longest(char string[])
{  int len=0,i,length=0,flag=1,place,point;
   for(i=0;i<=strlen(string);i++)
      if(string[i]!=' ')
         if(flag)
         {  point=i;
            flag=0;
         }
```

```
         else len++;
      else
      {  flag=1;
         if(len>length)
         {  length=len;
               place=point;
               len=0;
         }
      }
   return(place);
}
void main()
{  int i;
      char line[100];
      gets(line);
      for(i=longest(line);line[i]!=' ';i++)
         printf("%c",line[i]);
      printf("\n");
}
```

4. 程序清单如下：

```
#include<stdio.h>
void convert(int n)
{  int i;
   if((i=n/10)!=0)
      convert(i);
   putchar(n%10+'0');
}
void main()
{  int number;
   scanf("%d",&number);
   if(number<0)
   {  putchar('-');
      number=-number;
   }
   convert(number);
}
```

习题 8　参考答案

一、选择题

1. B　2. D　3. C　4. D　5. C　6. C　7. D
8. C　9. B　10. B　11. C　12. C　13. C　14. B
15. B　16. B　17. C　18. D　19. B　20. D　21. B
22. A　23. B　24. D

二、填空题

1. 3+5*3+5　2. 8 次　3. 3　28　4. 3　0　5. 880
6. 宏是不能递归的　7. swap(a,b,d);
8. 宏定义语句#define M(x,y)　(x)/(y)
9. #include "a:\myfile.txt"

三、分析程序题

1. 5　　2. 9　　3. v=1　v=2　　4. 12　　5. area=3.140000

6. 1 2 3 ok!　　7. 9911　　8. 12　　9. 2　12

四、编程题

1. 程序清单如下：

```
#define MOD(a,b) (a%b)
main()
{ int a,b;
  printf("input a,b:");
  scanf("%d,%d",&a,&b);
  printf("%d\n",MOD(a,b));
}
```

2. 程序清单如下：

```
#define swap(x,y)
{ int t;
  t=x;
  x=y;
  y=t;}
main()
{ int i,a[10],b[10];
  for(i=0;i<10;i++)
    scanf("%d",&a[i]);
  for(i=0;i<10;i++)
    scanf("%d",&b[i]);
  for(i=0;i<10;i++)
    swap(a[i],b[i]);
  for(i=0;i<10;i++)
    printf("%4d",a[i]);
  printf("\n");
  for(i=0;i<10;i++)
    printf("%4d",a[i]);
  printf("\n");
}
```

3. 程序清单如下：

```
#define sz(a) a>='0'&&a<='9'?1:0
#include<stdio.h>
main()
{ char c;
  int t;
  c=getchar();
  t=sz(c);
  printf("%d",t);
}
```

4. 程序清单如下：

```
/*format.h*/
#define D(d) printf("%x\n",d)
#define F(f) printf("%6.2f\n",f)
#define S(s)printf("%s\n",s)
#include"format.h"
```

```
main()
{  int d,num;
   float f;
   char s[80];
   printf("shu ru xing shi :1-D ,2-F:3-S:");
   scanf("%d",&num);
   switch(num)
   {  case 1:printf('shu ru s");
         scanf("%d",&d);
         D(d);
         break;
      case 2: printf("shu ru f:");
         scanf("%f",&f);
         F(f);
         break;
      case 3: printf("shu ru s:");
         scanf("%s",&s);
         S(s);
         break;
      default:printf("error");
   }
}
```

5. 程序清单如下：

```
#define LEAP_YEAR(y) (y%4==0)&&(y%100!=0)||(y%400==0)
main()
{
   int year;
   printf("\n shu ru nian:");
   scanf("%d",&year);
   if(LEAP_YEAR(year))
      printf("%d shi run nian.\n",year);
   else
      printf("%d bu shi run nian.\n",year);
}
```

习题 9　参考答案

一、选择题

1. C　2. D　3. D　4. A　5. C　6. B　7. D
8. A　9. B　10. C　11. D　12. C　13. B

二、填空题

1. 110　2. *　&　3. 比较　4. double *p=&d;　5. 60

6.（1）char *p;
（2）p=&ch;
（3）scanf("%c",p);
（4）ch=*p;
（5）printf("%c",*p);

7.（1）*s=*(p+3)
（2）s=&a[2]
（3）50
（4）*(s+1)
（5）2
（6）10 20 30 40 50

三、程序分析题

1. 输出结果：ABCDEFGHUKL
2. 主要功能是：给一个一维数组赋值，然后通过指针倒序输出数组元素。
3. 运行结果：13,10,-3,1,7,-21
4. 运行结果：ABCD

   BCD

   CD

   D

四、问答题

1.（1）此函数的功能是交换两个指针所指的变量的值。

（2）不正确。因为定义了指针变量t，但没有赋值，它不指向任何变量，所以不能执行*t=*a;。

2.（1）此程序的功能是求数组的平均值。

（2）在函数average中的s的作用是：s是指针变量，指向主程序中的实参数组s，用来扫描实参数组s，逐个访问实参数组s的每一个数组元素，完成程序求平均值的功能。

3.（1）在main()函数中定义的p是指向一维数组的指针；作用是用此指针来得到二维数组的每一行的首地址传递给函数average，求出每一行的平均值。

（2）此程序的功能是求出二维数组每一行的平均值然后输出。

五、编程题（要求用指针方法实现）

1. 程序清单如下：

```
main()
{  int a[15],temp,i;
   int *p=a,*q=a+14;
   for(i=0;i<15;i++)
   scanf("%d",&a[i]);
   for(p=a;p<q;p++,q--)
   {  temp=*p;
      *p=*q;
      *q=temp;
   }
   for(p=a;p<a+15;p++)
      printf("%d ",*p);
}
```

运行时输入：

```
0  1  2  3  4  5  6  7  8  9  10  11  12  13  14<回车>
```

运行结果：

```
14 13 12 11 10 9 8 7 6 5 4 3 2 1 0
```

2. 程序清单如下：

```
main()
{  float a[8],sum=0,aver;
   float *max=a,*min=a;
   int i;
   for(i=0;i<8;i++)
      scanf("%f",&a[i]);
   for(i=0;i<8;i++)
   {  if(*max<a[i]) max=&a[i];
```

```
        if(*min>a[i]) min=&a[i];
        sum+=a[i];
    }
    aver=sum/8;
    printf("max is %f,min is %f,aver is %f",*max,*min,aver);
}
```

运行时输入：

```
3.1  5  2  6.8  -3.1  0.9  -12.5  6.5
```

运行结果：

```
max is 6.800000,min is=12.500000,aver is 1.087500
```

3. 程序清单如下：

```
main()
{  int a[3][6],i,j;
   int  *max,*min,max_m,max_n,min_m,min_n;
   for(i=0;i<3;i++)
     for(j=0;j<6;j++)
       scanf("%d",&a[i][j]);
   max=a;min=a;
   for(i=0;i<3;i++)
     for(j=0;j<6;j++)
     {  if(*max<a[i][j]){max=&a[i][j];max_m=i;max_n=j;}
        if(*min>a[i][j]){min=&a[i][j];min_m=i;min_n=j;}
     }
   printf("the max is a[%d][%d], max=%d\n",max_m,max_n,*max);
   printf("the min is a[%d][%d], min=%d\n",min_m,min_n,*min);
}
```

输入：

```
2 4 6 -7 -9 1 3 9 0 7 12 35 -8 25 7 -5 23 1 <回车>
```

运行结果：

```
the max is a[1][5], max=35
the min is a[0][4], min=-9
```

4. 程序清单如下：

```
#include"stdio.h"
#include"string.h"
main()
{  char str1[20],str2[20],str3[20];
   char *maxstr;
   int i;
   printf("Input three string strl,str2,str3:");
   gets(str1);
   gets(str2);
   gets(str3);
   if(strcmp(strl,str2)>0) maxstr=strl;
   else  maxstr=str2;
   if(strcmp(str3,maxstr)>0)  maxstr=str3;
   printf("the maxstr is:%s",maxstr);
}
```

运行：

```
Input three string strl,str2,str3:student<回车>
```

```
boy<回车>
girl<回车>
```

结果：

```
the maxstr is: student
```

5. 程序清单如下：

```
#include"stdio.h"
#include"string.h"
ljzs(char *p1;char *p2)
{  int i,j,m,n;
   n=strlen(p2);
   m=strlen(p1);
   for(i=0;i<m;i++)
     p1++;
   for(j=0;j<n;j++)
     *p1++=*p2++;
   *p1='\0';
}
main()
{  char a[20]="February";
   char b[20]="March";
   ljzs(a,b);
   puts(a);
}
```

结果：

```
FebruaryMarch
```

6. 程序清单如下：

```
#include"stdio.h"
strcmpl(char *p1,char *p2)
{  int i=0;
   while(*(p1+i)==*(p2+i))
     if(*(p1+i++)=='\0')
          return(0);
      return(1);
}
main()
{  int m;
   char str1[20],str2[20],*p1,*p2;
   gets(str1);
   gets(str2);
   p1=str1;
   p2=str2;
   m=strcmpl(p1,p2);
   if(m==0)
     printf(" is equal ");
   else printf("is not equal ");
}
```

运行结果：

输入：xyz
　　　xyz

结果：

```
is equal
```

7. 程序清单如下：

```
#include"string.h"
#include"stdio.h"
sort(char*p,int m)
{  int i;
   char change,*p1,*p2;
   for(i=0;i<m/2;i++)
   {  p1=p+i;
      p2=p+(m-1-i);
      change=*p1;
      *p1=*p2;
      *p2=change;
   }
}
main()
{  char a[50];
   int m;
   gets(a);
   m=strlen(a);
   sort(a,m);
   puts(a);
}
```

结果：

```
asdfghjkl<回车>
lkjhgfdsa
```

8. 程序清单如下：

```
swap(int *p1,int *p2)
{  int p;
   p=*p1;
   *p1=*p2;
   *p2=p;
}
main()
{  int n1,n2,n3;
   int *pointer_1,*pointer_2,*pointer_3;
   printf("enter n1,n2,n3:");
   scanf("%d,%d,%d",&n1,&n2,&n3);
   pointer_1=&n1;
   pointer_2=&n2;
   pointer_3=&n3;
   if(n1>n2)
      swap(pointer_1,pointer_2);
   if(n1>n3)
      swap(pointer_1,pointer_3);
   if(n2>n3)
      swap(pointer_2,pointer_3);
   printf("sort n1,n2,n3:%d,%d,%d\n",n1,n2,n3);
}
```

运行结果：

```
enter n1,n2,n3:3,5,2<回车>
sort n1,n2,n3:2,3,5
```

习题 10 参考答案

一、选择题

1. D　2. D　3. B　4. C　5. A　6. D
7. C　8. B　9. D　10. D　11. B

二、填空题

1.（1）p!=NULL （2）p!=NULL
2.（1）num==p1->num （2）p2->next=p1->next;
3.（1）p->next （2）m>p->data
4.（1）_struct list* （2）_struct list* （3）return h
5.（1）p=p->next （2）n++
6.（1）p!=NULL&&p->data!=x （2）p=p->next （3）q->next!=NULL
（4）s->next=q->next （5）q->next=s

三、分析程序题

1. 266　2. 3　3. 18　4. xyabcABC　5. 8　6. 13
7. 6
4
8. 1000　9. BBCC　10. name:zhang total=170.000000
name:wang total=150.000000
11. 9
12. a.i=24897
a.c[0]=A
a.c[1]=a
13. 380039　14. 3,3

四、编程题

1. 程序清单如下：

```
struct student
{  char num[6];
   char name[8];
   int score[4];
   float avr;
}stu[10];
main()
{  int i,j,max,maxi,sum;
   float average;
   for(i=0;i<10;i++)
   {  printf("\n 请输学生%d 的成绩:\n",i+1);
      printf("学号:");
      scanf("%s",&stu[i].num);
      printf("姓名:");
      scanf("%s",&stu[i].name);
      for(j=0;j<3;j++)
   {  printf("成绩是:");
      scanf("%d",&stu[i].score[j]);  }
   }
   average=0;
   max=0;
   maxi=0;
   for(i=0;i<10;i++)
```

```
   {  sum=0;
      for(j=0;j<3;j++)
         sum+=stu[i].score[j];
      stu[i].avr=sum/3.0;
      average+=stu[i].avr;
      if(sum>max)
      {  max=sum;
         maxi=i;
      }
   }
   average/=10;
   printf("   学号     姓名     成绩1     成绩2     成绩3     平均分\n");
   for(i=0;i<10;i++)
   {  printf("%8s%10s",stu[i].num,stu[i].name);
      for(j=0;j<3;j++)
         printf("%7d",stu[i].score[j]);
      printf("%6.2f\n",stu[i].avr);
   }
   printf("平均成绩是%5.2f\n",average);
   printf("最好成绩是学生  %s,总分是  %D. ",stu[maxi].name,max);
}
```

2. 程序清单如下：

```
void require(head,no)
struct student *head; int no;
{  struct student *p;
   if(head!=NULL)
   {  p=head;
      while(p->next!=NULL&&no!=(*p).num) p=p->next;
      if(no==p.num) printf("%6.1f\n",p->num);
      else printf ("%ld not been found!\n",no);
   }
}
```

3. 程序清单如下：

```
ltab *insert(ltab *head,ltab *stud)
{  ltab *p0,*p1,*p2;
   p1=head; p0=stud;
   while((p0->no>p1->no)&&(p1->next!=NULL))
   {  p2=p1;    p1=p1->next; }
   if(p0->no<=p1->no)
      if(head==p1)
      {  p0->next=head;   head=p0;}
      else { p2->next=p0; p0 ->next=p1;}
   else {  p1->next=p0;  p0 ->next=NULL;}
   return (head);
}
```

4. 程序清单如下：

```
#include<stdio.h>
struct node
{  int data;
   struct node *next;
};
```

```
struct node *SearchMax(struct node *head)
{  int max;
   struct node *pMaxNode,*pNode;
   pNode=head;
   pMaxNode=NULL;
   while(pNode!=NULL)
   {  if(pNode->data>max||pMaxNode==NULL)
      {  max=pNode->data;
         pMaxNode=pNode;
      }
      pNode=pNode->next;
   }
   return pMaxNode;
}
void main()
{  struct node *head,*tail,*pNode;
   int data;
   printf("Please input data\nEnter 'Exit' to quit.\n");
   head=tail=NULL;
   while(scanf("%d",&data)>0)
   {  pNode=(struct node*)malloc(sizeof(struct node));
      pNode->data=data;
      pNode->next=NULL;
      if(head= NULL)
         head=tail=pNode;
      else
      {  tail->next=pNode;
         tail=pNode;
      }
   }
   if(head!=NULL)
      printf("Maxnimum data is %d\n",SearchMax(head)->data);
   while(head!=NULL)
   {  pNode=head;
      head=head->next;
      free(pNode);
   }
}
```

习题11 参考答案

一、选择题

1. B　2. A　3. D　4. D　5. C　6. B　7. B
8. A　9. C　10. B　11. B　12. A　13. C　14. D
15. A　16. B　17. B　18. C　19. A　20. B

二、填空题

1. （1）~0　（2）i　2. 120000　3. 11111110　4. a&00100000>>5
5. 00001111　6. 1,4,16　7. 001011000　8. 11110000
9. a=a&b　10. x=x^(y-2)
11. （1）n>0　（2）n=-n　（3）z=(value<<n)|(value<<(16－n))
12. x|1111111100000000　13. a|1111111111111111

14. a&0000000000000000　　15. a=001010101000000<<4

三、分析程序题

1. 1
1
20　　2. x=11,y=17,z=11　　3. 3 2 2
3 3 2
3 3 3　　4. 59　　5. −2,992　　6. 0xbc　　7. a=9a
b=ff55

四、编程题

1. 程序清单如下：

```
main()
{  unsigned a;
   int n,m;
   printf("输入一个八进制数a");
   scanf("%o",&a);
   printf("请输入起始位n,结束位m:")
   scanf("%d,%d",&n,&m2);
   printf("%o",getbits(a,n-1,m));
}
getbits(unsigned v,int n,int m);
{  unsigned z;
   z=~0;
   z=(z>>n)&(z<<(16-m));
   z=v&z;
   z=z>>(16-m);
   return(z);
}
```

2. 程序清单如下：

```
getbits(unsigned int v)                    /*对16位二进制数取其奇数位的函数 */
{  int k,j,m,n;
   unsigned int a,b,c;
   a=0;
   for(k=1;k<=15;k+=2)
   {  c=1;
      for(j=1;j<=(16-k-1)/2;j++)
        c=c*2;
        b=v>>(16-k);
        b=b<< 15;
        b=b>>15;
        a=a+b*c;
   }
   return(a);
}
main()
{  unsigned int a;
   printf("请输入一个八进制数");
   scanf("%o",&a);
   printf("它的奇数位的结果是:%o\n",getbits(a));
}
```

3. 程序清单如下：

```
main()                                       /*判断Turbo C右移方式并实现两种右移*/
```

```
{  int a,n,m;
   /*判断 Turbo C右移方式*/
   a=~0;
   if((a>>5)!-a))
   {  printf("Turbb C为逻辑右移!\n");
      m=0;
   }
   else
   {  printf("Turbo C为算术右移!\n");
      m=1;
   }
   /*Turbo C实现另一种方式*/
   printf("请输入一个八进制数:");
   scanf("%o",&a);
   printf("请输入右移几位数:");
   scanf("%d",&n);
   if(m==0)
      printf("算术右移的结果为: %o",getbitsl(a,n));
   else
      printf("算术右移的结果为: %o",getbits2(a,n));
}
getbitsl(unsigned int v,int n)                              /*算术右移*/
{  unsigned z;
   z=~0;
   z=z>>n;
   z=~z;
   z=z|(v>>n);
   return(z);
}
getbits2(unsigned v,int  n)                                 /*逻辑右移*/
{  unsigned z;
   z=(~(1>>n))&(v>>n);
   return(z);
}
```

4. 程序清单如下：

```
main()
{  unsigned a;
   int n;
   printf("请输入一个八进制数:");
   scanf("%o",&a);
   printf("请输入位移的位数: ");
   scanf("%d",&n);
   move(a,n);
}
void move(unsigned value,int n)
{  if(n>0)
   {  moveringht(a,n);
      printf("循环右移的结果为:%o\n",moveright(a,n));
   }
   else
   {  n=-n;
      moveleft(a,n);
```

```
        printf("循环左移的结果为:%o\n",moveleft(a,n));
    }
}
void moveright(unsigned value,int n)
{  unsigned z;
   z=(value>>n)|(value<<(16-n));
   return(z);
}
void  moveletf(unsigned value,int n)
{  unsigned z;
   z=(value<<n)|(value<<(16-n));
   return(z);
}
```

习题 12　参考答案

一、选择题

1. C	2. B	3. B	4. B	5. C	6. C	7. C
8. C	9. D	10.（1）D（2）C	11. B			

二、填空题

1.（1）"w"　（2）"r"（3）"a"

2.（1）文本文件　（2）二进制文件　（3）文件结束　（4）1　（5）0

3.（1）fopen　（2）fclose

4.（1）ch=fgetc();　（2）fscanf(fp,"%c",&ch);　（3）fputc(ch,fp);
（4）fprintf(fp,"%c",ch);

5.（1）rewind　（2）fseek(fp,-20l,2)

6.（1）fp　（2）n-1　（3）str　（4）fputs　（5）0

7.（1）顺序存取　（2）随机存取

8.（1）ASCII 码　（2）二进制代码

9.（1）n-1　（2）str 的首地址

10. FILE

11.（1）"out.dat","w"　（2）fputc(ch,fp)　（3）fclose(fp)

12.（1）&&　（2）fputc(ch,fp)　（3）fclose(fp)

13.（1）"r+"　（2）feof(fp)　（3）fp,off,SEEK-SET　（4）ch,fp

14.（1）fopen(fname,"w")　（2）ch

15.（1）flagl　（2）feof(inl)&&feof(in2)　（3）e,out　（4）fputc (C,out)

16.（1）fin　（2）k,fout　（3）fopen(argv[1],"wb")

17.（1）fgetc(fp)!=EOF　（2）fclose(fp)

三、问答题

（1）将文件 f1.txt 中的内容复制到文件 f2.txt 中。

（2）!EOF

四、编程题

1. 程序清单如下：

```
#include<stdio.h>
main()
```

```
{ FIlE  *fp;
  int i;
  char c;
  if((fp=fopen("d:\aB.txt","W"))
  { printf("file can not open!\n");
    exit(0);
  }                                   /*打开一个只写的文本文件*/
  for(i=0;i<=200;i++)                 /*循环处理 200 个字符*/
  { c=getchar();                      /*从键盘输入一个字符存入变量 c*/
    fputc(c,fp);                      /*将 c 中字符写到 fp 指向的文件中*/
  }
  fclose(fp);                         /*关闭 fp 所指向的文件*/
}
```

2. 程序清单如下：

```
#include<stdio.h>
main()
{ FILE *fp;
  int i;
  char c;
  if((fp=fopen("d:\aB.txt","r"))==NULL)
  { printf("file can not open!\n");
    exit(0);
  }                                   /*打开一个只读的文本文件*/
  for(i=0;i<120;i++)
  { if(feof(fp))
      break;                          /*如果是文件尾，则退出循环*/
    c=fgetc(fp);                      /*从文件中读取一个字符*/
    putchar(c);                       /*将读取的字符送到显示器上显示*/
  }
  fclose(fp);                         /*关闭 fp 所指向的文件*/
}
```

3. 程序清单如下：

```
#include<stdio.h>
main()
{ FILE *fpl,*fp2;
  char c;
  char  *fnamel="a:\cD.txt",*fname2="a:\cew2.txt";
  if((fpl=fopen(fnamel,"r"))==NUILL)
  { printf("file can not open\n");
    exit(0);
  }                                   /*打开一个只读的文本文件*/
  if((fp2=fopen(fname2,"w"))==NULL)
  { printf("file can not open!\n");
    exit(0);
  }                                   /*打开一个只写的文本文件*/
  while(!feol,(fpl))                  /*fpl 指向的文件不是文件尾则循环*/
  { c=fgete(fpl);                     /*从 fpl 指向的文件中读取一个字节存入 c*/
    fputc(c,fp2);                     /*将 c 中一字节数据写到 fp2 指向的文件中*/
  }
```

```
    fclose(fp1);                                   /*关闭 fp1 所指向的文件*/
    fclose(fp2);                                   /*关闭 fp2 所指向的文件*/
}
```

4. 程序清单如下：

```
#include<stdio.h>
main()
{  int i,flag;
   char str[80],c;
   FILE *fp;
   fp=fopen("e.txt","w+");
   for(flag=1;flag;)
   {  printf("\n 请输入字符串: \n");
      gets(str);
      fprintf(fp,"%s",str);
      printf("是否继续输入?");
      if(((c=getchar())==NULL)||(c=='n'))
         flag=0 ;
      getchar();
   }
   fseek(fp,0,0);
   while(scanf(fp,"% s",str)!=EOF)
   {  for(i=0;str[i]!='\0';i++)
         if((str[i]>='a')&&(str[i]<='z'))
            str[i]-=32;
      printf("\n%s\n",str);
   }
   fclose(fp);
}
```

5. 程序清单如下：

```
#include<stdio.h>
struet student
{  char hum[6];
   char name[8];
   int score[3];
   float avr;
}stu[5];
main()
{  int i,j,sum;
   FILE *p;
   for(i=0;i<5;i++)
   {  printf("\n 请输入学生%d 的成绩:\n",i+1);
      printf("学号:");
      scanf("%s",stu[i].num);
      printf("姓名:");
      scanf("%s",stu[i].name);
      sum=0;
      for(j=0;j<3;j++)
      {  printf("成绩%d",j+1);
         scanf("%d",&stu[i].score[j]);
         sum+=stu[i].score[j];
      }
```

```
        stu[i].avr=sum/3.0;
    }
    fp=fopen("stud","w");
    for(i=0;i<5;i++)
        if(fwrite(&stu[i],sizeof(struct student),1,fp)!=1)
            printf("file write error\n");
    fclose(fp);
}
```

习题 13 参考答案

一 填空题

1. (x,y) color 4
2. (x0,y0) (x1,y1)
3. 当前位置 (x,y)
4. (x,y) r
5. (x,y) xradius yradius 0 360
6. (x1,y1) (x1,y2) (x2,y1) (x2,y2)
7. project
8. mypro1.exe

二 编程题

（略）

附录B Turbo C编译出错信息

Turbo C编译程序检查出的源程序错误分为三类：严重错误、一般错误和警告。

（1）严重错误（fatal error）：很少出现，它通常是内部编译出错。在发生严重错误时，编译立即停止，必须采取一些适当的措施并重新编译。

（2）一般错误（error）：指程序的语法错误以及磁盘、内存或命令行错误等。编译程序将完成现阶段的编译，然后停止。编译程序在每个阶段（预处理、语法分析、优化、代码生成）将尽可能多地找出源程序中的错误。

（3）警告（warning）：不阻止编译继续进行。它指出一些值得怀疑的情况，而这些情况本身又可以合理地作为源程序的一部分。一旦在源文件中使用了与机器有关的结构，编译程序就将产生警告信息。

编译程序首先输出这三类出错信息，然后输出源文件名和发现出错的行号。最后输出信息的内容。

下面按字母顺序分别列出这三类出错信息。对每一条信息，均指出了可能产生的原因和纠正方法。

请注意出错信息处有关行号的一个细节：编译程序仅产生检测到的信息。因为C不限定在正文的某行设置语句，这样，真正产生错误的行可能在指出行号的前一行或前几行。在下面的信息列表中，指出了这种情况。

1. 严重错误

Bad call of inline function：内部函数的不合法调用。

在使用一个宏定义的内部函数时，没有正确调用。一个内部函数以两个下划线（_）开始和结束。

Irreducible expression tree：不可约表达式树。

文件中的表达式使得代码生成程序无法为其产生代码。应避免使用这种表达式。

Register allocation failure：存储器分配失败。

源文件中的表达式太复杂，代码生成程序无法为它生成代码。此时应简化这种繁琐表达式或干脆避免使用它。

2. 一般错误

#operator not followed by macro argument name：“#”运算符后没跟宏变元名。

在宏定义中，“#”用来标识宏变元是串。“#”后必须跟宏变元名。

"××××××××"not an argument："××××××××"不是函数参数。

在源程序中将该标识符定义为一个函数参数，但此标识符没有在函数的参数表中出现。

Ambiguous symbol"××××××××"：歧义性符号"××××××××"。

两个或多个结构体的某一域名（结构体变量）相同，但具有的位移、类型不同。在变量或表达式中引用这些结构体分量而未带结构名时，将产生歧义。这时需修改某个域名或在引用时加上结构名。

Argument #missing name：参数“#”名丢失。

参数名已脱离用于定义函数的函数原型。如果函数以原型定义，则该函数必须包含所有的参数名。

Argument list syntax error：参数表出现语法错误。

函数调用的一组参数，其间必须以逗号隔开，并以一右括号结束。若源文件中含有一个其后不是逗号也不是右括号的参数，则出现此错误。

Array bound missing]：数组的界限符“]”丢失。

在源文件中定义了一个数组，但此数组没有以一右方括号结束。

Array size too large：数组长度过大。

定义的数组太大，可用内存不够。

Assembler statement too long：汇编语句太长。

直接插入的汇编语句最长不能超过480个字节。

Bad configuration file：配置文件不正确。

TURBOC.CFG配置文件中包含不是合适命令行选择的非注释文字。配置文件命令选择项必须以一短横线(-)开始。

Bad file name format in include directive：包含命令中文件名格式不正确。

包含文件名必须用引号(“filename.h”)或尖括号（<filename.h>）括起来，否则将发生此类错误。如果使用了一个宏，则产生的扩展程序文本也是不正确的（因为没有加上引号）。

Bad ifdef directive syntax ifdef：命令语法错误。

#ifdef必须以单个标识符（仅此一个）作为该命令的体。

Bad ifndef directive syntax ifndef：命令语法错误。

#ifndef必须以单个标识符（仅此一个）作为该命令的体。

Bad undef directive syntax under：命令语法错误。

#under必须以单个标识符（仅此一个）作为该命令的体。

Bad file size syntax：位字段长语法错误。

一个位字段长必须是1～16位的常量表达式。

Call of non-function：调用未定义函数。

正被调用的函数无定义。通常是由于不正确的函数声明或函数名拼写错误引起的。

Cannot modify a constant object：不能修改一个常量对象。

对定义为常量的对象进行不合法操作（例如，常量的赋值）将引起本错误。

Case outside of switch：case出现在switch外。

编译程序发现case语句出现在switch语句外面，通常是由于括号不配对引起的。

Case statement missing: ：case语句漏掉“:”。

case语句必须含有一个以冒号终结的常量表达式。可能是丢了冒号或冒号前多了别的符号。

Case syntax error：case语法错误表。

case中有一些不正确的符号。

Character constant too long：字符常量太长。

字符常量只能是一个或两个字符长。

Compound statement missing}：复合语句漏掉“}”。

编译程序扫描到源文件结束时，未发现结束标记“}”，通常是由于花括号不配对引起的。

Conflicting type modifiers：类型修饰符冲突。

对同一指针，只能指定一种变址修饰符（如 near 或 far）；同样对于同一函数，也只能给出一种语言修饰符（如 cdecl，Pascal 或 interrupt）。

Constant expression required：要求常量表达式。

数组的大小必须是常量。本错误通常由于#define 常量的拼写出错而引起。

Could not find file'××××××××. ×××'：找不到“××××××××.×××”文件。

编译程序找不到命令行上给出的文件。

Declaration missing;：声明漏掉“;”。

在源文件中包含一个类型或一个存储类，但后面漏掉了分号（;）。

Declaration needs type or Storage Class：声明必须给出类型或存储类。

声明必须包含一个类型或一个存储类，如声明：“i,j;”是不正确的。

Declaration syntax error：声明出现语法错误。

在源文件中，某个声明丢失了某些符号或有多余的符号。

Default outside of switch：Default 在 switch 外出现。

编译程序发现 default 语句出现在 switch 语句之外，通常是由于括号不配对引起的。

Define directive needs an identifier：Define 命令必须有一个标识符#deftn。

后面的第一个非空格符必须是一标识符。若编译程序发现一些其他字符则出现本错误。

Division by zero：除数为零。

源文件的常量表达式中，出现除数为零的情况。

Do statement must have while：do 语句中必须有 while。

源文件中含有一无 while 关键字的 do 语句时，出现本错误。

Do-while statement missing(：do…while 语句中漏掉了“(”。

在 do 语句中，编译程序发现 while 关键字后无左括号。

Do-while statement missing)：do…while 语句中漏掉了“)”。

在 do 语句中，编译程序发现条件表达式后无右括号。

Do-while statement missing;：do…while 语句中漏掉了分号。

在 do 语句中的条件表达式中，编译程序发现右括号后面无分号。

Duplicate case：case 的情况值不唯一。

switch 语句的每个 case 必须有一个唯一的常量表达式值。

Enum syntax error：enum 语法错。

enum 声明的标识符表的格式不对。

Enumeration constant syntax error：枚举常量语法错。

赋给 enum 类型变量的表达式值不为常量，产生本错误。

Error Directive：××××——Error 命令：××××。

处理源文件中的#error 命令时，显示该命令定义的信息。

Error writing output file：写输出文件错。

通常是由于磁盘空间引起的，可能要删除一些不必要的文件，重新编译。

Expression syntax：表达式语法错误。

当编译程序分析表达式并发现一些严重错误时，出现本错误。通常是由于两个连续操作符、括号不配对或缺少括号，以及前一语句漏掉了分号等引起的。

Extra parameter in call：调用时出现多余参数。

调用函数时，其实际参数个数多于函数定义中的参数个数。

Extra parameter in call to ××××××××：调用××××××××函数时出现了多余的参数。

调用一个指定的函数时（该函数由原型定义）出现了过多的参数。

File name too long：文件名太长。

#include命令给出的文件名太长，编译程序无法处理。DOS中的文件名不应超过64个字符。

for statement missing(：for语句漏掉"("。

编译程序发现在for关键字后缺少左括号。

for statement missing)：for语句缺少")"。

在for语句中，编译程序发现在控制表达式后缺少右括号。

for statement missing;：for语句缺少";"。

在for语句中，编译程序发现在某个表达式后缺少分号。

function call missing)：函数调用缺少")"。

函数调用的参数表有几种语法错误，如左括号漏掉或括号不配对。

function definition out of place：函数定义位置错。

函数定义不可出现在另一函数内。函数内的任何声明，只要以类似于带有一个参数表的函数开始，就被认为是一个函数定义。

function doesn't take a variable of argument：函数不接受可变的参数个数。

源文件夹中的某个函数内使用了va_start宏，此函数不能接受可变数量的参数。

goto statement missing label：goto语句缺少标号。

在goto关键字后面必须有一个标号。

if statement missing(：if语句缺少"("。

在if语句中，编译程序发现if关键字后面缺少左括号。

if statement missing)：if语句缺少")"。

在if语句中，编译程序发现测试表达式后缺少右括号。

Illegal character'C'(0xXX)：非法字符'C'(OxXX)。

编译程序发现输入文件中有一些非法字符，即以十六进制形式打印的字符。

Illegal initialization：非法初始化。

初始化必须是常量表达式，或是一个全局变量extern，或是static的地址加减一常量。

Illegal octal digit：非法八进制数。

编译程序发现一个八进制常数中包含了非八进制数字（例如，8或9）。

Illegal pointer subtraction：非法指针相减。

这是由于试图以一个非指针变量减去一个指针变量而造成的。

Illegal structure operation：非法结构操作。

结构只能使用（.）、取地址（&）和赋值（=）操作符，或作为函数的参数传递。当编译程序发现结构使用了其他操作符时，出现本错误。

Illegal use of floating point：非法浮点运算。

浮点运算分量不允许出现在移位运算符、按位逻辑运算符、条件（?:）、间接（*）以及其他一些运算符中。编译程序发现上述运算符中使用了浮点运算分量时，出现本错误。

Illegal use of point：指针使用不合法。

施于指针的运算符只能是加、减、赋值、比较、间接（*）或箭头。如用其他运算符，则出现本错误。

Improper use of a typedef symbol typedef：符号使用不当。

源文件中使用了一个 typedef 符号，符号变量应出现在一个表达式中。检查一下此符号的说明和可能的拼写错误。

In_line assembly not allowed：不允许直接插入的汇编语句。

源文件中含有直接插入的汇编语句，若在集成环境下进行编译，则出现本错误。必须使用 TCC 命令行编译此文件。

Incompatible storage class：不相容的存储类。

源文件的一个函数定义中使用了 extern 关键字，但只有 static（或根本没有存储类型）是允许的。

Incompatible type conversion：不相容的类型转换。

源文件中试图把一种类型转换成另一种类型，但这两种类型是不相容的。例如，函数与非函数间转换。一种结构体或数组与一种标准类型的转换，浮点数和指针间转换等。

Incorrect command line argument：××××××××——不正确的命令行参数：××××××××。

编译程序视此命令行参数是非法的。

Incorrect configuration file argument：××××××××——不正确的配置文件参数：××××××××。

编译程序视此配置文件是非法的。检查一下前面的短横线（_）。

Incorrect number format：不正确的数据格式。

编译程序发现在十六进制数中出现十进制小数点。

Incorrect use of default：default 使用错。

编译程序发现 default 关键字后缺少分号。

Initialize syntax error：初始化语法错误。

初始化过程缺少或多出了运算符，或出现括号不匹配及其他不正常情况。

Invalid indirection：间接运算符错。

间接运算符（*）要求非空指针作为运算分量。

Invalid macro argument separator：无效的宏参数分隔符。

在宏定义中，参数必须用逗号分隔。编译程序发现在参数名后面有其他非法字符时，出现本错误。

Invalid pointer addition：无效的指针相加。

源程序中试图把两个指针相加。

Invalid use of arrow：箭头使用错。

在箭头运算符后必须跟一标识符。

Invalid use of dot：点使用错。

在点（.）运算符后必须跟一标识符。

Lvalue required：赋值请求。

赋值运算符的左边必须是一个地址表达式，包括数值变量、指针变量、结构引用域、间接指针和数组分量。

Macro argument syntax error：宏参数语法错误。

宏定义中的参数必须是一个标识符。若编译程序发现所需要的参数不是标识符的字符，则出现本错误。

Macro expansion too long：宏扩展太长。

一个宏扩展不能多于 4 096 个字符。当宏递归扩展自身时，常出现本错误。宏不能对自身进行扩展。

May complied only one file when an output file name is given：给出一个输出文件名时，可能只编译一个文件。

在命令行编译中使用选择语句，只允许一个输出文件名。此时，只编译第一个文件，其他文件被忽略。

Mismatch number of parameters in definition：函数定义中参数个数不匹配。

函数定义中的参数和函数原型中提供的信息不匹配。

Misplaced break：break 位置错。

编译程序发现 break 语句在 switch 语句或循环结构之外。

Misplaced continue：continue 位置错。

编译程序发现 continue 语句在循环结构之外。

Misplaced decimal point：十进制小数点位置错。

编译程序发现浮点常数的指数部分有一个十进制小数点。

Misplaced else：else 位置错。

编译程序发现 else 语句缺少与之相匹配的 if 语句。本错误的产生，除了由于 else 多余外，还有可能是由于多余的分号或漏写了大括号及前面的 if 语句出现语法错误而引起的。

Misplace endif directive：endlif 命令位置错。

编译程序找不到与#elif 命令相匹配的#if，#ifdef 或#ifndef 命令。

Misplaced else directive：else 命令位置错。

编译程序找不到与#else 命令相匹配的#if，#ifdef 或#ifndef 命令。

Misplaced endif directive：endif 命令位置错。

编译程序找不到与#endif 命令相匹配的#if，#ifdef 或#ifndef 命令。

Must be addressable：必须是可编址的。

取址操作（&L）作用于一个不可编址的对象，如寄存器变量。

Must take address of memory location：地址运算符&作用于不可编址的表达式。

源文件中对不可编址的表达式使用了地址操作符（&），如对寄存器变量。

No file name ending：无文件名终止符。

在#include 语句中，文件名缺少正确的闭引号（"）或右尖括号（>）。

No file name giver：未给出文件名。

Turbo C 编译命令（TCC）中没有包含文件名。必须指定一个源文件名。

Non-potable pointer assignment：可移植指针赋值。

源程序中将一个指针赋给一个非指针或相反。但作为特例，允许把常量零值赋给一个指针。如果合适，应该强行抑制本错误信息。

Non-portable pointer comparison：可移植指针比较。

源程序中将一个指针和一个非指针（常量零除外）进行比较。如果合适，应该强行抑制本错误信息。

Non-portable pointer conversion：不可移植返回类型转换。

返回语句中的表达式类型与函数说明中的类型不同。但如果函数的返回表达式是指针，则可以进行转换。此时，返回指针的函数可能送回一常量零，而零被转换成一个适当的指针值。

Not an allowed type：不允许的类型。

在源文件中声明了几种禁止的类型，如声明函数返回一个函数或数组。

Out of memory：内存不够。

所有工作内存耗尽，应把文件放到一台有较大内存的机器去执行或简化源程序。

Pointer required on left side of->：->操作符左边须是一指针。

在->的左边未出现指针。

Redeclaration of'××××××××'：“××××××××”重定义。

此标识已经定义过。

Size of structure or array not known：结构体或数组大小不确定。

有些表达式（如 size of 或存储说明）中出现一个未定义的结构体或一个空长度数组。如果结构长度不需要，则在定义之前就可引用；如果数组不申请存储空间或者初始化时给定了长度，那么就可以定义为空长。

Statement missing;：语句缺少“;”。

编译程序发现表达式语句后面没有分号。

Structure of union syntax error：结构体或共用（联合）语法错误。

编译程序发现在 struct 或 union 关键字后面没有标识符或左花括号（{）。

Structure size too large：结构体太大。

源文件中说明了一个结构体，它所需的内存区域太大以致内存不够。

Subscripting missing]：下标缺少“]”。

编译程序发现一个下标表达式缺少闭方括号。可能是由于漏掉、多写操作符或括号不匹配引起的。

Switch statement missing(：语句缺少“(”。

在 switch 语句中，关键字 switch 后面缺少左括号。

Switch statement missing)：语句缺少“)”。

在 switch 语句中，测试表达式后面缺少右括号。

Too few parameter sin call：函数调用参数太少。

对带有原型的函数调用（通过一个函数指针）参数太少。原型要求给出所有参数。

Too few parameter in call to'××××××××'：调用“××××××××”时参数太少。

调用指定的函数（该函数用一原型声明）时，给出的参数太少。

Too many cases：case 太多。

switch 语句最多只能有 257 个 case。

Too many decimal points：十进制小数点太多。

编译程序发现一个浮点常量中带有不止一个的十进制小数点。

Too many default cases：default 情况太多。

编译程序发现一个 switch 语句中有不止一个的 default 语句。

Too many exponents：阶码太多。

编译程序发现一个浮点常量中有不止一个的阶码。

Too many initializes：初始化太多。

编译程序发现初始化比声明所允许的要多。

Too many storage classes in declaration：声明中存储类太多。

一个声明只允许有一种存储类。

Too many types in declaration：声明中类型太多。

一个声明只允许有下列基本类型之一：char，int，float，double，struct，union，enum 或 typedef。

Too much auto memory in function：函数中自动存储太多。

当前函数声明的自动存储超过了可用的内存空间。

Too much code define in file：文件定义的代码太多。

当前文件中函数的总长度超过 64KB。可以移去不必要的代码或把源文件分开来写。

Too much global data define in file：文件中定义的全局数据太多。

全局数据声明的总数超过 64KB。检查一些数组的定义是否太长。如果所有的声明都是必要的，考虑重新组织程序。

Two consecutive dots：两连续点。

因为省略号包含三个点（…），而十进制小数点和选择运算符使用一个点（.），所以在 C 程序中出现两个连续点是不允许的。

Type mismatch in parameter#：参数“#”类型不匹配。

通过一个指针访问已由原型说明的参数时，给定参数#N（从左到右 N 逐个加 1）不能转换为已声明的参数类型。

Type mismatch in parameter#in call to'××××××××'：调用“××××××××”时参数类型不匹配。

源文件中通过一个原型说明了指定的函数，而给定的参数（从左到右 N 个逐个加 1）不能转换为已说明的参数类型。

Type mismatch in parameter'××××××××'：参数“××××××××”类型不匹配。

源文件中通过一个原型声明了可由函数指针调用的函数，而所指定的参数不能转换为已声明的参数类型。

Type mismatch in parameter'XXXXXXXX'in call to'YYYYYYYY'：调用“YYYYYYYY”时参数“XXXXXXXX”类型不匹配。

源文件中通过一个原型声明了指定的参数，而指定参数不能转换为另一个已声明的参数类型。

Type mismatch in redeclaration of'XXX'：重定义类型不匹配。

源文件中把一个已经声明的变量重新声明为另一种类型。如果一个函数被调用，而后又被声明成非整型也会产生本错误。发生这种情况时，必须在第一次调用函数前给函数加 extern 声明。

Unable to create output file'××××××××.×××'：不能创建输出文件“××××××××.×××”。

当工作软盘已满或有写保护时产生本错误。如果软盘已满，则删除一些不必要的文件后重新编译；如果软盘有写保护，则把源文件移到一个可写的软盘上并重新编译。

Unable to create turboC.lnk：不能创建 turboC.lnk 文件。

编译程序不能创建临时文件 turboC.lnk，因为它不能存取磁盘或者磁盘已满。

Unable to execute command'××××××××'：不能执行“××××××××.×××”命令。

找不到 TLINK 或 MASM，或者磁盘出错。

Unable to open include file'××××××××. ×××'：不能打开包含文件“××××××××. ×××”。

编译程序找不到该包含文件。可能是由于一个#include文件包含它本身而引起的，也可能是根目录下的config.sys中没有设置能同时打开的文件个数（试加一句files=20）。

Unable to open input file'××××××××. ×××'：不能打开输入文件“××××××××. ×××”。

当编译程序找不到源文件时出现本错误。检查文件名是否拼错或检查对应的软盘或目录中是否有此文件。

Undefined label'××××××××'：标号“××××××××”未定义。

函数中goto语句后的标号没有定义。

Undefined structure'××××××××'：结构体“××××××××”未定义。

源文件中使用了未经说明的某个结构体。可能是由于结构体名拼写错或缺少结构体说明而引起。

Unterminated string：未终结的串。

编译程序发现一个不匹配的引号。

Unterminated string or character constant：未终结的串或字符常量。

编译程序发现串或字符常量开始后没有终结。

User break：用户中断。

在集成环境里进行编译或连接时用户按了【Ctrl+Break】组合键。

While statement missing(：while的表达式语句漏掉“(”。

在while语句中，关键字while后缺少左括号。

While statement missing)：while语句漏掉“)”。

在while语句中，关键字while的表达式后缺少右括号。

Wrong number of arguments in of '××××××××'：调用“××××××××”时参数个数错误。

源文件中调用某个宏时，参数个数不对。

3．警告

'××××××××'declared but never used：声明了“××××××××”但未使用。

在源文件中说明了此变量，但没有使用。当编译程序遇到复合语句或函数的结束处的括号时，发出本警告。

'××××××××'is assigned a value which is never used：“××××××××”被赋以一个不使用的值。

此变量出现在一个赋值语句里，但直到函数结束都未使用过。当编译程序遇到结束的闭花括号时发出本警告。

'××××××××'not part of structure：“××××××××”不是结构体的一部分。

出现在点（.）或箭头（->）的左边的域名不是结构体的一部分，或者点的左边不是结构体，箭头的左边不指向结构。

Ambiguous operators need parentheses：歧义运算符需要括号。

当两个位移、关系或按位操作符在一起使用而不加括号时，发出本警告；当一加法或减法操作符不加括号与一位移操作符出现在一起时，也发出本警告。程序员常常混淆这些操作符的优先级，因为它们的优先级不太直观。

Both return and return of a value used：既使用返回又使用返回值。

编译程序发现一个与前面定义的return语句不一致的return语句，发出本警告。当某数只在一些return语句中返回值时，一般会产生错误。

Call to function with prototype：调用无原型函数。

如果“原型请求”警告可用，且又调用了一个原型的函数，就发出本警告。

Call to function'XXXX'with prototype：调用无原型的函数“XXXX”。

如果“原型请求”警告可用，且又调用了一个原先没有原型的函数“XXXX”，就发出本警告。

Code has no effect：代码无效。

当编译程序遇到一个含有无效操作符的语句时，发出本警告。例如，语句 a+b;对每一个变量都不起作用，无须操作，且可能引起一个错误。

Constant is long：常量是 long 类型。

若编译程序遇到一个十进制常量大于 32 767，或一个八进制常量大于 65 535，而其后没有字母“l”或“L”，把此常量当做 long 类型处理。

Constant out of range in comparison：比较时常量超出了范围。

在源文件中有一比较语句,其中一个常量子表达式超出了另一个子表达式类型所允许的范围。如一个无符号量与-1 比较就没有意义。为得到一大于 32 767（十进制）的无符号常量，可以在常量前加上 unsigned（如(unsigned)65535）或在常量后加上字母“u”或“U”（如 65535U）。

Conversion may lose significant digits：转换可能丢失高位数字。

在赋值操作或其他情况下，源程序要求把 long 或 unsigned long 类型转变成 int 或 Unsigned int 类型。在有些机器上，因为 int 型和 long 型变量具有相同长度，这种转换可能改变程序的输出特性。无论本警告何时发生，编译程序仍将产生代码来做比较。如果代码比较后总是给出同样结果，如一个字符表达式与 4000 比较，则代码总要进行测试。这还表示一个无符号表达式可以与-1 进行比较，因为 8087 机器上，一个无符号表达式与-l 有相同的位模式。

Function should return a value：函数应该返回一个值。

源文件中声明的当前函数的返回类型既非 int 型也非 void 型，但编译程序未发现返回值。返回 int 型的函数可以不说明。因为在老版本的 C 语言中，没有 void 类型来指出函数不返回值。

Mixing pointers to signed and unsigned char：混淆 signed 和 unsigned char 指针。

没有通过显式的强制类型转换，就把一个字符指针转变为无符号指针，或把一个无符号指针转变为字符指针。

No declaration for function'XXXXXXXX'：函数“XXXXXXXX”没有声明。

当“声明请求”警告可用而又调用了一个没有预先声明的函数时，发出本警告。函数声明可以是传统风格，也可以是现代（原型）风格。

Non-portable pointer assignment：不可移植指针赋值。

源文件中把一个指针赋给另一个非指针或相反。作为特例，可以把常量零赋给一指针。如果合适，可以强行抑制本警告。

Non-portable pointer comparison：不可移植指针比较。

源文件中把一个指针和另一非指针（非常量零）进行比较。如果合适，可以强行抑制本警告。

Non-portable return type conversion：不可移植返回类型转换。

return 语句中的表达式类型和函数声明的类型不一致。作为特例，如果函数或返回表达式是一个指针，这是可以的。在此情况下返回指针的函数可能返回一个常量零，而零被转变成一个适当的指针值。

Parameter 'XXXXXXXX'is never used：参数“XXXXXXXX”从未使用。

函数说明中的某参数在函数体里从未使用，这可以但不一定是一个错误，通常是由于参数名拼写错误而引起。如果在函数体内，该标识符被重新定义为一个自动（局部）变量，也将产生本警告。此参数被标识为一个自动变量但未使用。

Possible use of 'XXXXXXXX'before definition：在定义“XXXXXXXX”之前可能已使用。

源文件的某表达式中使用了未经赋值的变量，编译程序对源文件进行简单扫描以确定此条件。如果该变量出现的物理位置在对它赋值之前，就会产生本警告。当然程序的实际流程可能在使用前已赋值。

Possible incorrect assignment：可能的不正确赋值。

当编译程序遇到赋值操作符作为条件表达式（如 if、while 或 do…while 语句的一部分）的主操作符时，发生本警告，通常是由于把赋值号当作等号使用了。如果希望禁止此警告，则可把赋值语句用括号括起来，并且把它与零做显式比较。

Redefinition of 'XXXXXXXX'is not identical：“XXXXXXXX”的重定义不相同。

源文件中对命名宏重定义时，使用的正文内容与第一次定义时不同，新内容将代替旧内容。

Restarting compiler using assembly：用汇编重新启动编译。

编译程序遇到一个未使用命令行选择项-B 或#pragma inline 语句的 asm，通过使用汇编重新启动编译。

Structure passed by value：结构按值传送。

如果“结构按值传送”警告可用，则在结构作为参数按值传送时产生本警告。通常是在编制程序时，把结构体作为参数传递，而又漏掉了地址操作符（&）。因为结构体可以按值传送，所以这种遗漏是可接受的。本警告只起一个提示作用。

Superfluous&with function or array：在函数或数组中有多余的“&”号。

取址操作符（&）对一个数组或函数名是不必要的，应该去掉。

Suspicious pointer conversion：可疑的指针转换。

编译程序遇到一些指针转换，这些转换引起指针指向不同的类型。如果合适，应强行抑制本警告。

Undefined structure 'XXXXXXXX'：结构体“XXXXXXXX”未定义。

在源文件中使用了该结构，但未定义。可能是由于结构体名拼写错误或忘记定义而引起的。

Unknown assembler instruction：不认识的汇编命令。

编译程序发现在插入的汇编语句中有一个不允许的操作码。检查此操作的拼写，并查看一下操作码表看该命令能否被接受。

Unreachable code：不可达代码。

break，continue，goto 或 return 语句后没有跟标号或循环函数的结束符。编译程序使用一个常量测试条件来检查 while、do 和 for 循环，并试图知道循环没有失败。

Void function may not return a value：void 函数不可以返回值。

源文件中的当前函数说明为 void，但编译程序发现一个带值的返回语句，该返回语句的值将被忽略。

Zero length structure：结构长度为零。

在源文件中定义了一个总长度为零的结构，对此结构的任何使用都是错误的。

参 考 文 献

[1] 单洪森，等. C 程序设计上机指导与习题集[M]. 北京：中国铁道出版社，2005.

[2] 张明林. C 程序设计上机指导与习题集[M]. 西安：西北工业大学出版社，2006.

[3] 王煜. C 程序设计[M]. 北京：中国铁道出版社，2005.

[4] 夏宽理，等. C 程序设计上机指导与习题集[M]. 北京：中国铁道出版社，2006.

[5] 陈志泊. C++语言例题习题及实验指导[M]. 北京：人民邮电出版社，2003.

[6] 贾学斌，等. C 语言程序设计实训教程[M]. 北京：中国铁道出版社，2007

[7] 夏宽理，赵子正. C 语言程序设计[M]. 北京：中国铁道出版社，2006.

[8] 贾学斌，等. C 语言程序设计[M]. 北京：中国铁道出版社，2007.

[9] 柏万里，等. C 语言程序设计[M]. 北京：中国铁道出版社，2006.

[10] 刘克成，等. C 语言程序设计[M]. 北京：中国铁道出版社，2006.

[11] 柏万里，等. C 语言程序设计习题解答与上机指导[M]. 北京：中国铁道出版社，2006.

[12] 林小茶，等. C++面向对象程序设计习题解答与上机指导[M]. 北京：中国铁道出版社，2004.

[13] 苏小红，等. C 语言程序设计[M]. 北京：高等教育出版社，2011.